普通高等教育农业农村部“十四五”规划教材(编号:NY-1-0074)

Linux 操作系统

宋国柱　主　编

中国农业出版社
北　京

内容简介

本书以 Ubuntu Desktop 22. 04. 2 LTS 为例，全面系统地讲解了 Ubuntu 系统在 Shell 模式下的操作与管理方法。全书共 12 章，涉及 Ubuntu 系统的用户与组管理、文件与目录管理、磁盘管理、软件管理、系统高级管理、服务管理、Shell 编程及大数据与人工智能环境搭建等内容。

本书以大量的实例为基础，注重实践性和可操作性，便于读者快速掌握相关知识。

本书可作为高等院校计算机科学与技术、软件工程、人工智能、大数据、物联网工程等相关专业的学生学习 Linux 操作系统的教材，也可作为 Ubuntu 系统管理人员及广大 Linux 爱好者的参考书。

编写人员名单

主　编　宋国柱（山西农业大学）

副主编　贺雄伟（山西农业大学）

何婷婷（山西农业大学）

参　编（按姓氏笔画排序）

刘志慧（山西农业大学）

李　凡（山西农业大学）

李　丽（山西农业大学）

李　琦（长安大学）

李雪梅（太原学院）

张小娟（山西农业大学）

武海文（山西农业大学）

贺楚超（西安工业大学）

夏　磊（山西农业大学）

薛博文（山西农业大学）

前言 PREFACE

Linux 具有 Unix 的稳定、安全、高性能等特性，在桌面、服务器、移动嵌入式和超级计算机等诸多领域已成为主流的操作系统，大数据、云计算、人工智能、区块链及物联网等新一代信息技术也多架构在 Linux 之上。

Ubuntu 是最流行的 Linux 系统之一，是开放源代码的自由软件，官方提供 Desktop、Server、Cloud 和 IoT 四种版本，以满足各领域的使用。

编者根据多年的实践管理和教学经验，参考了大量 Linux 及 Ubuntu 书籍，秉持先进性和实用性，将最新、最实用、最基本、最重要的内容写在本教材中，并通过大量操作实例以提升学生的实践应用水平，提高学生分析问题和解决问题的能力，培养学生的爱国精神和工匠精神，激发学生科技报国的家国情怀和使命担当。

本书以 Ubuntu Desktop 22.04.2 LTS 为例，全面系统地讲解了 Ubuntu 系统的用户与组管理、文件与目录管理、磁盘管理、软件管理、系统高级管理、服务管理和 Shell 编程等内容。

全书共 12 章，其中，第 1 章由宋国柱编写，第 2 章由李雪梅编写，第 3 章由何婷婷编写，第 4 章由李丽编写，第 5 章由贺雄伟编写，第 6 章由夏磊编写，第 7 章由李凡编写，第 8 章由武海文编写，第 9 章由张小娟编写，第 10 章由刘志慧编写，第 11 章由薛博文编写，第 12 章由贺楚超和李琦编写。本书还提供了教学演示文档。

为了使有关内容的介绍和解释更加简洁清晰，本书作了一些约定。下面就对这些约定给予说明。

(1)示例字体。命令示例采用如下样式：

```
$ sudo head -15 /etc/passwd
```

(2)执行结果字体。命令示例的执行结果采用如下样式：

```
$ cat /etc/passwd
root: x: 0: 0: root: /root: /bin/bash
daemon: x: 1: 1: daemon: /usr/sbin: /usr/sbin/nologin
bin: x: 2: 2: bin: /bin: /usr/sbin/nologin
```

(3)[ ]。命令的组成部分若用[ ]引用，表示该部分为可选项。

(4)提示符。命令示例中包含Shell提示符“$”,该符号在Ubuntu中表示等待命令的输入。由于该符号并非用户输入,因此没有加粗表示,读者在对书中的示例进行操作时,请不要输入该符号,否则命令将不能正常运行。

(5)【Enter】键。命令示例中省略了命令行末尾的Enter(回车),实际上,只有按下此键后命令才能被执行。

(6)用户名。本书约定用户名统一为linux。

(7)键与对应字符。键盘上的Ctrl、Alt、Esc等键,使用首字母大写表示并用【】引用,如【Ctrl】,若使用组合键如Ctrl+D,则用【Ctrl+D】表示。

本书的编写凝聚了各位编者老师几年来的教学实践经验,也参考了许多文献资料,在此一并表示诚挚的感谢。

由于编者水平有限,书中难免存在错误和疏漏之处,殷切希望读者批评指正。可通过电子邮件(songgz@sxau.edu.cn)与编者联系。

编 者

2023年8月

于山西农业大学,太谷

目录 CONTENTS

第1章 概 述

目前,Linux 在桌面、服务器、移动嵌入式和超级计算机等领域已成为主流的操作系统,大数据、云计算、人工智能、区块链及物联网等技术也都离不开 Linux。

1.1 Linux 简介

Linux 是一种免费使用和自由传播的类 Unix 操作系统,其内核由芬兰人 Linus Benedict Torvalds(林纳斯·本纳第克特·托瓦兹,Linux 之父)于 1991 年 8 月 25 日首次发布。它是一个基于 POSIX 的多用户、多任务、支持多线程和多 CPU、支持 32 位和 64 位硬件,并能运行主要的 Unix 工具软件、应用程序和网络协议的操作系统。Linux 继承了 Unix 以网络为核心的设计思想,是一个性能稳定的多用户网络操作系统。Linux 有 265 种发行版本,如基于社区开发的 Debian Linux、Ubuntu Linux、CentOS Linux,基于商业开发的 Red Hat Enterprise Linux 等。

1.1.1 Linux 相关术语

1. Unix

Unix 是一个强大的多用户、多任务操作系统,支持多种处理器架构,起源于 AT&T(美国电话电报公司)的贝尔电话实验室(Bell Telephone Laboratories)、通用电子公司(General Electric Company)和麻省理工学院(MIT)合作的 MULTICS(MULTiplexed Information and Computing System)操作系统计划,由 Kenneth Lane Thompson(肯尼斯·蓝·汤普森,B 语言之父、Unix 之父)和 Dennis Ritchie(丹尼斯·里奇,C 语言之父、Unix 之父)于 1969 年在 AT&T 的贝尔电话实验室开发。当时被戏称为 Uniplexed Information and Computing System,缩写为 UNICS,取其谐音就称为 Unix。

Unix 操作系统运行在特定的硬件平台上,需要有特定的硬件设备,如 Oracle Solaris 运行在 SPARC 平台,HP-UX(Hewlett Packard Unix)运行在 HP 的 PA-RISC 处理器、Intel 的 Itanium 处理器的计算机上,IBM AIX 则运行在 IBM 的 Power PC 架构之上,所熟知的 Mac OS X 系统也属于 Unix,运行在 Macintosh 系列计算机上。Unix 主要应用于工程应用和科学计算等领域。

目前为止,Unix 有两大家族:AT&T 发布的 System V 和美国加州大学伯克利分校发布的 BSD(Berkeley Software Distribution,伯克利软件套件),后者也称为 Berkeley Unix。

Unix 目前的商标权由国际开放标准组织所拥有,只有符合单一 Unix 规范的 Unix 系统才能使用 Unix 这个名称,否则只能称为类 Unix(类 Unix 是指在操作及结构上与 Unix 操作系统非常相似)。

2. Minix

Minix 全名为 Mini Unix,是基于微内核架构的、开源的、迷你版的类 Unix 操作系统,由 Andrew S. Tanenbaum(安德鲁·塔南鲍姆)教授开发并开放全部源代码用于大学教学和研究工作。Minix 于 2000 年重新改为 BSD 授权,目前版本为 Minix 3。Minix 除了系统启动部分用汇编语言编写外,其他大部分纯粹用 C 语言编写。

Linus Benedict Torvalds 深受 Minix 的启发,开发了第一版本的 Linux 内核,但这种启发更多的是在精神上,Linux 的设计与 Minix 的微内核设计理念截然不同,Linux 采用了与 Unix 相似的宏内核架构。

3. GNU

GNU 是一个自由的操作系统,其软件完全以 GPL 方式发布。GNU 计划的主要目的是开发完全由自由软件组成的类 Unix 操作系统,名称来自 GNU's Not Unix(GNU 并非 Unix)的首字母缩写,其创始人是 Richard Stallman(理查德·斯托曼),被称为自由软件之父。

Unix 诞生后,很多教育机构、大型企业都投入研究,并取得了不同的研究成果,从而导致出现了一些经济和版权问题。早期计算机软件的源代码都是公开的,到 20 世纪 70 年代,源代码开始对用户封闭,这给程序员带来了不便,也限制了软件的发展。为此,Richard Stallman 提出开放源代码的概念,提倡共享,让更多人能参与校验并在不同平台上进行测试,以编写出更好的软件。他在 1985 年创立了自由软件基金会(Free Software Foundation,FSF),为 GNU 计划提供技术、法律及财政支持。

为保证 GNU 软件可以自由地使用、复制、修改和发布,GNU 包含以下 3 个协议条款:

①GPL:GNU 通用公共许可证(GNU General Public License)。

②LGPL:GNU 较宽松公共许可证(GNU Lesser General Public License)。

③GFDL:GNU 自由文档许可证(GNU Free Documentation License)。

GPL 条款使用最为广泛,GNU GPL 的精神就是开放、自由。任何软件获得 GPL 授权后,即成为自由软件(所谓的自由并非价格免费,而是必须公开源代码),任何人均可获得其源代码,并根据需求对源代码进行修改、发布和复制。

GNU 开发的重要软件有 GNU 编译器 gcc、GNU 的 C 库 glibc、代码编辑器 Emacs 以及 Bash Shell 等。

GNU GPL 为 Linux 的诞生奠定了基础。1991 年,Linus Benedict Torvalds 按照 GPL 条款发布了 Linux,很快就吸引了来自全球的专业人士加入 Linux 的开发,极大地促进了 Linux 的快速发展。

知识窗

4. POSIX

POSIX(Portable Operating System Interface,可移植操作系统接口)是 IEEE 为各种要在 Unix 操作系统上运行软件而定义 API 的一系列相关标准的总称,正式名称为 IEEE Std 1003,国际标准名称为 ISO/IEC 9945,X 表明是对 Unix API 的传承。

POSIX 是 Unix 操作系统接口集合的国际标准,而 Linux 源于 Unix,使得 Linux 需要在 POSIX 标准的指导下进行开发,形成了以 POSIX 标准为框架、与 Unix 兼容、源代码开放的 Linux 操作系统。

1.1.2　Linux 的诞生

Unix、Minix、GNU、POSIX 是 Linux 操作系统诞生、发展和成长过程中的重要依赖因素，再加上 Internet 的快速发展，为 Linux 的开发及迅速传播插上了飞翔的翅膀。

芬兰赫尔辛基大学的学生 Linus Benedict Torvalds 吸取了 Minix 精华，利用 Unix 的核心，去除繁杂的核心程序，于当地时间 1991 年 8 月 25 日开发出了与 Unix 兼容且具有 Unix 的全部功能、适用于 X86 架构的 Linux 操作系统，并在 usenet 的 comp. os. minix 新闻组中发布了 Linux 的第一个公告，宣布了 Linux 操作系统的诞生，同年 9 月，Linux 0. 01 版本发布到了芬兰大学研究网的一个 FTP 服务器上，供大家下载并免费使用。

随着 Internet 的快速发展，Linux 得到了来自全世界软件爱好者、组织、公司的支持，许多程序员参与了 Linux 的开发及修改，并与其他 GNU 软件结合，Linux 1. 0 于 1994 年通过 Internet 发布，之后迅速传播，并被广泛使用。

Linux 操作系统不像 Unix 局限于某一种硬件平台，它可以在 PC 也可以在大型机、小型机等多种硬件平台上运行。

目前，Linux 已成为诸多领域的主流操作系统，一些新技术如大数据、云计算、人工智能、区块链及物联网等也都离不开 Linux 操作系统。表 1 - 1 为 Unix、类 Unix 及其他操作系统的代表。

表 1 - 1　Unix、类 Unix 及其他操作系统的代表

类型	代表			
Unix System V 家族	· A/UX	· AIX	· HP-UX	· IRIX
	· LynxOS	· SCO OpenServer	· Tru64	· Xenix
	· Solaris	· OS/2		
BSD Unix 家族	· BSD/OS	· FreeBSD	· NetBSD	· NEXTSTEP
	· Mac OS X	· IOS	· OpenBSD	· SunOS
	· OpenSolaris			
类 Unix	· GNU Linux	· Android	· Debian	· Ubuntu
	· Red Hat	· Linux Mint	· Minix	· QNX
	· GNU/Linux	· GNU/Hurd	· Debian GNU/Hurd	
	· GNU/kFreeBSD	· StartOS	· HarmonyOS(中国)	
	· 开放麒麟(中国)			
其他	· DOS	· MS-DOS	· Windows	· React OS

1.1.3　Linux 的特性

Linux 操作系统近几年得到了非常迅猛的发展，这与 Linux 本身具有良好的特性密不可分。Linux 包含了 Unix 的全部功能和特性，具体如下：

1. 源代码开放性

Linux 操作系统遵循世界标准规范，特别是遵循开放系统互连（Open System

Interconnection,OSI)国际标准。凡遵循国际标准所开发的硬件和软件,都能彼此兼容,可方便地实现互联。另外,源代码开放的 Linux 是免费的,用户可以很方便地获得 Linux 操作系统及其源代码,在免费使用正版操作系统的同时,编程人员不仅可以学习 Linux 操作系统的优秀源代码,还可以控制或改写源代码以按照需要对部件进行混合搭配,建立自定义系统。

2. 出色的稳定性

Linux 操作系统的架构完全沿袭了 Unix 的系统架构,所以先天就具有出色的稳定性,可以连续运行数月、数年而不发生宕机情况,也无须重新启动系统。长期稳定运行是作为 Internet 网络服务的基础保障,因此,各种服务平台都在使用 Unix 或 Linux 操作系统。

Linux 操作系统对 CPU 的性能及内存性能没有特殊要求,它可以把 CPU 及内存的性能发挥到极致,对系统影响的限制因素主要是总线和磁盘 I/O 的性能。

3. 可靠的安全性

Linux 操作系统采取了许多安全技术措施,包括对文件系统的读/写进行权限控制、带保护的子系统、审计跟踪、核心授权等,这为网络多用户环境中的数据提供了必要的安全保障。再加上开放源代码的 Linux 操作系统,在互联网上有很多志愿开发者在协同工作,使得 Linux 功能的完善、漏洞的发现及修复的速度非常快,从而也有效地提高了系统的安全性。

4. 丰富的网络功能

Linux 基于 Unix 诞生,在 Internet 基础上发展壮大,因此,Linux 操作系统有较为完善的内置网络服务,如 DNS(域名系统)、iptables(防火墙)、路由策略等。Linux 在通信和网络功能方面优于其他操作系统。

5. 良好的可移植性

可移植性是指操作系统从一个平台转移到另一个平台后仍能按其自身方式运行。Linux 是一种可移植的操作系统,能够在个人 PC 或 IBM 大型计算机的任何环境与任何平台上运行。可移植性为运行 Linux 的不同计算机平台与其他任何机器进行准确而有效的通信提供了手段,不需要额外增加特殊和昂贵的通信接口。

Linux 操作系统不仅可以运行在不同的平台上,而且还可以满足某些特殊的需求,如可作为手机、PDA、电视机顶盒、汽车多媒体、物联网等的嵌入式系统。

6. 标准兼容性

Linux 是一个与可移植操作系统接口(POSIX)相兼容的操作系统,它所构成的子系统支持所有相关的字符编码(如 ANSI)、国际标准化组织(International Organization for Standardization,ISO)和万维网联盟(World Wide Web Consortium,W3C)业界标准。为了使 Unix 系统上的程序直接在 Linux 上运行,Linux 增加了部分 Unix 的系统接口,使 Linux 成为一个完善的 Unix 程序开发系统。

1.1.4 Linux 的组成

Linux 操作系统由内核、Shell、文件系统和应用程序 4 部分组成,这 4 部分使得用户可以运行程序、管理文件并使用系统。

1. 内核

内核是 Linux 操作系统的核心部分,其主要功能有:

①响应中断,执行中断服务程序。

②管理多个进程,调度和分享处理器的时间。

③管理进程地址空间的内存。

④管理网络和进程间通信等系统服务程序。

内核控制操作系统中的所有程序,包括基本的系统启动核心信息、对各硬件的驱动程序等。如当设备启动时,内核会经历一个初始化的过程,如检查内存并进行内存分配,以创建运行应用程序的环境。当操作系统加载到内存中时,将加载内核并将其保留在那里,直到操作系统关闭。内核借助进程间通信和系统调用,在硬件级别上充当应用程序和数据处理间的桥梁。

2. Shell

Shell 是 Linux 操作系统的用户界面,提供了用户与内核交互操作的一种接口。Shell 接收用户输入的命令,并将用户输入的命令送入内核中执行,因此,Shell 是一个 Linux 命令解释器,解释用户输入的命令并将命令送到内核。此外,Shell 编程语言具有普通编程语言的很多特点。关于 Shell 编程将在第十章中进行详细讲解。

3. 文件系统

文件系统是文件数据在磁盘等存储介质上的存储规则。Linux 支持多种目前流行的文件系统,如 ext2/3/4、fat、vfat、xfs、iso9660 等。

4. 应用程序

Linux 操作系统都有一套称为应用程序的程序集,以方便用户使用,如文本编辑器、办公套件、Internet 工具等图形化操作软件,以及 iptables、ip route、gawk、vi 等 Shell 命令行工具。

1.2 Linux 内核版本与发行版本

Linux 的版本分为内核(Kernel)版本和发行(Distribution)版本。

1.2.1 内核版本

内核版本是在 Linus 领导下的开发小组开发出的系统内核版本号,其命名在不同时期有着不同的规范,主要有以下 3 种命名编号方式:

(1)第 1 种方式用于 1.0 版本之前(含 1.0)。第 1 个版本是 0.01,紧接着是 0.02、0.03、0.10、0.11、0.12、0.95、0.96、0.97、0.98、0.99 和之后的 1.0。

(2)第 2 种方式用于 1.0 至 2.4 版本,内核版本号由 3 个数字组成,形式如 A.B.C,其含义如下:

①A:主版本号。只有当内核发生很大变化时 A 才变化,历史上曾改变过两次内核,1994 年的 1.0 及 1996 年的 2.0。

②B:次版本号。指一些重大修改的内核。偶数表示稳定版本,奇数表示开发中的版本。

③C:修订版本号。指轻微修订的内核。进行安全更新、bug 修复、添加新特性或驱动程序等,内核便会有变化。

在这种内核版本的命名方式下,B 位为偶数的版本表明这是一个可以使用的稳定版本,如 2.4.18;B 位为奇数的版本一般加入了一些新的功能,不一定很稳定,是一个测试版本,如2.3.11。

(3)第3种方式使用A.B.patch-build.desc进行表示,用于2.6及以后的版本。

①A:主版本号。

②B:次版本号。2.6及之后的版本,不再使用偶数代表稳定版本,也不再使用奇数代表开发版本。

③patch:补丁包数或次版本的修改次数。

④build:编译的次数,每次编译可能对少量程序进行优化或修改,但一般没有大的功能变化。

⑤desc:当前版本的特殊信息,其信息由编译指定,具有较大的随意性。常用的标识如下:

- rc(或r):表示发行候选版本(Release Candidate),rc后的数字表示该正式版本的第几个候选版本,多数情况下,各候选版本之间数字越大越接近正式版。
- smp:对称多处理器(Symmetric Multi Processing),表示内核支持多核、多处理器。
- mm:表示专门用来测试新技术或新功能的版本。

可以使用uname -r命令查看Ubuntu 22.04 LTS系统的版本信息。例如:

```
$ uname -r
5.19.0-41-generic
```

执行结果为5.19.0-41-generic,Linux内核版本依次解释为:5为主版本号;19为次版本号,是稳定版本;0为修订版本号;41为当前内核版本5.19.0的第41次微调patch;generic表示当前内核版本为通用版本。

时至今日,Linux的内核仍由Linus领导下的开发小组维护。读者可访问https://www.kernel.org获取最新的内核信息。

知识窗

1.2.2 发行版本

发行版本是一些组织或厂商将Linux系统内核、应用软件和文档包装起来,提供操作系统安装界面和系统维护等工具的一个软件包集合,便于用户安装和使用。截至2023年2月,共有265种发行版本。相对于内核版本,发行版本是由发布者自行定义的,随发布者的不同而不同,与内核版本号没有直接关系。

表1-2中列出了一些知名的Linux发行版本,有关更多的Linux发行版本信息,感兴趣的读者可访问https://www.distrowatch.com获得。

表1-2 知名的Linux发行版本

类型	Linux发行版本
商业支持版本	Red Hat Enterprise Linux
	SUSE Enterprise Linux
社区发布版本(免费)	Debian Linux
	Ubuntu Linux
	CentOS Linux
	Fedora Linux

1.3 常用 Linux

Red Hat Linux 和 Debian Linux 是目前 Linux 发行版中最重要的两大分支。Red Hat Linux 的代表有 Red Hat Linux 和 CentOS Linux,Debian Linux 的代表有 Debian Linux 和 Ubuntu Linux。

1.3.1 Red Hat Linux

Red Hat 一直引领着 Linux 的开发、部署和经营,从嵌入式设备到服务器,都是将开源软件作为 Internet 基础设施解决方案的领头羊。Red Hat Linux 是商业运作最为成功的一个 Linux 发行套件,普及程度很高,由 Red Hat 公司发行。

目前,Red Hat Linux 分为两个系列,一个是 Red Hat Enterprise Linux,即 Red Hat Linux 企业版,简写为 RHEL。RHEL 系列版本面向企业级客户,提供收费技术支持和更新,即用户需要付费才可以使用 RHEL 产品并获得技术支持。另一个是 Fedora,Fedora 是 Red Hat 公司 Linux 新技术的研究园地,其开发的各项技术有可能在未来被纳入 Red Hat Enterprise Linux 使用。由于 Fedora 不断引入自由软件的新技术,从而导致 Fedora Linux 缺乏足够的稳定性,因此,Fedora Linux 不适宜做服务器操作系统,但可免费使用,版本更新快,用户可以体验最新技术。(截至 2023 年 2 月,RHEL 最新版本为 9.1,Fedora 最新版本为 37。)

1.3.2 CentOS Linux

CentOS(Community Enterprise Operating System)Linux 是 RHEL 源代码进行重新编译的免费版,它继承了 Red Hat Enterprise Linux 的稳定性,且提供免费更新。CentOS Linux 已成为使用最广泛的 RHEL 兼容版本,唯一不足的就是缺乏技术支持,因为它是由 CentOS 社区发布的免费版。

虽然 CentOS Linux 使用了 RHEL 的源代码,但是由于这些源代码是 Red Hat 公司自由发布的,因此 CentOS Linux 的发布是完全合法的,CentOS Linux 的使用者也不会遇到任何版权问题。CentOS 面向那些需要企业级操作系统稳定性的用户,而且并不存在认证和支持方面的开销。

CentOS Linux 与 RHEL 产品有着严格的版本对应关系,如使用 RHEL 7.9 源代码重新编译发布的是 CentOS Linux 7.9。(截至 2023 年 2 月,CentOS Linux 最新版本为 8.5.2111。)

1.3.3 Debian Linux

Debian 于 1993 年 8 月 16 日由一名美国普渡大学学生 Ian Murdock 首次发布。Debian 的名称由他女友 Debra 和自己的名字合并而成,其设计目标是创建一个符合 Linux 和 GNU 精神的、开放的操作系统,让各组件能够精巧地结合在一起,并得到仔细的维护和支持,同时接受来自自由软件社区的开放设计、贡献和支持。

Debian Linux 是目前世界最大的非商业性 Linux 发行版之一,它没有任何的营利组织支持,是一个完全由志愿者构成的、分布在世界各地的超过 1000 名活跃开发人员在闲暇时间自愿开发的。Debian 使用 Linux 内核,但操作系统中绝大部分基础工具来自 GNU 工程,因此,Debian 的全称为 Debian GNU/Linux。Debian 所有版本的名称均出自 Pixar 的电影《玩具总动员》。

Debian Linux 有超过 59000 个高质量的自由软件包(格式为 .deb),使用者可以使用软件包管理器 APT 很容易地查找、安装、卸载、更新程序或升级系统。它包含了用户和开发者报告缺陷的缺陷跟踪系统,每个软件的缺陷报告都被授予一个编号并且被长期跟踪,直到它被标记为已修复,这让 Debian 所收集的软件品质位居其他 Linux 版本之上。

无论是作为用户、开发者,还是在企业环境中,大多数用户都称赞 Debian 的稳定性,以及软件包和发行版的平滑升级过程。Debian 也被软件和硬件开发人员广泛使用,因为它能运行在众多架构(如 AMD64、i386、ARM 和 MIPS 的多个版本、POWER7、POWER8、IBM System z 及 RISC-V)和设备(如 Raspberry Pi、QNAP 的各个变种、移动设备、家庭路由器及大量单板计算机)上。它提供了一个公开的缺陷跟踪系统,以及面向开发人员的其他工具。如果在专业环境中使用 Debian,还可以享受到诸如 LTS 版本和云映像的更多功能。

许多非常受欢迎的 Linux 发行版,如 Ubuntu、Knoppix、PureOS 及 Tails,都基于 Debian。截至 2023 年 2 月,Debian Linux 的最新版本为 11.6.0,代号为 bullseye(靶心)。

1.3.4 Ubuntu Linux

Ubuntu Linux 是由南非人 Mark Shuttleworth(马克 · 沙特尔沃思)创办的基于 Debian Linux 的操作系统,2004 年 10 月 20 日公布了 Ubuntu 的第一个版本 Ubuntu 4.10,代号为 Warty Warthog(长疣的疣猪)。

Ubuntu 提供了一个健壮、功能丰富的计算环境,既适合家庭使用又适用于商业环境。Ubuntu 会发行长期支持(Long Term Support,LTS)版本,Ubuntu 的 LTS 版本是最稳定的,经历了广泛测试,并包含积累改进的版本,使用该版本会在较长的时间内获得安全性、维护性和功能性方面的更新。Ubuntu LTS 版本每两年发布一次,每六个月发布一个非 LTS 版本。LTS 版本的版本号为偶数年+当年的 4 月,如最新版本 22.04,代表是在 2022 年 4 月发行的,LTS 版本官方提供 5 年支持。

Ubuntu 每个发行版本都提供相应的代号,代号的命名由两个单词组成,而且这两个单词的首字母都是相同的,第一个单词为形容词,第二个单词为表示动物的名词,即形容词+动物名,如 Ubuntu 22.04 LTS 的代号为 Jammy Jellyfish(幸运的/涂满果酱的水母)。

Ubuntu 提供 4 种官方版本,Ubuntu 桌面版(Ubuntu Desktop)、Ubuntu 服务器版(Ubuntu Server)、Ubuntu 云操作系统(Ubuntu Cloud)和 Ubuntu 物联网系统(Ubuntu for IoT)。

1.4 应用领域

随着信息技术的快速更新和发展,Linux 已在各个领域得到了广泛应用,并且其应用正日益扩大。下面将从桌面、服务器、移动嵌入式和超级计算领域等方面进行介绍。

1.4.1 桌面领域

当前,Linux 系统在桌面应用方面达到了相当高的水平,完全可以作为一种集办公应用、多媒体应用及网络应用等多功能于一体的图形界面的个人桌面操作系统,也完全可以与

Windows 操作系统抗衡。但 Linux 当前的桌面市场份额还远远无法和 Windows 竞争,其中的最大障碍不在于 Linux 桌面系统产品本身,而是用户的使用观念、操作习惯、应用技能以及曾经在 Windows 上开发的软件移植等问题。

常用的面向桌面的 Linux 操作系统有 Ubuntu Desktop、Linux Mint 等。

1.4.2 服务器领域

Linux 系统的高稳定性和高可靠性,使其成为 Internet 服务器操作系统的首选。近年来,有相关调查报告指出,Linux 在服务器领域已经占据 75%的市场份额(Windows 占 12.8%,Solaris 占 6.2%,其他占 6.0%)。Linux 操作系统可以用于企业架构 WWW 服务器、数据库服务器、负载均衡服务器、邮件服务器、DNS 服务器、路由器和防火墙等各种平台,自由软件不但可以降低企业的运营成本,还无须考虑商业软件的版权问题,再加上 Linux 本身的稳定性、可靠性及安全性,使得 Linux 在服务器领域的应用十分广泛。

Linux 在整个服务器操作系统市场格局中占据了越来越多的市场份额,并且保持着快速的增长率,尤其在政府、金融、农业、交通、电信、银行等国家关键领域。百度、Sina、淘宝、京东、QQ、Google、YouTube 等大型互联网企业网站及服务平台都架构于 Linux 操作系统之上,有 90%的云计算基础设施在 Linux 上运行。

1.4.3 移动嵌入式领域

Linux 是嵌入式领域中广泛使用的操作系统,已经应用于手机、平板电脑、路由器、电视机、机顶盒、汽车车载设备、智能家居等设备中。其中,大家最为熟知的由谷歌开发的 Android 操作系统就是基于 Linux 内核研发的,因此全世界内置 Linux 系统的手机已经有数以亿计。嵌入式领域越来越离不开 Linux 系统,而我们身边的 Linux 系统也越来越多。据 Linux 基金会在 2020 年统计,有 60%的汽车采用 Linux 系统,有 69%的嵌入式设备使用 Linux 系统。

1.4.4 超级计算领域

2021 年 6 月,国际超算大会发布全球超算 TOP500 榜单,500 台超级计算机无一例外都运行着 Linux 操作系统。事实上,自 2017 年以来,TOP500 的超级计算机都是运行 Linux 操作系统,超级计算机所采用的 Linux 操作系统有 CentOS、Cray Linux Environment、Red Hat Enterprise Linux 及 Ubuntu 等,Linux 操作系统已在超级计算机领域一统天下。

大数据、云计算、人工智能、区块链及物联网等新一代技术,都必须依托云计算分布式处理、分布式数据库、云存储及虚拟化等,而这些都架构于 Linux 操作系统之上。

1.5 我国 Linux 的发展情况

近年来,从 Windows 7 停服到勒索病毒,从 CentOS 停服到震惊业界的 Log4j2 漏洞,操作系统和软件行业的安全事件频发。2020 年在全球桌面操作系统领域,Windows 系统覆盖了 80.5%的市场份额,在国内,Windows 桌面操作系统领域占据 87.5%的市场份额,这意味着微软若停止 Windows 服务,我国将有超过一多半的计算机处于安全无法保障的尴尬处境,即使不停止服务,也有数据外泄的可能。2022 年 5 月底,美国商务部出台新规,当美国实体与

“受限制国家和地区”的“政府最终用户”分享网络安全事项时，需要先向美国政府申请，这意味着，微软想给中国用户的电脑更新一个补丁，都需要先经过美国政府的同意。2022 年 6 月 19 日，俄罗斯无法正常下载 Windows10 和 Windows11 系统 ISO 镜像文件。网络安全、数据安全都显出拥有自主操作系统的重要性，只有拥有自己的操作系统，我们的隐私安全性才能得以保障，遇到紧急事件，也不怕“卡脖子”和“被牵着鼻子走”。

我国在操作系统领域的探索长达 30 余年，市面上能查到的国产操作系统至少有 15 种，但大多是以 Linux 和 Android 为基础进行二次开发的发行版。

桌面操作系统主要有：麒麟软件有限公司的银河麒麟和中标麒麟、统信软件技术有限公司的统信 UOS、中科方德软件有限公司的中科方德、中科红旗（北京）信息科技有限公司的红旗 Linux、广东中兴新支点技术有限公司的新支点等。

服务器操作系统主要有：银河麒麟、中标麒麟、统信 UOS、中科方德、红旗 Asianux、新支点等。

移动设备操作系统主要是华为自主研发的 HarmonyOS，即鸿蒙系统。

其他操作系统（如云、嵌入式、物联网操作系统等）主要有：中科方德、新支点等。银河麒麟、中标麒麟、统信 UOS 和中科方德操作系统已完成对主流 CPU 与架构的适配，并逐步应用于信创、金融、电信、医疗等领域，这些系统都已入围中央政府采购、国家税务总局采购名单，而新支点工业操作系统则已在“复兴号”高铁、国家电网以及上汽集团中成功应用，已在全球 160 多个国家和地区稳定运行了 10 余年。

2022 年 6 月 24 日，我国首个桌面操作系统开发者平台（也称根社区）openKylin（开放麒麟）正式发布。openKylin 社区是在开源、自愿、平等和协作的基础上，携手国家工业信息安全发展研究中心、普华基础软件、中科方德、麒麟信安、凝思软件等十余家产业同仁和国内多家系统开发者共同创立的，致力于通过开源、开放的社区合作，构建国内操作系统的顶级开源根社区，制定统一标准，加快开发效率，缩短应用开发周期，提高产品质量，加快创新速度，推动基于 Linux 内核及其生态的自主系统开发和国内自主软硬件生态繁荣发展。

2022 年 7 月 22 日，基于 Linux 5.15 内核和其他开源组件构建的 openKylin 0.7 正式在 openKylin 根社区发布（包括源代码），该系统每一行代码都源于自主研发，是我国首个桌面操作系统。

行业数据显示，2021 年我国 Linux 桌面操作系统出货量首次超过 5%，预计到 2025 年，我国 Linux 操作系统出货量将超过 20%，市场整体占有率超过 10%，我国将成为最大的 Linux 桌面市场，具备发展独立生态的基础、引领 Linux 桌面系统发展的能力。

知识窗

本章小结

Linux 是一种免费使用和自由传播的类 Unix 操作系统，在 Unix、Minix、GNU、POSIX 及 Internet 五大重要依赖因素的基础上诞生、发展并成长。

Linux 具有 Unix 稳定、安全、高性能等特性，现已成为当前诸多领域的主流操作系统，大数据、云计算、人工智能、区块链及物联网等新一代技术就架构在 Linux 之上。本章对 Linux 的特性、组成部分、应用领域以及我国 Linux 的发展情况等方面进行了介绍。

通过本章的讲解，旨在提升学生对该课程的兴趣，激励并启发学生热爱自己的专业、刻苦学习、加强实践,做勇于担当时代大任的有志青年,增强学生开放、协作、共享的职业素养,培养学生的爱国精神和工匠精神。

课后习题

1. Linux 操作系统的诞生、发展和成长过程的 5 大重要依赖因素是什么?
2. Linux 操作系统有何主要特性? 它是由哪些部分组成的?
3. 什么是 Linux 内核版本? 什么是 Linux 发行版本? 常见的发行版本有哪些?
4. 什么是 Shell? 它有什么作用?
5. Linux 的应用领域有哪些? 除书上讲到的,你还知道哪些?

第 2 章　Ubuntu 操作系统的安装

本章主要介绍 Ubuntu 操作系统的安装方式及如何在 VirtualBox 中新建虚拟机及安装 Ubuntu 操作系统。

2.1　安装方式

Ubuntu 操作系统常用的安装方式有：虚拟机、双系统和单系统。下面将分别进行说明。

2.1.1　虚拟机

虚拟机（Virtual Machine）是指通过软件模拟的、具有完整硬件系统功能的、运行在一个完全隔离环境中的完整计算机系统。在实体计算机中能够完成的工作在虚拟机中一样都能够实现。在计算机中创建虚拟机时，需要将实体机的部分 CPU 资源、内存容量和硬盘空间作为虚拟机的 CPU、内存和硬盘。因此，虚拟机拥有独立的资源及操作系统，与操作实体机一样。

常用的桌面虚拟机软件有 VMware Workstation 和 VirtualBox，可以在虚拟机软件中安装 Solaris、Windows、DOS、Linux、OS/2、BSD、Mac OS 等 64 位、32 位甚至 16 位操作系统并进行操作。

2.1.2　双系统

除使用虚拟机软件安装 Ubuntu 操作系统外，还可以在已安装操作系统的计算机中安装并运行 Ubuntu 操作系统，即双系统。在双系统环境中，每个系统都有自己的分区格式，不会造成冲突，在启动时，有一个多重启动选择菜单，可以选择使用哪个操作系统，在当前状态下，只有一个系统是在运行的，不能随意切换系统，若想进入另一个系统，只能重新启动，重新选择。

双系统的安装方式相对较为复杂，安装时也有特殊要求，如启动盘的分区类型、操作系统安装的前后顺序等，稍有不慎，有可能会导致原系统无法启动，甚至导致硬盘数据损坏。

2.1.3　单系统

单系统指在计算机实体中仅安装并运行一个操作系统，安装时需要备份原系统中的数据，因为单系统安装会格式化硬盘，导致硬盘数据的丢失。这种安装方式相对简单，也会利用系统的全部资源，如内存、硬盘、处理器等，但应用场景相对较为单一，如服务器。

2.2 VirtualBox 简介及安装

2.2.1 VirtualBox 简介

VirtualBox 是德国 Innotek 公司开发、使用 Qt 编写的开源虚拟机软件,由 Sun Microsystems 公司出品,在 Sun 被 Oracle 收购后正式更名为 Oracle VM VirtualBox。VirtualBox 不仅特色鲜明,而且性能很优异。它简单易用,可虚拟的系统包括所有的 Windows 系统(从 Windows 3.1 到 Windows 11、Windows Server 等)、Mac OS X、Linux、OpenBSD、Solaris、IBM OS2 以及 Android 等。

2.2.2 安装 VirtualBox

1. 下载最新版本的 VirtualBox

进入 VirtualBox 官网,单击左侧导航栏中的 Downloads,在打开的页面中单击 Windows hosts,即可下载最新的版本(截至 2023 年 3 月,其最新版本为 7.0.6),如图 2-1 所示。

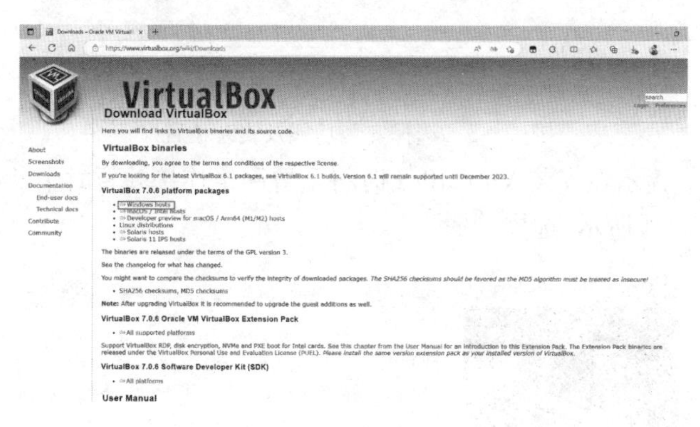

图 2-1　VirtualBox 下载页面

2. 安装 VirtualBox

(1)安装向导。双击下载完成的 VirtualBox 软件包,弹出安装向导对话框,如图 2-2 所示,单击“下一步”按钮。

图 2-2　安装向导

（2）选择安装功能及安装位置。系统默认安装 VirtualBox 的全部功能，如图 2-3 所示，用户可单击“倒三角”图标选择不安装某一项功能，也可以更改默认安装位置，然后单击“下一步”。

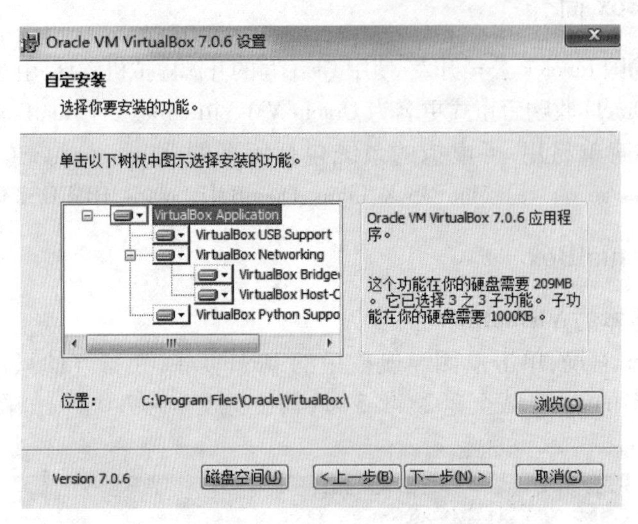

图 2-3　选择安装功能及安装位置

（3）警告界面。提示在安装 VirtualBox 时将重置网络连接并暂时中断网络连接，选择是否立即安装，如图 2-4 所示，选择 “是”。

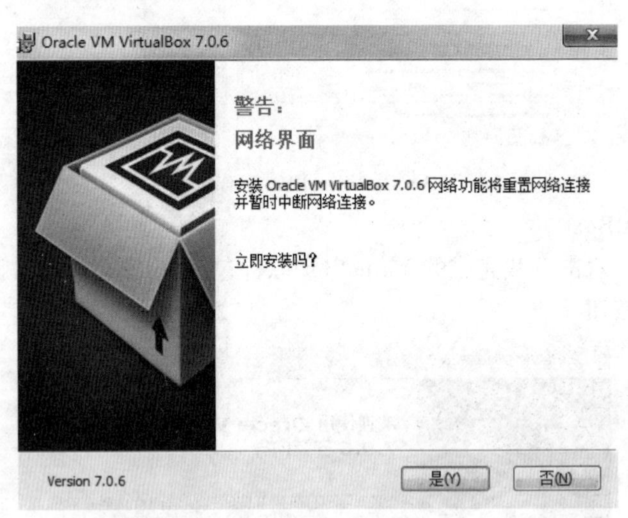

图 2-4　警告界面

（4）安装依赖包。安装 VirtualBox 时需要 Python Core Package 及 win32api 支持，单击“是”安装 VirtualBox 所需依赖包，如图 2-5 所示。

（5）开始安装。单击“安装”，开始安装 VirtualBox，若要检查或更改安装设置，可单击“上一步”，或单击“取消”结束安装，如图 2-6 所示。在安装过程中，系统会提示安装一些设备软件，如图 2-7 所示，选择“安装”即可。

（6）运行软件。等待安装进度完成后，双击桌面中的“Oracle VM VirtualBox”快捷方式，VirtualBox 主界面如图 2-8 所示，表示 VirtualBox 安装成功。

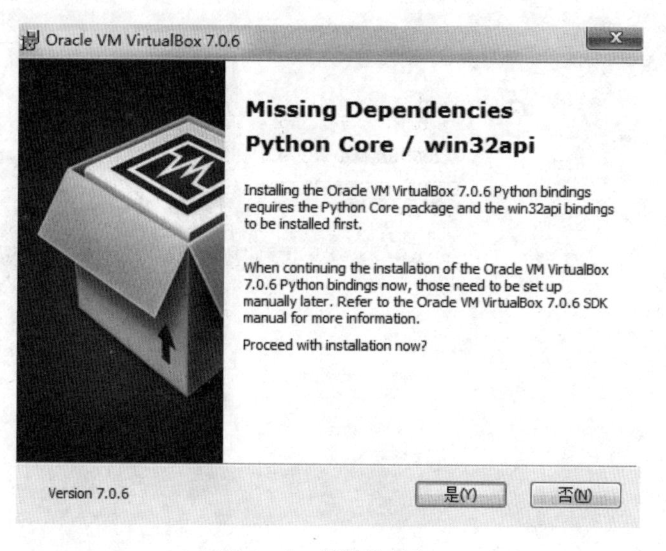

图2-5　安装依赖包

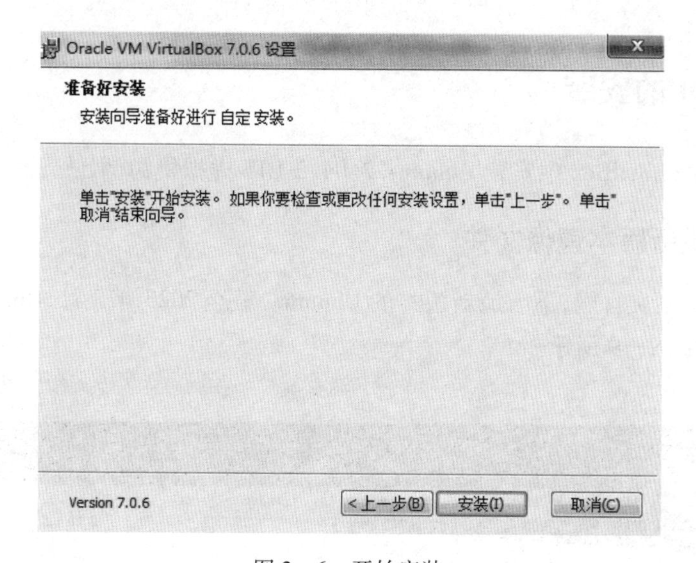

图2-6　开始安装

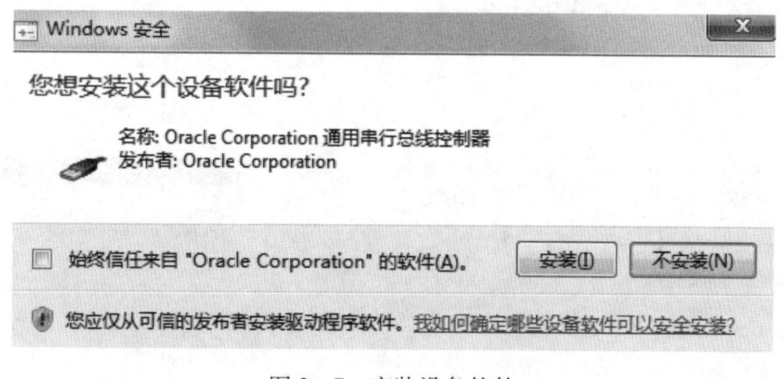

图2-7　安装设备软件

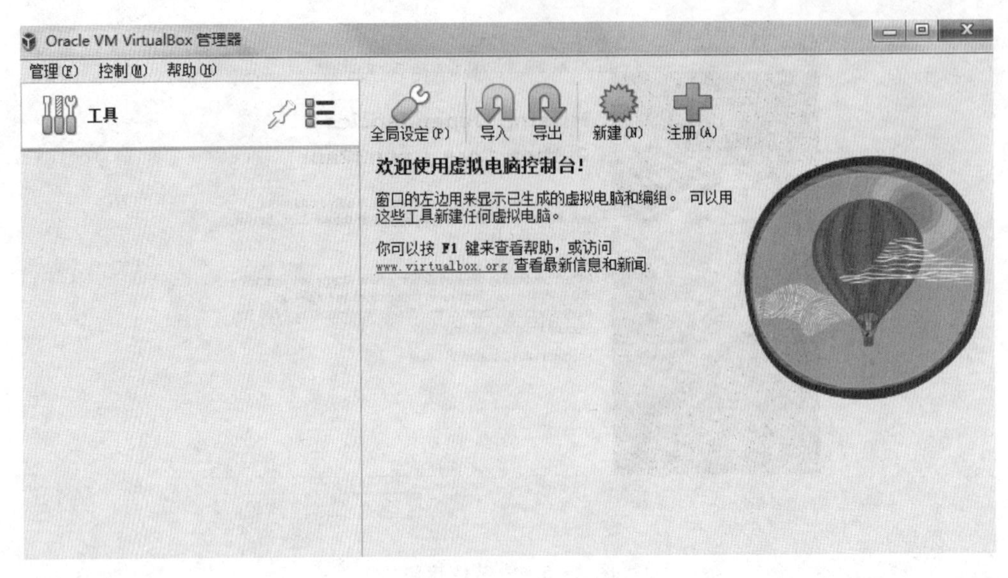

图 2－8 VirtualBox 主界面

2.3 Ubuntu 的安装

本教材以在 VirtualBox 中安装 Ubuntu 22.04.2 LTS 虚拟机为例。

2.3.1 下载最新版本镜像文件

打开 Ubuntu 中文官网，下载最新版本的 Ubuntu。截至 2023 年 3 月，Ubuntu 最新版本为 22.04.2 LTS，如图 2－9 所示。

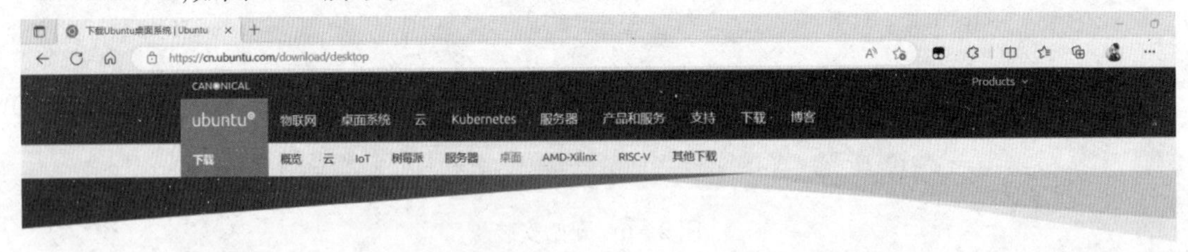

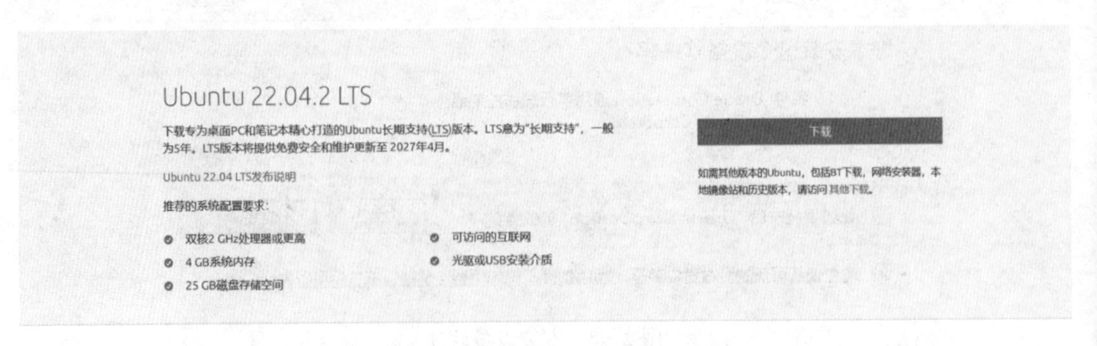

图 2－9 下载 Ubuntu 镜像文件

2.3.2 新建虚拟机

1. 虚拟机名称和类型

启动 VirtualBox,单击"新建",在弹出的对话框中设置虚拟机名称、文件夹、ISO 镜像文件位置、安装的类型及版本。若设置 ISO Image 文件位置为下载的 Ubuntu 镜像文件,则类型和版本会自动设置,如图 2－10(a)所示。用户也可以不设置 ISO Image 文件位置,直接选择类型为"Linux",版本为"Ubuntu 22.04 LTS(Jammy Jellyfish)(64-bit)",如图 2－10(b)所示,本章创建虚拟机以此为例,然后单击"Next"。

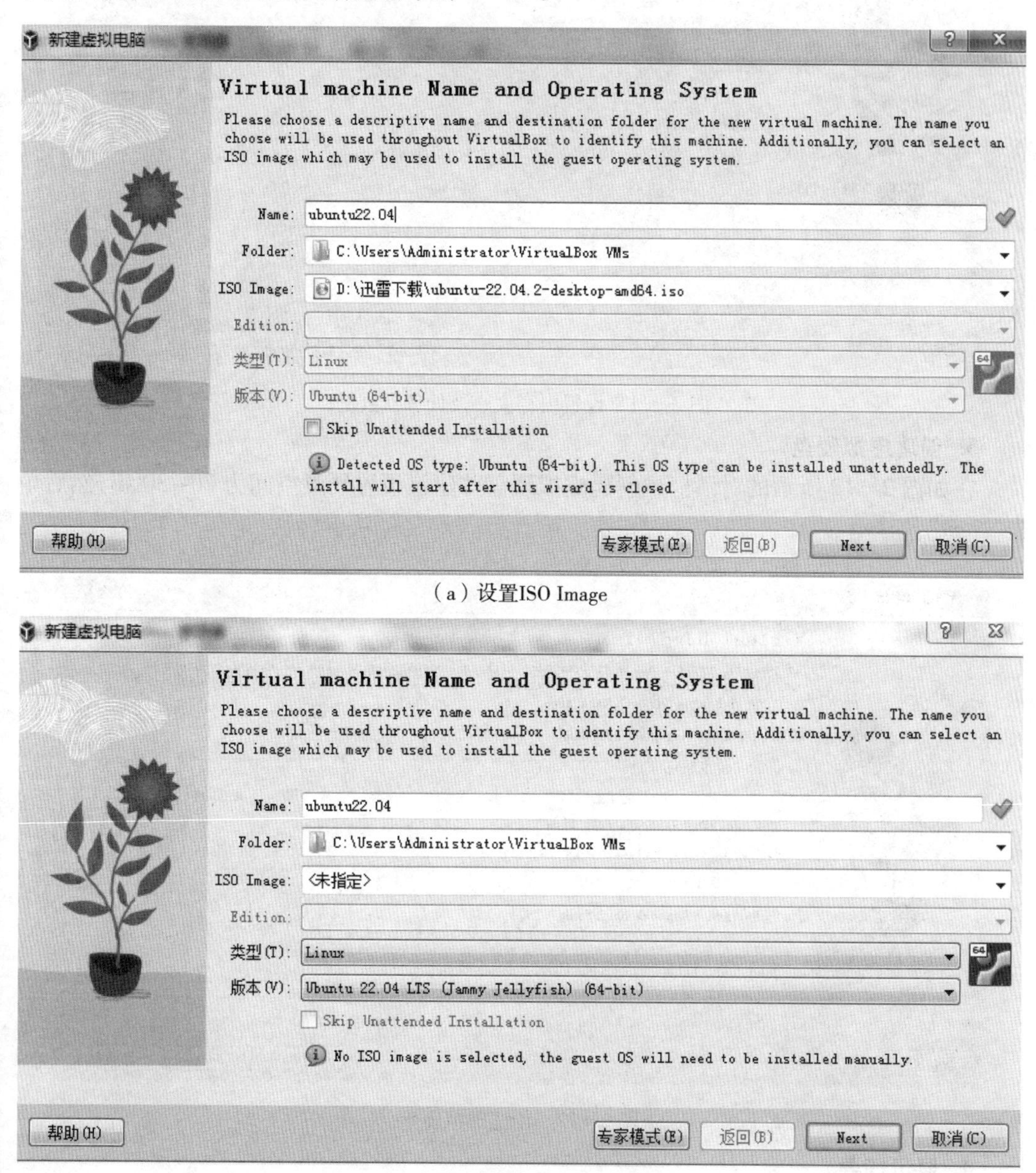

(a)设置ISO Image

(b)设置类型及版本

图 2－10 设置虚拟机名称和类型

2. 设置内存大小及处理器数量

在如图2－11所示的对话框中设置虚拟机的内存大小及处理器数量，其值应根据计算机的实际情况设置。内存大小建议不小于2048MB，Processors建议不小于2，但不能超出绿色部分，然后单击“Next”。

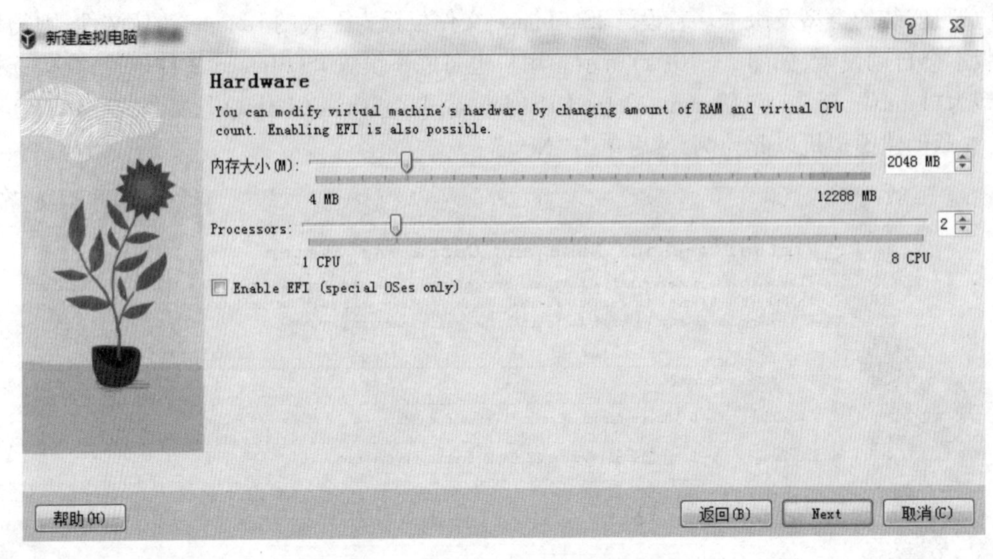

图2－11　设置内存大小及处理器数量

3. 创建虚拟硬盘

在如图2－12所示的对话框中创建虚拟硬盘并建议设置硬盘空间为20~30GB，然后单击“Next”。

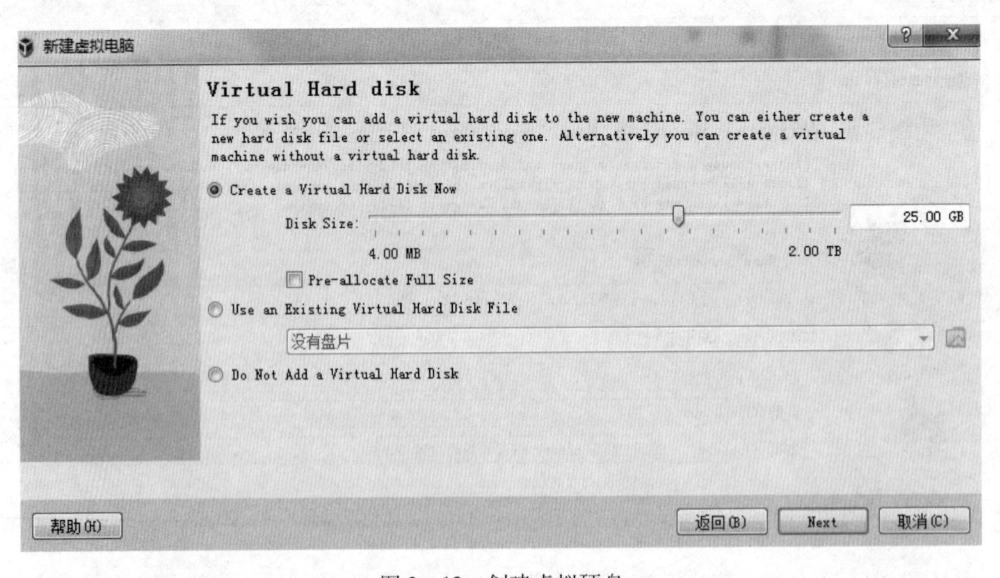

图2－12　创建虚拟硬盘

4. 显示摘要

在如图2－13所示的对话框中显示前几步设置的摘要信息，若设置无误，单击“Finish”完成新建虚拟机，也可以单击“返回”对设置有疑问的项进行修改。

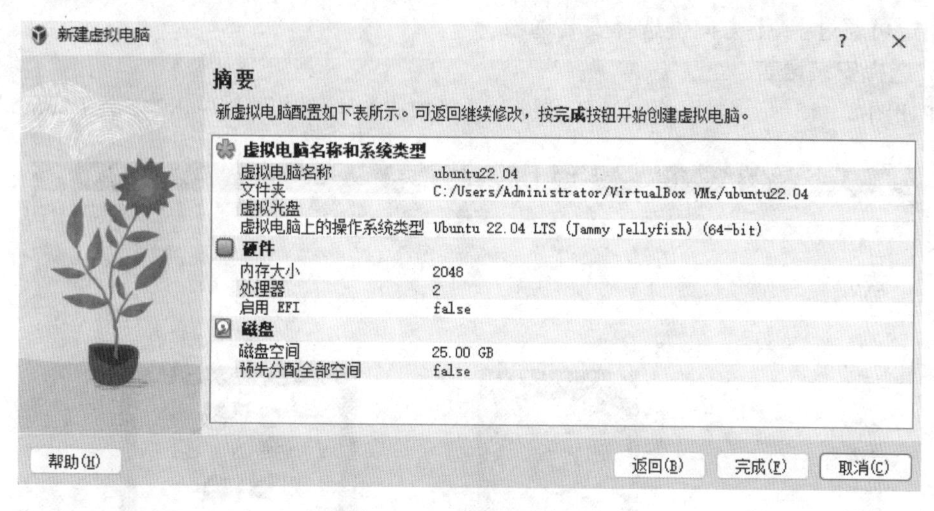

图 2-13　显示摘要信息

2.3.3　安装 Ubuntu

1. 启动虚拟机

在 VirtualBox 主界面中选择新建的虚拟机“Ubuntu 22.04”，单击“存储”中的“[光驱]没有盘片”，选择“选择虚拟盘”，选择好已下载的 Ubuntu 镜像文件，单击“启动”，在短暂的等待之后，出现安装选项，如图 2-14 所示，安装选项说明如下：

(1) Try or Install Ubuntu。尝试或安装 Ubuntu，该选项为系统默认安装选项，用户可直接按回车键或 30s 后系统会自动跳转到安装界面。

(2) Ubuntu(safe graphics)。此选项为安装 Ubuntu 时，不安装显卡驱动，以防止开源显卡驱动导致安装 Ubuntu 后系统死机。

(3) OEM install(for manufacturers)。供制造商使用的 OEM 安装。

(4) Test memory。内存测试。

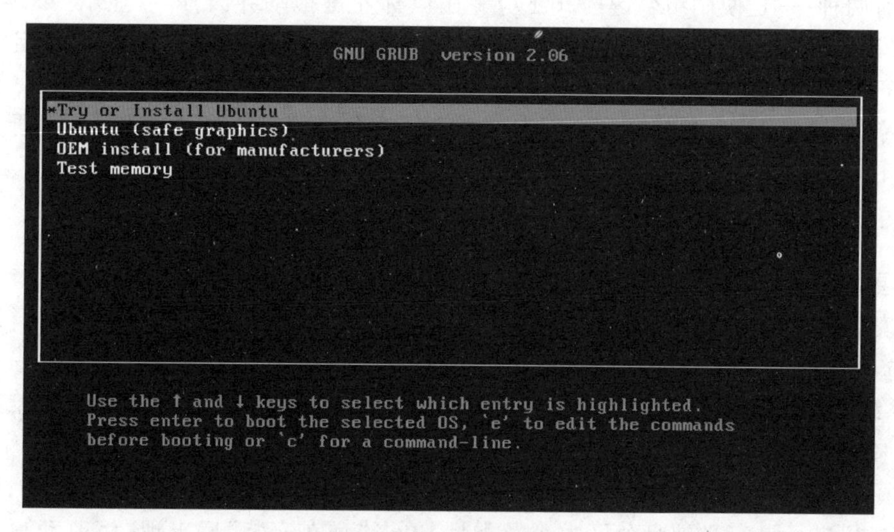

图 2-14　安装选项

用户可通过上、下方向键选择安装选项。

2. 选择安装语言

在如图 2-15 所示的界面中,滚动鼠标,选择“中文(简体)”,并单击“安装 Ubuntu”。

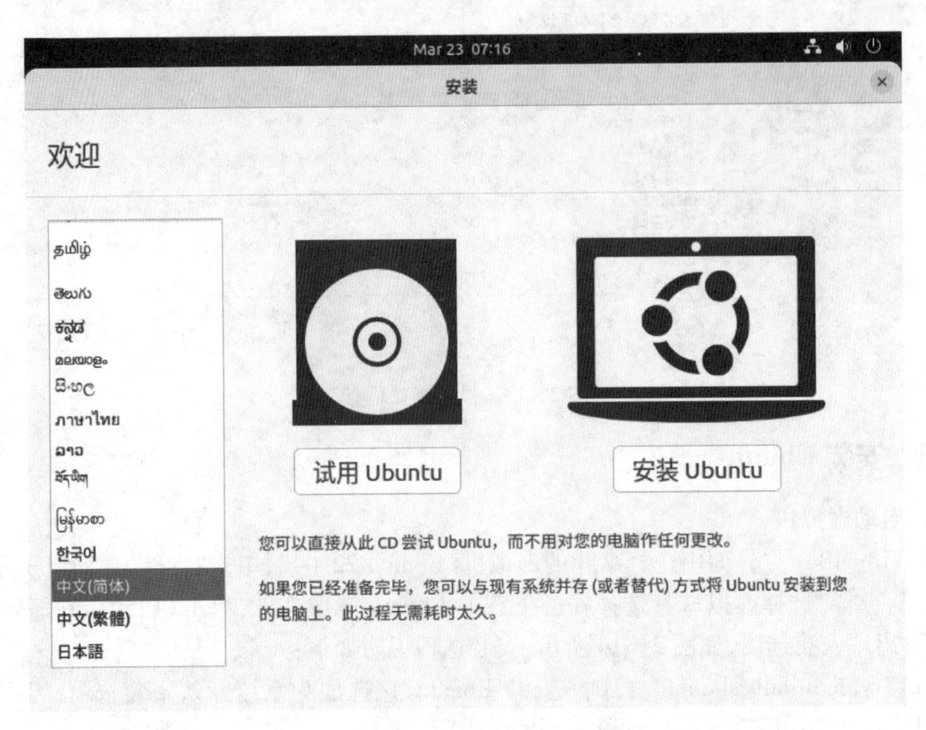

图 2-15　选择安装语言

3. 选择键盘布局

保持系统默认即可,不建议用户进行修改,如图 2-16 所示,单击“继续”。

注意:此时安装界面可能会显示不全,没有“继续”等选项,无法进行下一步操作。解决方法有两种:一是使用组合键【Alt+F7】并用鼠标左键拖动界面,即可显示“继续”等选项;二是通过终端修改分辨率来显示选项,具体操作方法:首先使用【Ctrl+Alt+t】组合键打开命令行终端,然后使用 xrandr 命令查看系统支持的分辨率,选择并输入其中一个较大的分辨率,如 xrandr-s 1024x768,按回车键即可修改分辨率,并显示“继续”等选项。运行命令如下:

```
$ xrandr -s 1024x768
```

4. 更新和其他软件

从安全性及其他性能考虑,建议选择“最小安装”,今后需要什么软件时再自行安装,“其他选项”中建议不勾选“安装 Ubuntu 时下载更新”,因为若勾选此项,安装过程相对较慢,在系统安装成功后,更改安装源并自行更新即可,如图 2-17 所示,最后单击“继续”。

5. 安装类型

选择“清除整个磁盘并安装 Ubuntu”,如图 2-18 所示,若硬盘分区有特殊要求,则选择“其他选项”进行自定义硬盘分区大小及类型,单击“现在安装”后出现“将改动写入磁盘吗?”提示并给出分区方案,如图 2-19 所示,然后单击“继续”。

图 2-16　键盘布局

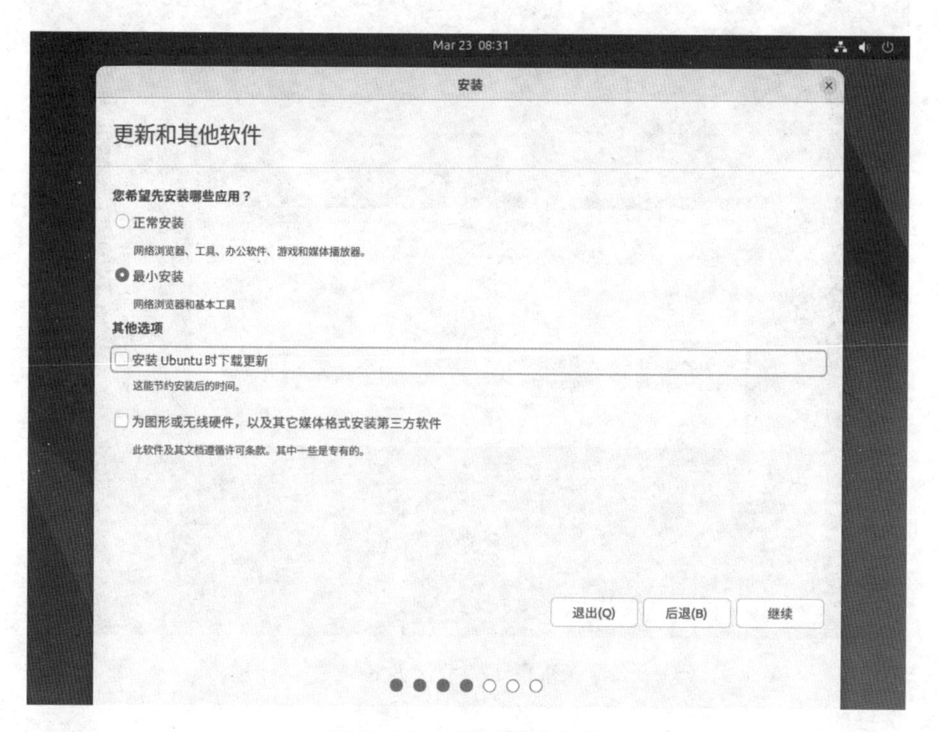

图 2-17　更新和其他软件

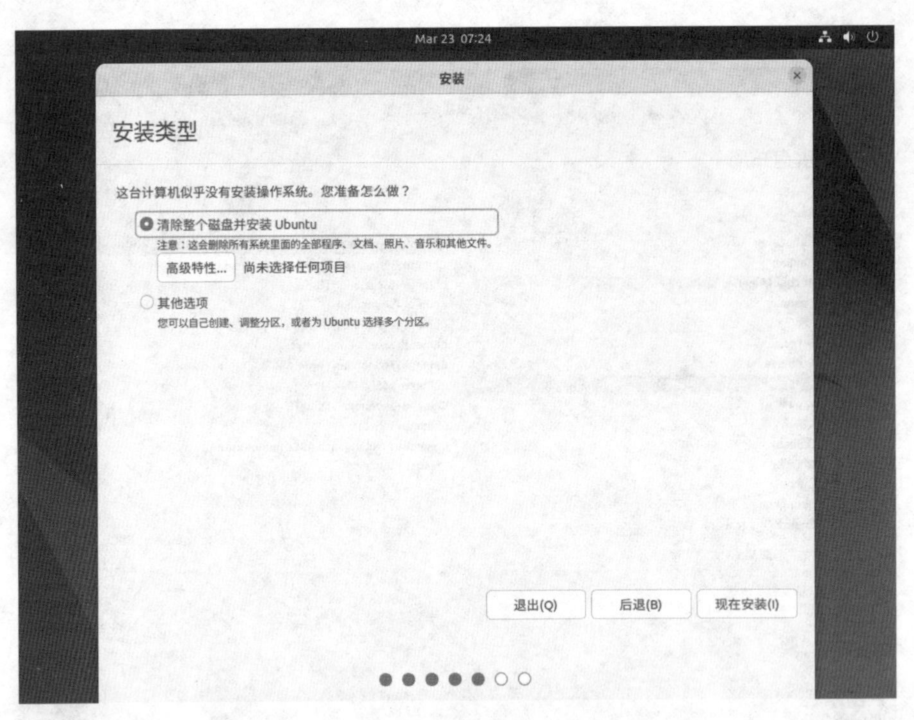

图 2-18　安装类型

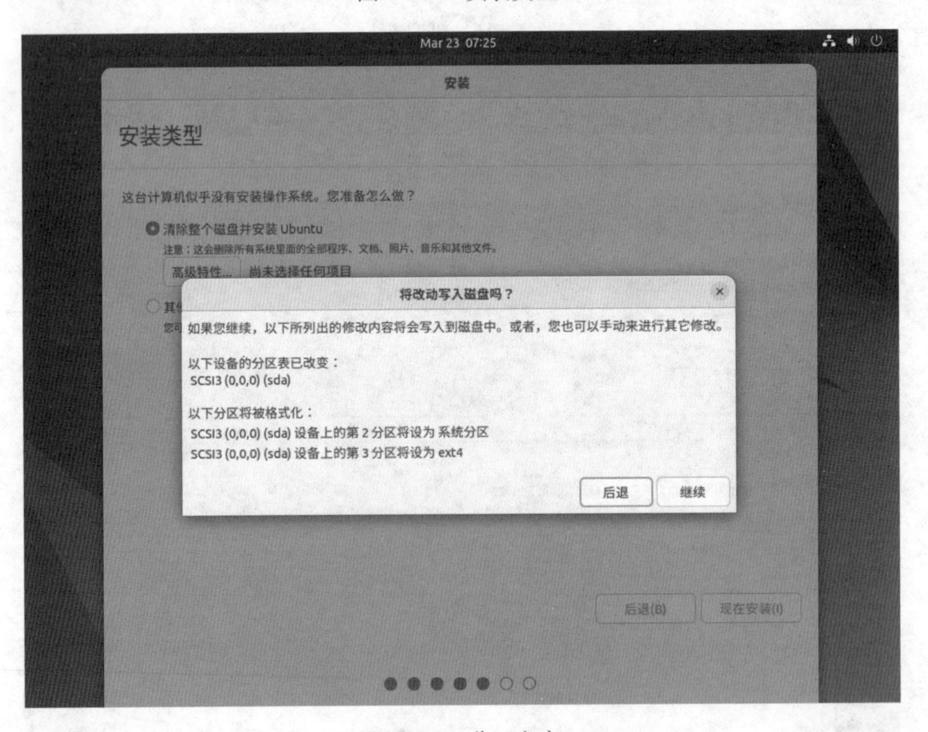

图 2-19　分区方案

6. 选择时区

在如图 2-20 所示的界面中，单击地图中“上海”所在位置或在下拉框中查找并选择“Shanghai”，然后单击“继续”。

图 2-20　选择时区

7. 创建用户名和密码等信息

在如图 2-21 所示的界面中，创建用户姓名（即用户的描述信息）、计算机名、登录系统的用户名和密码，并选择"登录时需要密码"，单击"继续"后开始安装 Ubuntu 操作系统，安装进度如图 2-22 所示。Ubuntu 安装完成后，提示重启系统，如图 2-23 所示，单击"现在重启"，即完成 Ubuntu 操作系统的安装。

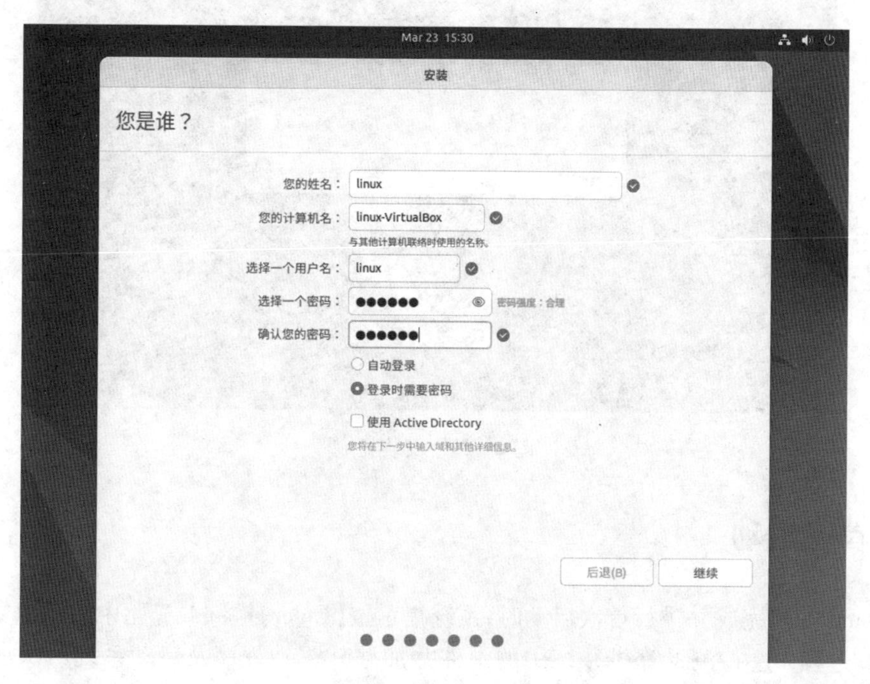

图 2-21　创建用户名和密码等信息

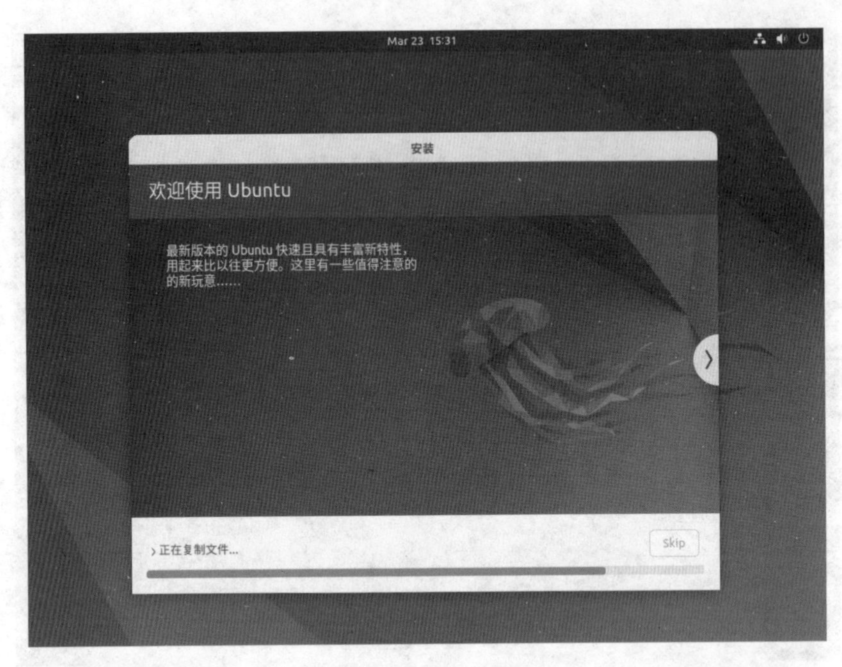

图 2-22　安装进度

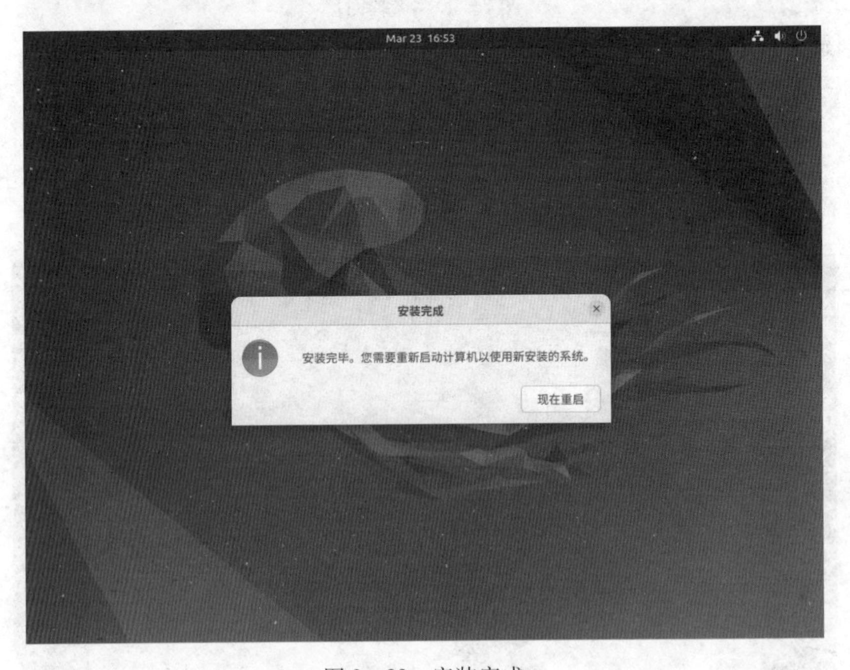

图 2-23　安装完成

2.4　首次启动

Ubuntu 安装完成并进行首次启动时，系统提示按【Enter】键卸载光驱中的镜像文件。系统在启动过程中会检测计算机系统中的硬件并加载其驱动程序及启动系统默认加载的服务，启动过程中若使用【Esc】键，可以看到系统正在启动的服务及加载的硬件，如图 2-24 所示。若某个服务或硬件加载失败,将以红色的 FAILED 显示,若加载成功将以绿色的 OK 显示。用户可通过此界面,查看系统在启动过程中加载的硬件和服务的启动状况。

```
[  OK  ] Started LSB: automatic crash report generation.
apport.service
[  OK  ] Finished Detect the available GPUs and deal with any system changes.
[  OK  ] Started User Login Management.
systemd-logind.service
[  OK  ] Started Avahi mDNS/DNS-SD Stack.
[  OK  ] Started WPA supplicant.
[  OK  ] Started Switcheroo Control Proxy service.
avahi-daemon.service
wpa_supplicant.service
switcheroo-control.service
         Starting Save/Restore Sound Card State...
[  OK  ] Finished Save/Restore Sound Card State.
alsa-restore.service
[  OK  ] Reached target Sound Card.
[  OK  ] Started Authorization Manager.
polkit.service
         Starting Modem Manager...
[  OK  ] Started Power Profiles daemon.
power-profiles-daemon.service
[  OK  ] Started Network Manager.
[  OK  ] Reached target Network.
         Starting Network Manager Wait Online...
NetworkManager.service
         Starting CUPS Scheduler...
         Starting OpenVPN service...
         Starting Permit User Sessions...
[  OK  ] Started Unattended Upgrades Shutdown.
unattended-upgrades.service
[  OK  ] Finished Permit User Sessions.
systemd-user-sessions.service
         Starting GNOME Display Manager...
         Starting Hold until boot process finishes up...
[  OK  ] Finished OpenVPN service.
openvpn.service
         Starting Hostname Service...
```

图 2-24　启动过程

2.4.1　登录系统

系统加载完硬件及服务后,出现如图 2-25 所示的登录界面,单击用户“linux”并输入正确的密码后,即可进入 Ubuntu 操作系统。

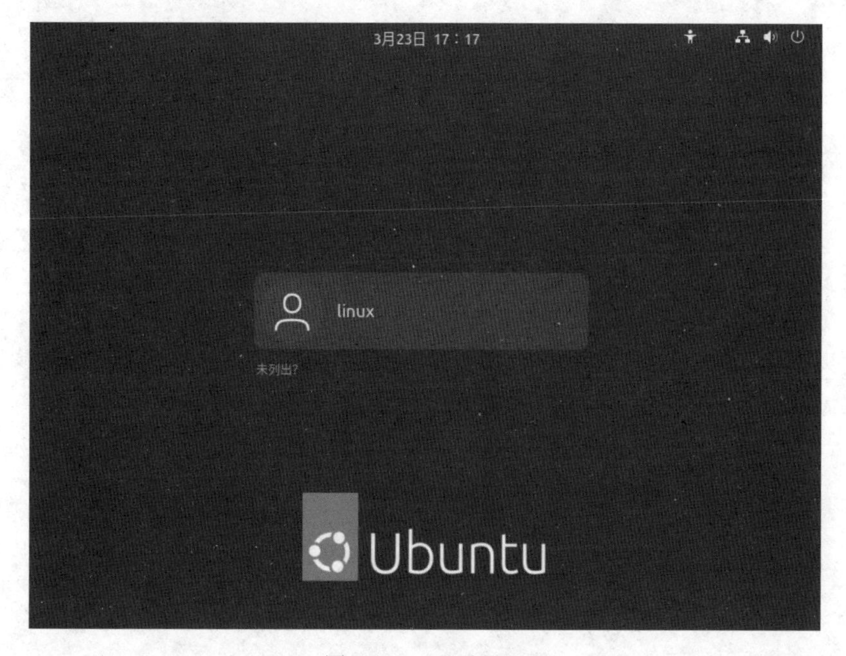

图 2-25　登录界面

2.4.2 初始化 GNOME

Ubuntu 首次登录成功后,将显示如图 2-26 所示界面,单击界面右上角的“跳过”或“前进”完成 GNOME 的初始化设置,设置完成后即可开使畅游 Ubuntu 操作系统。有关 GNOME 的更多设置见第 3 章内容。

图 2-26 初始化 GNOME

本章小结

本章介绍了 Ubuntu 操作系统的安装方式,详细讲解了 VirtualBox 中新建虚拟机并安装 Ubuntu 22.04.2 LTS 的过程,为后续章节 Ubuntu 的基本操作提供基础的学习操作环境。

课后习题

1. 安装 VirtualBox 最新版本,并熟练操作 VirtualBox。
2. 在 VirtualBox 中新建虚拟机,并安装 Ubuntu 最新版本。

第 3 章 Ubuntu 系统入门

本章主要介绍 Ubuntu 操作系统的基本使用方法，包括熟悉 Ubuntu 桌面环境、命令行交互方式及文本编辑器。

3.1 Ubuntu 桌面

目前，Linux 主流的桌面环境是 KDE 和 GNOME。自 Ubuntu 发布起，GNOME 3 就一直作为其默认桌面，直到 Ubuntu 11.04，unity 开始取代 GNOME 3 成为 Ubuntu 11.04 的默认操作界面，而从 Ubuntu 17.04 版本开始又换为 GNOME 桌面。Ubuntu 允许用户根据需求和习惯定制桌面。

3.1.1 Ubuntu 桌面构成与使用

Ubuntu 长期使用的桌面环境为 GNOME（The GNU Network Object Model Environment），它是一套纯粹自由的计算机软件，是以完全遵循 GPL 的 GTK 图形界面库为基础发展而来的，它运行在操作系统之上，提供图形桌面环境。默认的 GNOME 主要包括面板、菜单、窗口、工作区、桌面和文件管理器等。

Ubuntu 22.04 采用 GNOME 42 桌面环境，桌面更加干净、精致。首次登录时，能看到顶部工具栏、活动概览和带有主目录文件夹的紫色桌面，如图 3－1 所示。

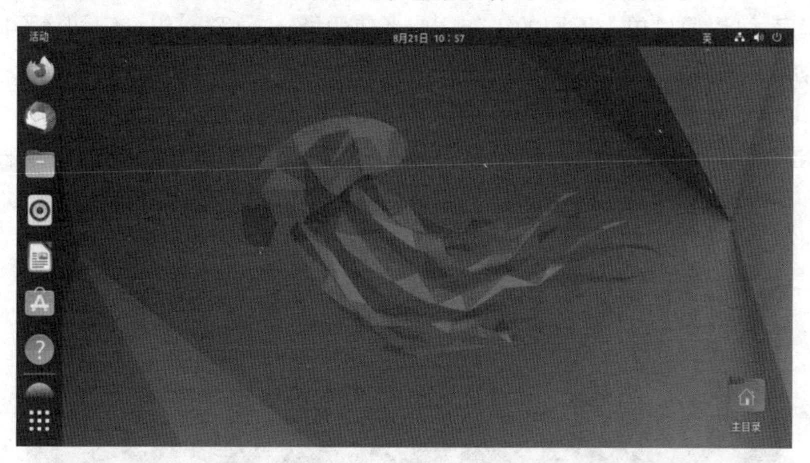

图 3－1 Ubuntu 22.04 桌面

1. 顶部工具栏

顶部工具栏提供对窗口、应用程序、日历、声音、网络和电源等系统属性的快速访问工具。在顶部工具栏中可以查看重要事项，顶部工具栏的右侧为系统菜单，可以在系统菜单中更改输入法、调整音量大小或屏幕亮度、查看/编辑 Wi-Fi 连接详细信息、检查电池状态、注销或切换用户及关闭计算机。

2. 活动概览

当 GNOME 启动时，会自动进入活动概览，活动是指允许用户访问的窗口和应用程序，最初默认显示处于普通模式，如图 3－1 所示。最左侧为 Dash 面板，放置一些常用的应用程序，单击其中任一个可启动相应的应用程序。当单击活动按钮时，可由普通模式转换为窗口概览模式，即显示当前工作区上所有窗口的实时缩略图。也可以通过网格按钮或者按【Super】⊞查看计算机安装的所有应用程序。可以单击任一个应用程序运行，同时也可以将应用程序拖拽到已安装应用程序上方的工作区，还可以通过上方的搜索框搜索应用程序、文件或文件夹，如图 3－2 所示。

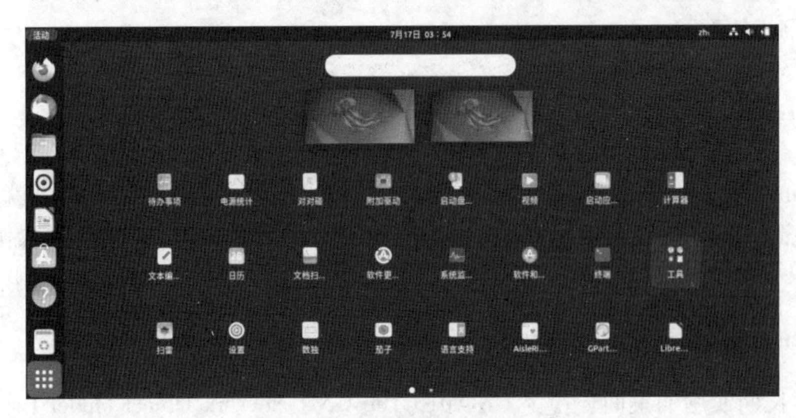

图 3－2　窗口概览模式

当处于普通模式时，可以在 Dash 面板中查看最常用的应用程序和当前正在运行的程序，如果有程序正在运行，程序的图标会高亮显示且图标的左侧显示一个红点。按住【Ctrl】键单击图标打开多个窗口，就会显示多个红点。对于经常使用的程序可以将其添加到 Dash 面板中。当窗口处于概览模式时，工作区会显示所有窗口的实时缩略图，每一个窗口都是已经打开的程序，可以通过单击不同的工作区或者使用【Super+Tab】组合键切换不同的窗口。

3. 启动应用程序

进入 Ubuntu 桌面后，有多种启动应用程序的方式：

（1）单击 Dash 面板底部的网格按钮，可以看到系统中所有已安装的应用程序的第一页，如图 3－3 所示。查看更多程序时，可以单击界面下方的白色小方框或者滑动滚轮，然后单击程序图标即可启动应用程序。

图 3－3　显示应用程序界面

(2)单击活动按钮,输入应用程序的名称,如果不知道应用程序的确切名称,可以尝试输入相关术语,然后在搜索列表中单击应用程序的图标可启动应用程序,如图3-4所示。

图3-4 搜索框

(3)一些应用程序显示在视图左侧的Dash面板中,可单击Dash面板中的应用程序图标启动应用程序。如果经常使用某个应用程序,可以将它放在Dash面板中,以便快速访问。

(4)可在工作区中启动应用程序,即将Dash面板中或者主要应用程序列表中的应用程序图标拖拽至工作区,便可在工作区中打开应用程序。

(5)使用【Alt+F2】组合键,输入应用程序名称,然后按回车键也可启动应用程序。例如,要启动Rhythmbox,使用【Alt+F2】组合键,输入"Rhythmbox"(不带引号),按回车键即可。除此之外还可利用上、下方向键调用历史命令。

4. 将应用程序添加至Dash面板

Dash面板类似于Windows操作系统中的任务栏,将常用的应用程序固定在Dash面板中可以快速访问应用程序。具体方法:将应用程序拖拽至Dash面板或者右键单击应用程序图标,然后选择添加到收藏夹。如果要将应用程序从Dash面板中移除,可右键单击Dash面板中的图标,选择从收藏夹中移除选项即可。

5. 窗口

在Ubuntu中单击应用程序会打开相应的窗口。Ubuntu窗口包括灰色的标题栏和带有圆角的窗口控件(从右到左依次是窗口关闭、窗口最大化和窗口最小化按钮),如图3-5所示。用户可通过鼠标拖动窗口以移动窗口位置或者当鼠标变为双向箭头时拖动鼠标以改变窗口大小。

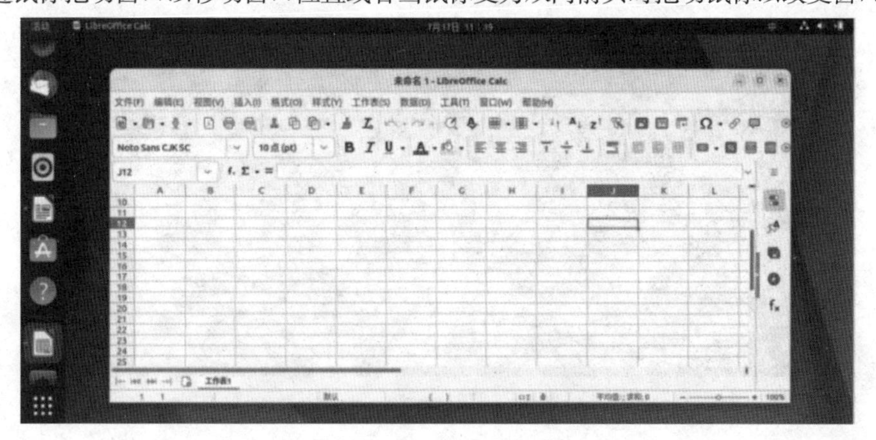

图3-5 Libre Office Cale窗口

6. 工作区

Ubuntu 的工作区(Workspace)是指 Ubuntu 桌面上一个或者多个窗口的组合。Ubuntu 将不同的工作区分别显示,形成虚拟桌面,方便用户进行管理,如图 3-6 所示。将代办事项放置于一个工作区中,将办公类的窗口(writer、calc)放置于另一个工作区中。单击活动按钮进入活动概览模式后单击工作区上方的工作区列表可以进行工作区切换,或者按【PgUp】、【PgDn】键切换工作区。

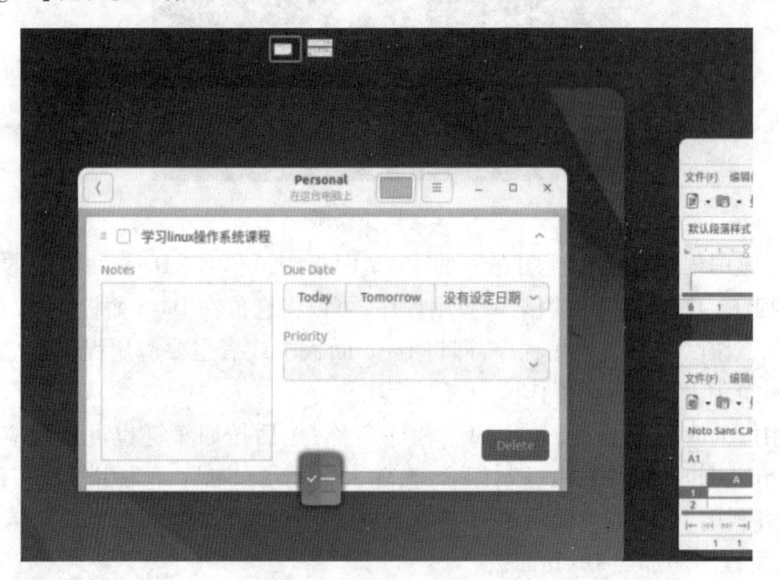

图 3-6　多个工作区

7. 抓图与录制视频

多数用户在学习和办公时会用到截图工具与录屏工具。在 Ubuntu 中按住【Print Screen】键可以打开一个交互式屏幕截图工具,如图 3-7 所示。该工具提供了三种屏幕截图模式,包括可以调整屏幕上手柄的大小来选择截取特定的部分、截取全屏、截取特定窗口。当选好截取模式后先后单击照相机按钮和白色圆形按钮即可截图,与此同时,系统会在图片文件夹下自动创建一个名为“截图”的文件夹存放该截图并同时复制到剪切板中。注意:在截图时若选中屏幕截图工具中的黑色箭头按钮,箭头也会被截取。

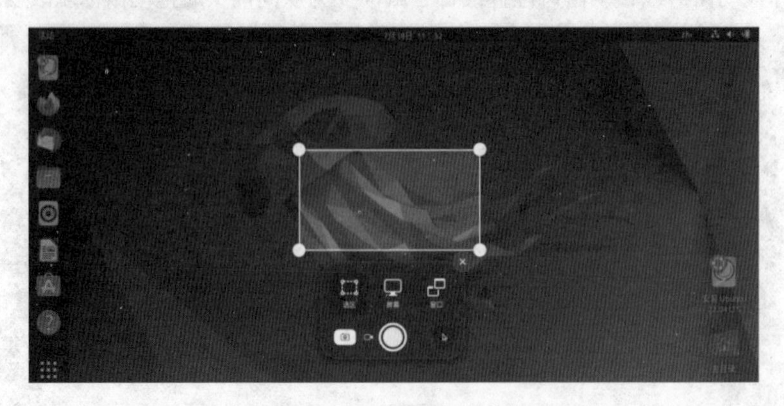

图 3-7　屏幕截图工具

单击摄像机按钮,可以对当前特定区域、整个屏幕或者特定区域进行屏幕录制。选好截取模式后，单击圆形●按钮开始录制，开始录制后，顶部栏会显示以红色背景为底色的白色方框的录制按钮及录制时间，如图 3－8 所示。可单击白色方框按钮停止录制，视频自动保存在视频文件夹中。

图 3－8　屏幕录制界面

3.1.2　图形界面关机与重启

单击桌面顶部栏右侧的系统菜单，选择“关机/注销”按钮，从下拉列表中单击“关机”选项关闭计算机，如图 3－9 所示。从下拉列表中单击“重启”选项，可重新启动计算机。进入关机或者重启界面后，如果不进行任何操作，系统将在 60s 后自动关机或者重启。

注销不同于关机或者重启，它是指退出当前用户并清除当前用户的缓存空间与注册表信息。单击“注销”选项后将返回用户登录界面，用户可以使用其他身份登录系统。

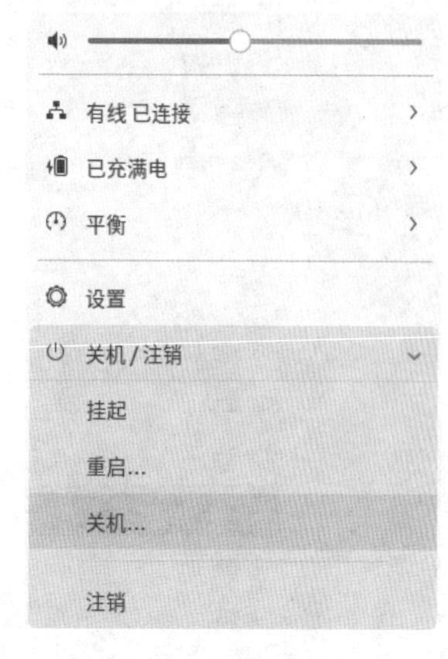

图 3－9　系统菜单

3.1.3　图形界面基本设置

Ubuntu 为了满足用户的不同需求，可以允许用户自定义 GNOME 桌面。单击系统菜单中的⚙“设置”选项或者在应用程序列表中单击⚙“设置”按钮，界面如图 3－10 所示，用户可以在此界面中执行系统各类设置任务。

1. 显示器设置

单击设置中的“显示器”选项，可以自定义可视化的方向、分辨率、刷新频率。其中，可视化方向默认横向，分辨率可根据自己的需求进行调整，刷新频率为 59. 97Hz，默认不开启 Fractional Scaling 功能，如果需要调节图标文字的大小，可开启 Fractional Scaling 选项，根据需求调整为 100%、125%、150%，如图 3－11 所示。

2. 外观设置

单击“设置”中的“外观”选项，打开外观设置界面，如图 3－12 所示。

首先是风格(Style)，在 Ubuntu 22. 04 中，除了有浅色模式和深色模式外，还引入了一个新的强调色选项，允许用户在全局进行自定义。当在 Ubuntu 22. 04 中打开深色模式时，会自动应用于所有支持的应用，如图 3－13 所示。

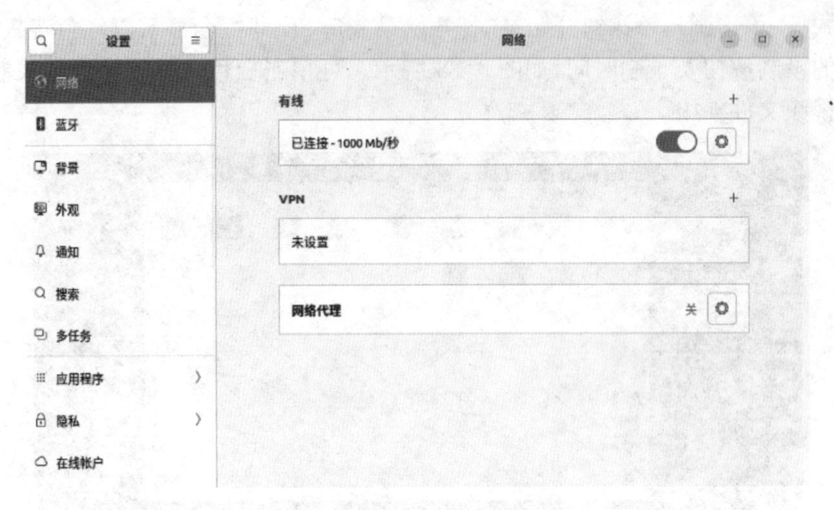

图 3－10　Ubuntu 系统设置

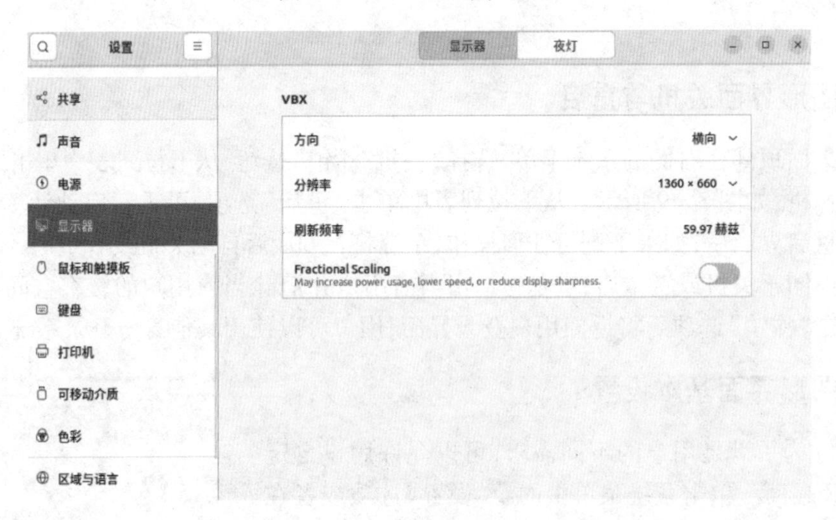

图 3－11　显示器设置

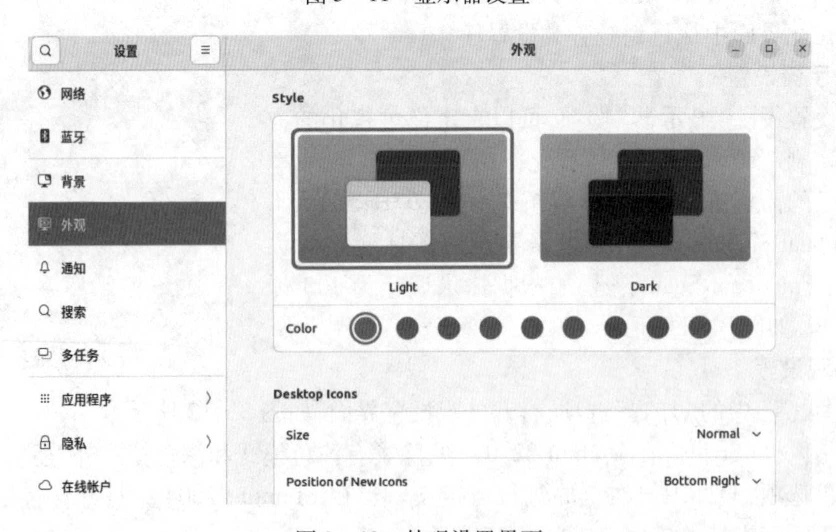

图 3－12　外观设置界面

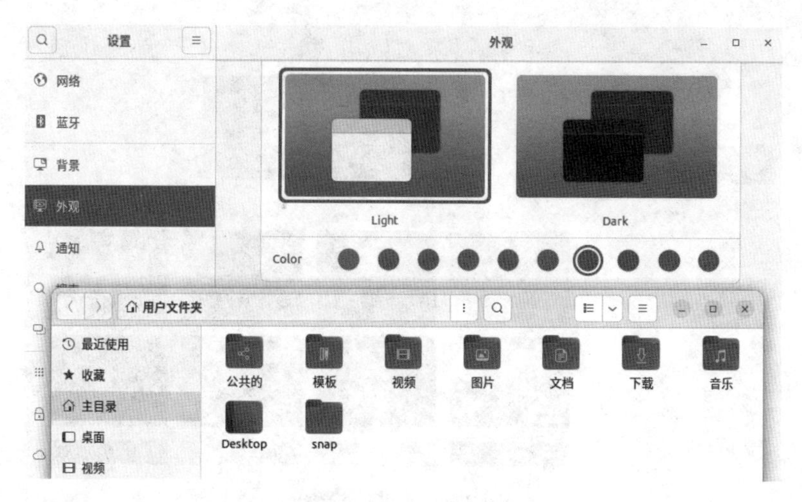

图 3－13　风格设置

还可以设置桌面的图标大小、位置、是否显示个人文件夹等。

除此之外，Ubuntu 提供了 Dock 设置页面，如图 3－14 所示。Dock 类似于 Windows 的开始菜单和任务栏，用户可以设置是否隐藏 Dock，还可设置面板模式的开关、图标大小、显示位置以及在多显示器设置中的行为方式等。

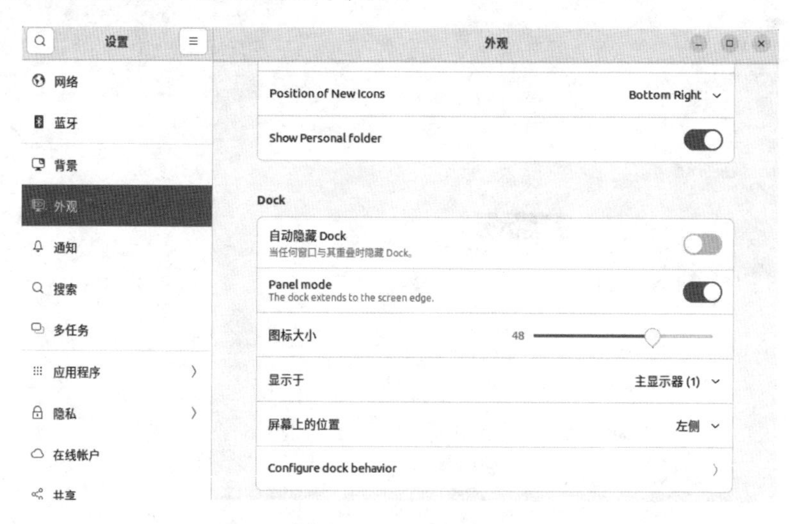

图 3－14　Dock 设置

3. 背景设置

单击“背景”选项可更换屏幕背景，用户可以更换系统自带的壁纸，也可以通过图 3－15 右上角的“添加图片”选项，从外部导入自己喜爱的图片作为壁纸。

4. 网络设置

单击“网络”选项，可查看有线、VPN、网络代理的当前状态，如图 3－10 所示。默认“有线”连接处于打开状态，用户点击右侧齿轮按钮可以在该面板的“详细信息”选项卡中浏览网络的详细信息（包括链路速度、IPv4 地址、IPv6 地址、硬件地址、默认路由、DNS 等），如图 3－16 所示，切换到 IPv4 选项卡及 IPv6 选项卡可以根据需求修改 IPv4、IPv6、DNS 和路由等信息，如图 3－17、图 3－18 所示。

图 3－15　背景设置

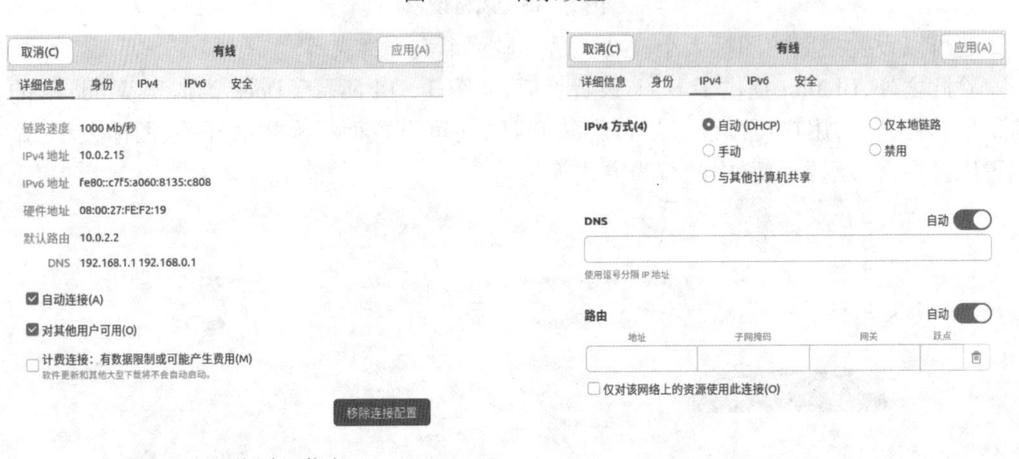

图 3－16　网络详细信息　　　　图 3－17　IPv4 选项

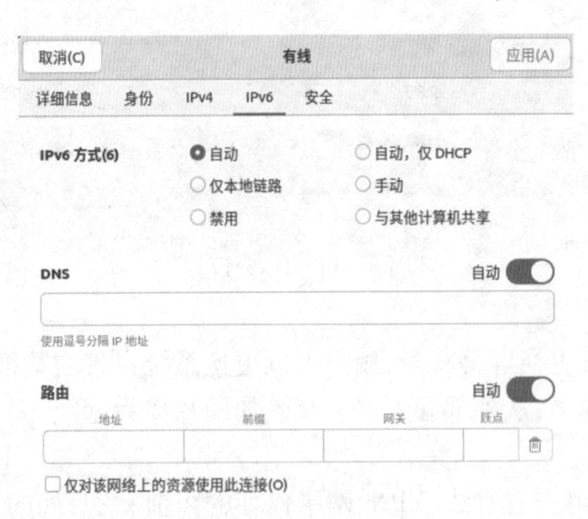

图 3－18　IPv6 选项

5. 输入法设置与输入法切换

单击“设置”应用程序中的“键盘”选项，打开输入设置，如图 3－19 所示。在该选项中可以设置输入源和快捷键。本系统的输入源有汉语、Hanyu Pinyin、中文(智能拼音)三种,单击下方的“+”按钮可根据需要添加其他输入源。如果输入源不再需要可以单击右侧的三点按钮进行移除。

在实际输入中不可避免地要用到两种及两种以上的输入法,并进行输入法切换,默认使用【Super+空格】键进行输入源的切换。此外,单击顶部栏右侧的输入源切换按钮也可以进行输入源的切换。

图 3－19　键盘选项

在现代操作系统和计算机软件中,经常使用快捷键,在“键盘”选项中不仅可以设置输入源,还可查看和自定义键盘快捷键。滑动“键盘”选项至底部,单击“查看及自定义快捷键”会弹出键盘快捷键界面,如图 3－20 所示。其中列出了系统常用操作包括启动器、声音和媒体、导航、截图等,单击右侧的按钮,可查看系统默认设置的快捷键详细信息。例如,单击“截图”选项,可查看交互式录屏、交互式截图、对窗口进行截图的快捷键。当然,如果想定义自己的快捷键,可以选择“自定义快捷键”选项,单击“添加快捷键”按钮,弹出如图 3－21 所示对话框,输入快捷方式的名称、命令,然后单击保存。例如,定义关闭窗口的快捷键,输入名称“关闭窗口”,命令“close”,快捷键输入【Ctrl+Q】组合键,然后单击右上方的“添加”按钮,即可完成快捷键的自定义。

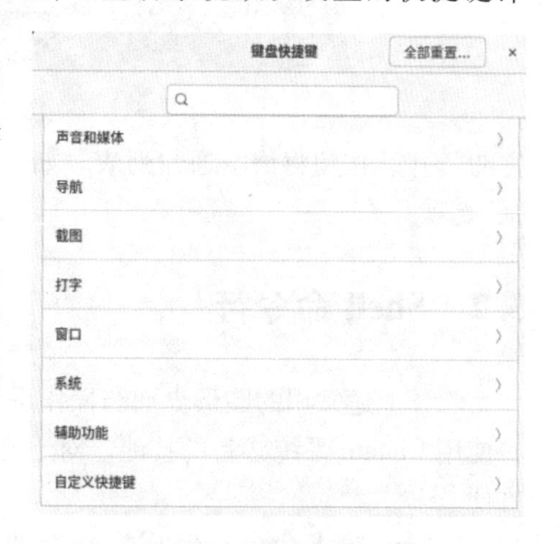

图 3－20　键盘快捷键界面

6. 通知与通知栏设置

单击“设置”应用程序中的“通知”选项,可以设置应用程序的通知是否在屏幕顶部显示。系统默认应用程序的通知会显示在屏幕顶部,若用户不想收到应用程序的相关提醒可以打开“勿扰”选项,还可根据需求选择下方的应用程序单独进行设置,如图 3－22 所示。

单击桌面顶部栏的“日期与时间”,打开通知列表,查看应用程序发送的通知,单击右下

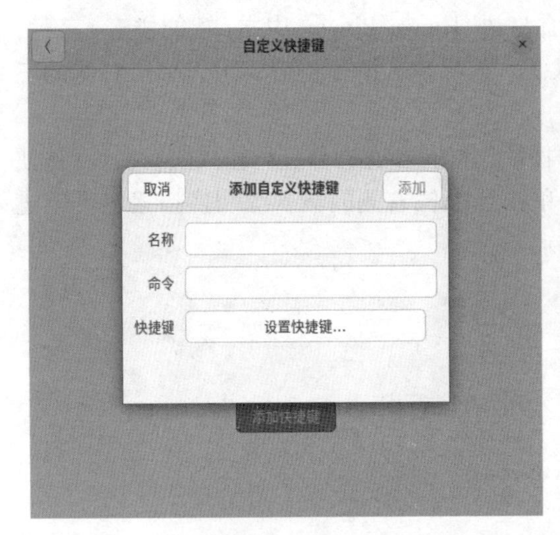

图 3-21　自定义快捷键

图 3-22　通知设置

方的"清除"按钮将清空通知列表。如果正在处理某事并且不想被打扰,可以打开"请勿打扰"选项开关。

3.2　Shell 命令行

除了上述常用的图形界面与操作系统交互外,使用命令行操作和管理系统是每一个用户使用 Ubuntu 系统必备的技能。对于专业人员来说,命令行比图形化界面操作更加高效、方便。

Ubuntu 输入命令行完成操作有两种方式:一是由桌面环境进入终端界面,类似于 Windows 系统打开 cmd 界面,二是由桌面环境切换到纯字符界面(也称文本模式)。

在文本模式(也称 CLI 模式,即 Command Line Interface)下,Shell 称为命令解释器,它是用户和操作系统之间的接口。当在 CLI 模式下输入一个命令后,Shell 将对命令进行解释,并调用相应的程序。

3.2.1 命令行语法格式

使用命令行管理系统，首先要了解命令行的语法格式，其次要清楚各个命令行的基本用法。

1. 命令行语法格式

用户通过桌面环境进入终端界面，如图 3-23 所示，终端界面默认显示一串字符，这串字符称为提示符。它由 4 部分构成：当前用户名、主机名、当前目录、命令提示符，如图 3-23 所示，linux 表示当前登录的用户名，@ 为分隔符，linux-VirtualBox 表示主机名，~ 表示当前路径为用户主目录，$ 为 Shell 提示符（Ubuntu 系统默认 Shell 为 bash），若当前用户为普通用户时，Shell 提示符为 $，若当前用户为超级用户，Shell 提示符为#，提示符后面闪烁光标，等待用户输入命令。

图 3-23 终端界面

命令行必须遵循一定的语法规则。命令行语法格式为：

提示符 命令 [选项] [参数]

命令、选项与参数之间用空格或者【Tab】键分隔且严格区分大小写，有些命令可以不带选项和参数。

命令是指程序或命令的名称，例如，ls，列出当前路径下文件和目录的名称。

选项是包括一个或多个字母的字符，可以修饰命令的执行效果。选项前有一个“-”或者“--”。例如，在 ls 命令后加上选项“-a”，表示显示当前路径中所有文件和目录，包括隐藏文件；在 ls 命令后加上选项“-l”，表示显示文件和目录的长列表详细信息，包括文件类型、权限、所属用户、所属用户组、文件大小、上一次修改时间等。

可以同时使用多个选项，而且选项有长和短之分，有些选项可带参数。

短选项：通常用一个短线“-”和一个字母来表示，例如，ls -a。如果在命令中有多个短选项，可以使用一个短线“-”把多个选项组合在一起，组合使用时选项与选项之间不需要隔开，例如，ls -la，也可以每个短选项都单独用一个短线“-”连接，但需要用空格隔开，例如，ls -a -l。

长选项：通常用两个短线“--”连接单词格式的选项，例如，ls --help。

参数是指命令的操作对象，多数命令都可以使用参数。例如，不带任何参数的 ls 命令只能列出当前路径下的文件和目录。而 ls /home/test 可以显示/home/test 目录下的文件和目录，若命令行不止一个参数时，需注意参数的顺序。

2. 命令行的基本用法

（1）【Tab】键自动补全命令。Shell 提供了命令行自动补全功能，也就是在输入文件名或者命令时,只需输入该文件名或者命令的前几个字符,然后按【Tab】键,Shell 就可以自动补齐。值得注意的是,如果当前路径下有多个与指定字符匹配的文件或者有多条命令与指定字符匹配,Shell 会以列表的形式列出所有与之匹配的文件名或命令供用户进行选择,此时用户需要按两次【Tab】键。例如,当输入"ca"并连续按两次【Tab】键时,Shell 会显示所有以"ca"开头的命令。

(2)查看并调用历史命令。Shell 将用户上一次登录使用过的所有命令保存在 home 目录下的 . bash_history 文件中,将当前登录使用的所有命令保存在缓存当中,因此用户可以查看以往执行过的命令。如果要使用当前登录用户使用过的命令,可以按【PgUp】和【PgDn】来上下浏览之前执行的命令。如果想要查询并调用更多命令,需要使用 history 命令,显示结果为编号和最近使用的所有命令,然后输入"! 编号"即可执行编号对应的命令。除此之外,还可以按【Ctrl+R】输入命令的前几个字符在历史命令中进行搜索。

(3)用分号";"(英文状态下输入)可以实现在一行中执行多条命令。

(4)用"\"可以将一个命令在下一行中输入。

(5)【Ctrl+C】可以实现强制中断命令。

(6)【Ctrl+D】表示 EOF(end of file),与在 Linux 终端执行 exit 效果相同,可以退出当前 Shell。

(7)命令行中常见的字符用法如表 3-1 所示。

表 3-1 常用字符用法

字符	功能
~	当前用户的家目录(主目录)。例如,echo ~ 表示查看家目录
.	当前目录
..	父目录,即当前目录的上一级目录
*	字符序列通配符,可以匹配 0~n 个任意字符,通常用于匹配文件名
?	单字符通配符,可以用来匹配一个字符
;	命令分隔符,当在同一行里写多条命令的时候,可使用;将命令隔开
\	反斜杠,用于转义

3.2.2 帮助文档

Ubuntu 不仅提供了官方帮助文档供用户使用,为了更方便地了解每个命令的使用方法,Ubuntu 还提供了相关选项和命令。

(1)--help:用于获取某个命令的用法帮助。

语法:command --help

例如,mkdir --help 显示 mkdir 命令的帮助信息。

(2)man:实际上就是查看命令用法的 help,man 是 manual(手册)的缩写,它的说明非常的详细。

语法:man [参数选项] 帮助主题

例如,man mkdir 查阅 mkdir 命令的使用手册。

3.2.3 命令替换

bash 定义了两种语法进行命令替换。一种是使用反引号(【Tab】键上面的那个键),另一种是 $()。具体使用格式为:

格式一:`命令 1`

命令 1 被反引号括起来,系统默认执行被它括起来的内容。例如:

```
$ temp=`date`
```

以上命令是将 date 作为命令执行,执行结果为显示当前时间并赋给 temp 变量。

格式二:$(命令 1)

系统默认执行小括号括起来的内容。例如:

```
$ str="hello"
$ echo $(str)
```

知识窗

以上命令是将字符串"hello"赋给变量 str,然后利用 echo 命令将获取到的 str 内容显示在屏幕上。

3.2.4 重定向

重定向(Redirection)是指改变 Shell 标准输入来源和标准输出去向的各种方式。默认情况下,Shell 的标准输入与键盘相关联,标准输出与屏幕相关联,但使用重定向可以将标准输入和标准输出指向某个命令或文件。重定向分为输入重定向和输出重定向。下面将分别进行介绍。

1. 输入重定向

多数情况下 Linux 接收标准的输入设备(如键盘)输入的字符作为命令的输入,但是有时需要将某个文件作为输入,此时就需要输入重定向。具体用法为:

命令 < 文件名

例如,wc < test。wc 命令的功能是对文本文件中的数据进行计数,默认情况下会输出:文本的行数、文本的词数、文本的字节数。该条命令利用了输入重定向对 test 文件进行计数。

2. 输出重定向

与输入重定向对应的是输出重定向,即改变命令的输出源,不让输出结果显示在屏幕上,而是写入指定文件。具体用法为:

命令 > 文件名

例如,ls 命令在屏幕上显示当前路径下的文件,无法保存所列信息。如果想要保存信息,就需要使用输出重定向,使信息保存在指定文件中。例如:

```
$ ls > /home/linux/myml.lst
```

上述命令行将 ls 显示的信息保存在了 myml. lst 文件当中，如果指定文件中存有其他内容，那么该内容会被覆盖。因此大多数情况会选择在文件的原有内容后进行追加，追加的语法形式为：

命令 >> 文件名

因此，为了避免原有文件内容被破坏，可将“ls > /home/linux/myml. lst”修改为“ls >> /home/linux/myml. lst”。

3.2.5 管道

Shell 使用管道（Pipe）将前一个命令的输出作为下一个命令的输入。管道的工作过程：首先将一个命令的标准输出重定向到一个文件，然后将该文件作为另一个命令的标准输入。管道的符号为“|”，具体使用格式为：

命令 1 | 命令 2…… | 命令 n

管道符号左边命令的输出是右边命令的输入。需要注意的是，命令 1 的输出必须正确，否则将会影响后续输出结果。

例如，查找当前目录下，所有 . text 文件名称中有"apple"字符的文件。执行命令如下：

```
$ find -name " *.text" | grep "apple"
```

3.2.6 仿真终端

仿真终端是一个应用程序，在 Ubuntu 图形界面的仿真终端中输入命令行可以对操作系统进行管理。打开仿真终端的方式有以下几种：

（1）使用组合键【Ctrl+Alt+T】可以打开终端，这是打开终端最快捷的方式。

（2）在应用程序中找到“终端”程序并单击。

（3）使用组合键【Alt+F2】打开搜索栏，输入“终端”或者“gnome-terminal”找到终端应用程序，单击即可打开。

也可将仿真终端的快捷方式添加到 Dash 面板中，这样用户可以直接在 Dash 面板中找到“终端”应用程序并打开。

窗口顶部中间会显示当前用户名、主机名以及当前路径。顶部左侧加号按钮可以在同一个窗口上分隔多个子窗口。如图 3-24 所示，当前分隔为 3 个子窗口，每个子窗口可以独立运行命令程序。一个父窗口可以管理多个子窗口，可以清楚地知道每个窗口的运行情况。

图 3-24 仿真终端子窗口

Ubuntu 的仿真终端窗口还提供了查找功能。单击顶部栏右侧的搜索按钮，可以在当前内容中查找指定字符。此查找功能类似于 Word 中的【Ctrl+F】。

单击■按钮选择“首选项”，单击“常规”选项，可以设置终端的主题类型，如图3－25所示。

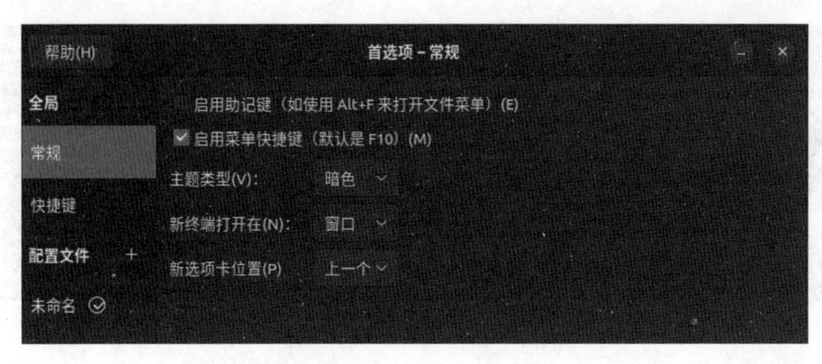

图3－25 “常规”选项

切换到“未命名”选项，可以设置终端中的文本尺寸、文本颜色和背景颜色、滚动方式、编码方式等，如图3－26所示，真正满足了用户根据自身喜好定制窗口的需求。

图3－26 “未命名”选项

3.2.7 命令行接口模式

除了使用仿真终端应用程序输入命令行与操作系统进行交互外，还可以进入命令行接口模式（纯字符界面）输入命令。在Linux系统中，计算机的显示器通常被称为控制台终端（Console），控制台终端与一些特殊设备文件例如dev/tty1、dev/tty2等相关联，每个tty都可以看作Ubuntu的一个纯文本串行虚拟终端，系统默认共有6个tty，分别为tty1～tty6。不管用户正在使用哪一个虚拟终端，系统信息最终都会发送到控制台终端。

在Ubuntu 22.04中，tty1是图形化用户登录界面，tty2是当前图形化界面，tty3～tty6是命令行虚拟终端，系统启动后默认进入图形化界面，因此需要按住组合键【Ctrl+Alt+Fn】进入纯字符命令行界面，其中n值为3～6，代表可以进入3～6号虚拟控制台。由纯字符界面切换至图形界面需按住组合键【Ctrl+Alt+F2】。例如，按住组合键【Ctrl+Alt+F3】进入tty3控制台，如图3－27所示。界面中提示输入用户名与用户密码进行登录，需要注意的是，为了更好地保护用户个人隐私，用户输入密码时，屏幕上不回显。当用户名与密码任一个输入错误时,系统会提示"login incorrect"信息。当输入正确时,系统提示"Welcome to Ubuntu 22.04 LTS",操作完毕后执行"exit"或者"logout"命令可退出当前用户。

```
Ubuntu 22.04 LTS linux-VirtualBox tty3

linux-VirtualBox login: linux
Password:
Welcome to Ubuntu 22.04 LTS (GNU/Linux 5.15.0-25-generic x86_64)

 * Documentation:  https://help.ubuntu.com
 * Management:     https://landscape.canonical.com
 * Support:        https://ubuntu.com/advantage
```

图 3-27　tty3 虚拟控制台

3.2.8　命令行关机与重启

Ubuntu 提供了专门的命令执行关机与重启操作。需要注意的是,如果系统中登录多个用户,某个普通用户关机时需要获取 root 权限。

1. 关机

(1)shutdown。Ubuntu 可以使用 shutdown 命令执行关机操作。使用 shutdown --help 或 man shutdown 命令查看 shutdown 的详细用法。下面仅列出常用的几种用法。

shutdown(命令后无任何选项时)默认一分钟后关机。

```
$ shutdown -h now   #立即关机
$ shutdown -h n   #提示用户系统将在 n 分钟以后关机
```

当输入 shutdown 命令关机时,可以用 shutdown -c 命令取消关机。

(2)halt。Ubuntu 还提供了 halt 命令进行关机,这是最简单的关机命令。halt 命令执行时,其本质是杀死所有应用进程。halt 命令执行时会先检测系统的运行级别,若运行级别为 0 或者为 6 时则关闭系统,否则需要调用 shutdown 命令来关闭系统。常见用法如下:

```
$ halt       #立刻关机(功能同 shutdown -h 命令)
$ halt -p    #关闭系统的同时切断电源
$ halt -d    #关闭系统但不留下记录
```

(3)poweroff。如果确认系统中所有用户已经退出且所有数据都已保存,需要立即关闭系统,此时可以使用 poweroff 命令。执行 poweroff 命令关闭计算机并切断电源,该命令与 shutdown -h now 等同。

2. 重启

执行 reboot 命令可以重启系统,也可以使用 shutdown 命令重启系统,具体用法如下:

```
$ reboot                  #重启系统
$ shutdown -r             #延时 1 分钟重启
$ shutdown -r now         #立即重启,与 reboot 等同
$ shutdown -r n(分钟)     #过 n 分钟后重启
```

与 shutdown 命令关机一样,若使用 shutdown 命令设置系统重启时,可以执行 shutdown -c 命令取消重启操作。

3.3 文本编辑器

文本编辑器是用来编写文本文件的应用程序。Ubuntu 中自带了 gedit 文本编辑器和 vi 编辑器,下面分别进行介绍。

3.3.1 gedit

Ubuntu 自带 gedit 文本编辑器,它是 GNOME 桌面环境的官方文本编辑器,兼容 UTF-8、gkb2312、gkb 等多种字符编码,内置功能强大,支持多种插件。单击"活动"按钮在搜索框输入 gedit,即可打开 gedit 文本编辑器或者按住【Alt+F2】输入关键字 gedit,然后按回车键也可打开该编辑器。gedit 包含菜单栏、工具栏、编辑区、状态栏,如图 3-28 所示,这里仅介绍部分常用的功能。

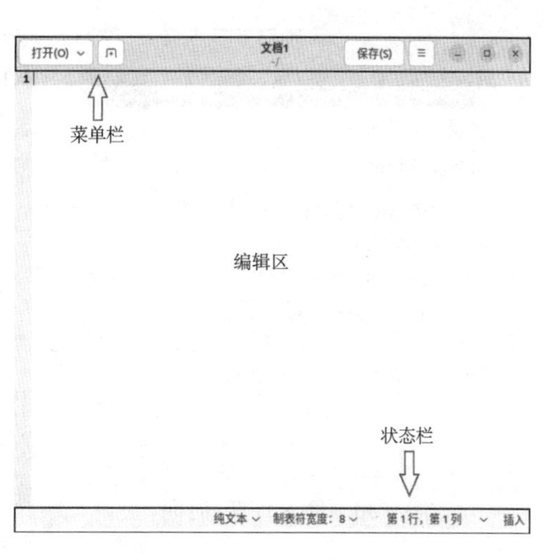

图 3-28 gedit 文本编辑器

1. 设置字体及背景

从编辑器窗口右侧的 ≡ 图标中打开"首选项",如图3-29(a)所示。可以设置是否显示行号和状态栏信息、是否显示高亮。切换至"字体和颜色"选项,如图 3-29(b)所示,可以调整字体。同时 gedit 不仅为用户提供了多种配色方案,还可以自定义配色方案。

(a) 查看

(b) 字体和颜色

图 3-29 "首选项"界面

2. 插入当前日期与时间

对于将日志维护为简单的文本时,常常需要用到"插入日期和时间"工具。只需通过右侧 ≡ 图标打开工具,单击"插入日期/时间",即可在文本中插入当前时间。如果工具中无该选项,需要从菜单中单击"首选项"→"插件",勾选"插入日期/时间",然后单击面板左下方的"首选项"按钮,即可设置插入的时间格式,如下图3-30所示。

图3-30 插入日期/时间

3. Python 控制台

从菜单中单击"首选项"→"插件",勾选"Python控制台",然后从菜单中启用"查看"→"底部面板",就可以在底部获得一个个性化的Python终端。用户可以在">>>"之后执行Python语句,如图3-31所示。gedit像很多Python编译器一样具有良好的交互性,输入正确时,显示为蓝色,输入错误时显示为红色,这些颜色也可根据用户喜好自行设置。

4. 快速插入常用片段

在书写文本时,某些片段是用户需要频繁使用的,为了方便用户快速书写并减少书写错误,gedit提供了快速插入常用片段功能,设置方式为:选择"菜单"→"首选项"→"插入启用片段"选项,然后从菜单中选择"管理片段",将常用的片段添加进去。以C语言为例,单击左下角的"+"按钮添加如图3-32所示的if…else片段,并设置激活字符为"if",此时片段就设置成功了。在编辑区中输入if关键字,按下【Tab】键,会发现整个if…else片段显示在屏幕上,如图3-32所示。因此通过管理片段的方式,可以让用户减少书写量,提高效率。

图3-31 Python控制台

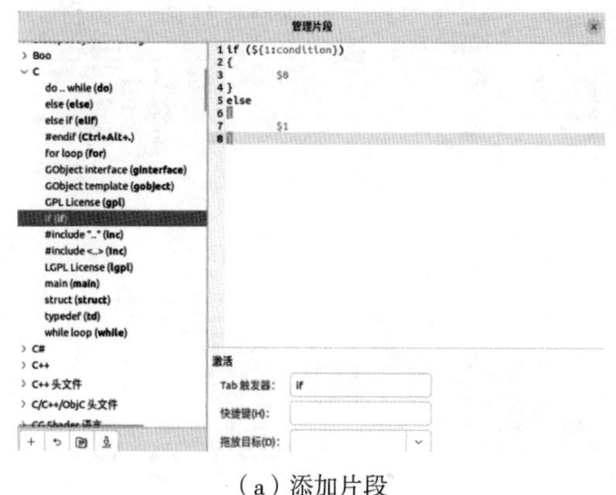

（a）添加片段

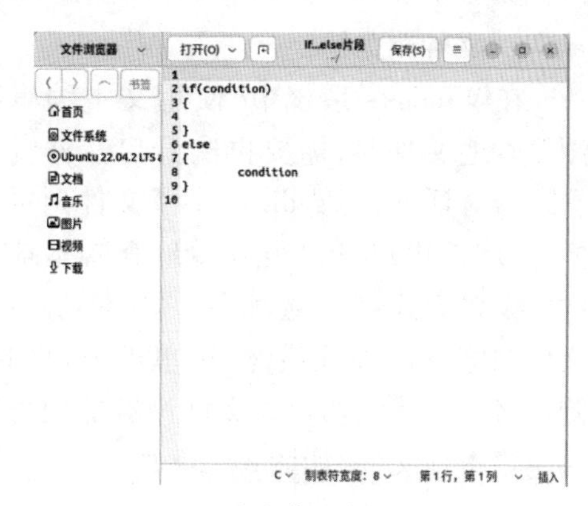

（b）使用片段

图 3－32　设置常用片段

5. 拆分窗口与标签分组

gedit 编辑器可以同时处理多个文档，使用组合键【Ctrl+N】可以打开多个文档，将光标放在某一个文档内部按住组合键【Ctrl+Alt+N】可以对窗口进行拆分，拆分的窗口自动成为独立的一组，多次按【Ctrl+Alt+N】可多次拆分窗口形成多个标签组。从菜单中单击“工具”→“查看”→“侧边栏”，左侧会显示当前打开窗口的情况，如图 3－33 所示。用户可以在左侧栏拖拽文档达到分组的目的，如图 3－34 所示，方便用户进行管理。

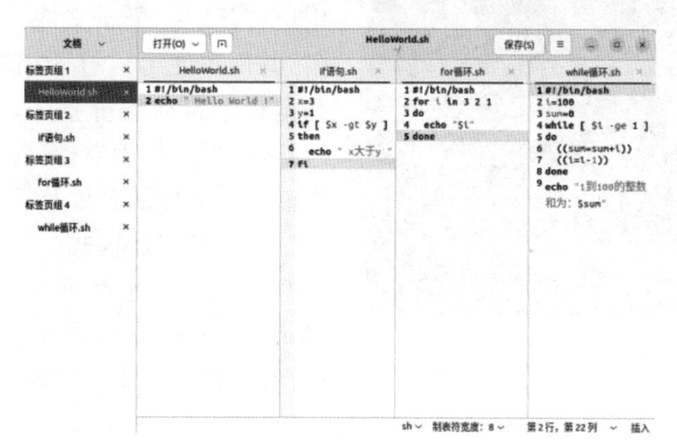

图 3－33　拆分窗口

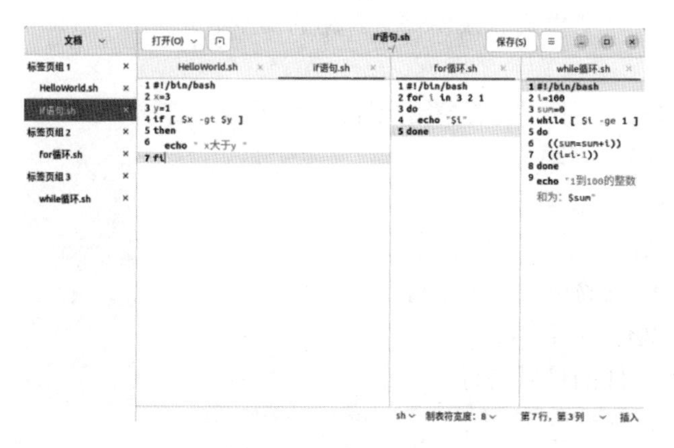

图 3－34　标签分组

6. 文件浏览器

在 Windows 系统中，使用文本编辑器浏览本地文件时，需要再次开启文件资源管理器对话框，而 gedit 提供了文件浏览器插件，使得用户可以很方便地查看本地文件。设置方式："首选项"→"插件"，启用文件浏览器面板选项，然后单击窗口的左侧栏将文档状态切换为文件浏览器便可轻松浏览本地文件，如图 3－35 所示。

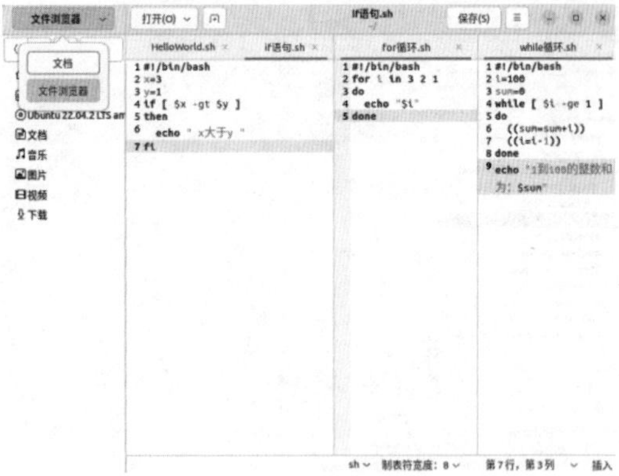

图 3－35　文件浏览器

3.3.2　vi

vi 编辑器是 Unix 和 Linux 系统下标准的文本文件编辑器，也是程序员常用的一款编辑器，所有的类 Unix 系统都会内置 vi 文本编辑器，而 Ubuntu 内置的 vi 编辑器为 vim，是 vi 的增强版。

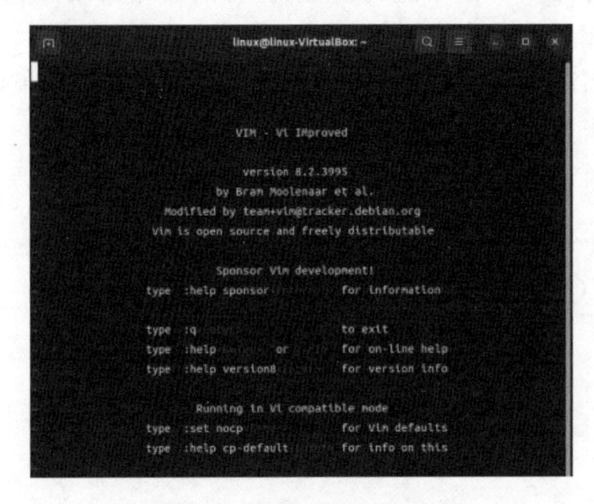

图 3－36　vim 编辑器界面

1. vim 编辑器的启动

打开命令行终端，输入命令"vi"后回车即可打开 vim 编辑器，如图 3－36 所示，此时用户打开了一个新文件。而当输入"vi 文件名"并回车便可以打开相应的文件进行查看和编辑。启动后屏幕的左侧是一列"～"符号，表示当前行为空行，且在屏幕底部会显示当前打开文件的名称及状态。

2. vi 编辑器模式

vi 可以分为 3 种模式：命令模式（Command Mode）、插入模式（Insert Mode）和底行模式（Last Line Mode）。每种模式的功能如下：

（1）命令模式。控制屏幕光标的移动，进行字符、字或者行的删除、移动、复制操作。打开 vi 编辑器默认进入命令模式。该模式下常用的命令有：

①移动光标：

方向键：直接使用上、下、左、右控制光标的上、下、左、右移动。

【Ctrl+F】：屏幕向下移动一页。

【Ctrl+B】：屏幕向上移动一页。

Home：移动至当前行的第一个字符处。

End：移动至当前行的最后一个字符处。

g：移动至当前文件的第一行。

G：移动至当前文件的最后一行。

②删除：

x：向后删除一个字符（相当于 Delete）。

X:向前删除一个字符(相当于 Backspace)。

dd:删除光标所在的一行。

ndd:删除光标所在的往下 n 行。

③复制:

y:复制光标所在处的字符。

yw:复制光标所在处至字尾的字符。

yy:复制光标所在的一行。

nyy:复制光标所在的向下 n 行。

④粘贴:

p:将已复制的内容粘贴至光标的下一行。

P:将已复制的内容粘贴至光标的上一行。

⑤查找与替换:

/关键字:向下查找指定的关键字,继续向下查找按【N】键。

? 关键字:向上查找指定的关键字,继续向上查找按【N】键。

:n1,n2s/关键字 1/关键字 2/g:在第 n1 行与 n2 行之间查找关键字 1,并将其替换为关键字 2,其中 n1,n2 表示查找范围。

:1, $ s/关键字 1/关键字 2/g:在第一行至最后一行范围内查找关键字 1,并将其替换为关键字 2。

:1, $ s/关键字 1/关键字 2/gc:在第一行至最后一行范围内查找关键字 1,并将其替换为关键字 2,但是在替换之前会提示用户确认是否替换。

⑥撤销与重复:

u:撤回上一个操作(相当于【Ctrl+Z】)。

.:重复上一个操作。

注意:在命令模式下按键,命令不会回显。

(2)插入模式。只有在插入模式下,才可以编辑文本内容,因此需要从命令模式切换至插入模式,具体操作方式为:

i:从当前光标处插入。

I:从当前行的第一个非空字符处开始插入。

a:从当前光标所在位置的下一个字符处插入。

A:从当前行的最后一个字符处插入。

r:替换当前字符或字符串。

R:替换所有后续字符或字符串。

o:在下一行插入空行。

O:在上一行插入空行。

文本编辑完毕后,按住【Esc】键,vi 编辑器将从插入模式切换至命令模式。

(3)底行模式。可执行文件保存、vi 退出,以及设置编辑环境等。在命令模式下输入冒号":",vi 将由命令模式切换至底行模式。常用的命令如表 3-2 所示。

表 3-2 底行模式常用命令

命令	说明
:w	保存当前文件
:w filename	将文件以指定的文件名 filename 保存
:wq	保存并退出 vi
:q	退出 vi 编辑器
:q!	不保存文件修改并强制退出 vi 编辑器

vi 三种模式间的切换如图 3-37 所示。

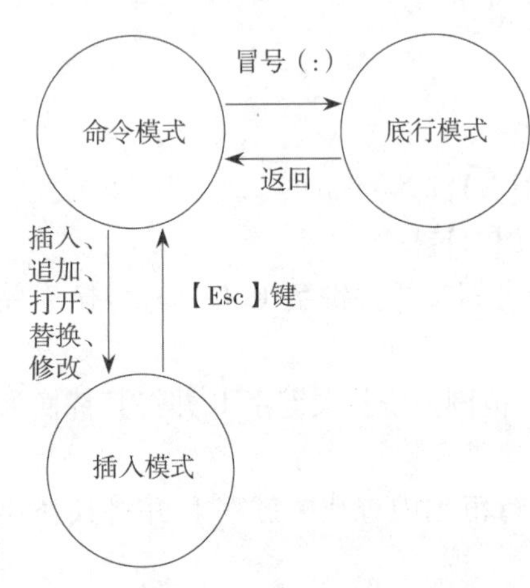

图 3-37 vi 操作模式间的切换

3. 其他全局性操作

(1)块选择。块选择可以让用户复制矩形区域的内容。按住【V】键,会将光标经过区域的字符反白选择;按住【Y】键,复制反白区域;按住【D】键,删除反白区域。块选择对用户来说是一个非常简单快捷的操作。

(2)多文件编辑。多文件编辑是指在两个及两个以上文件之间复制、粘贴。输入命令“vi filename1 filename2 filename3 …(文件名之间用空格进行分隔)”可以同时打开多个文件。使用命令“:n”可以切换至下一个文件进行编辑,命令“:N”可以切换至上一个文件进行编辑,命令“:files”可以列出当前 vi 打开的所有文件,然后配合 y、p 等命令就可以实现文件之间的复制与粘贴。

(3)多窗口功能。多窗口功能是指在一个窗口中打开多个文件。使用命令“:sp {filename}”即可在当前窗口打开另一个文件,filename 为打开的文件名。例如,已打开文件名为 file1 的文件,输入“:sp{file2}”命令就可以在当前窗口打开 file1 和 file2 文件,如图 3-38 所示。按住【Ctrl+W】组合键放开后,再按【J】或者向下箭头,光标可以移动到下方窗口即下一个文件,同理,按住【Ctrl+W】组合键放开后,再按【K】或者向上箭头,光标可以移动至上方窗口即上一个文件。

(4)vi 编辑器环境设置。用户可以通过修改 vi 配置文件直接定制习惯的操作环境,其配置文件为/etc/vimrc,但是配置时一般不修改该文件,而是修改 ~/. vimrc 文件,这样在下一次打开 vi 编辑器时就会显示修改后的 vi 编辑环境。例如,vi 编辑器打开的文件显示为乱码时可能是系统设置的环境变量有问题,此时可以尝试设置与语言相关的环境变量 LANG = en_US. UTF-8,表示 UTF-8 是首选的字符编码。常用的环境设置参数有:

:set nu:在文件的每一行前面都会显示行号。

:set nonu:取消行号显示。

:set all:显示目前所有的环境参数值。

需要注意的是,上述命令均需在底行模式下输入。此外,vi 会将用户历史行为记录在文件 ~/. viminfo 中,用户可以通过该文件查看历史操作。

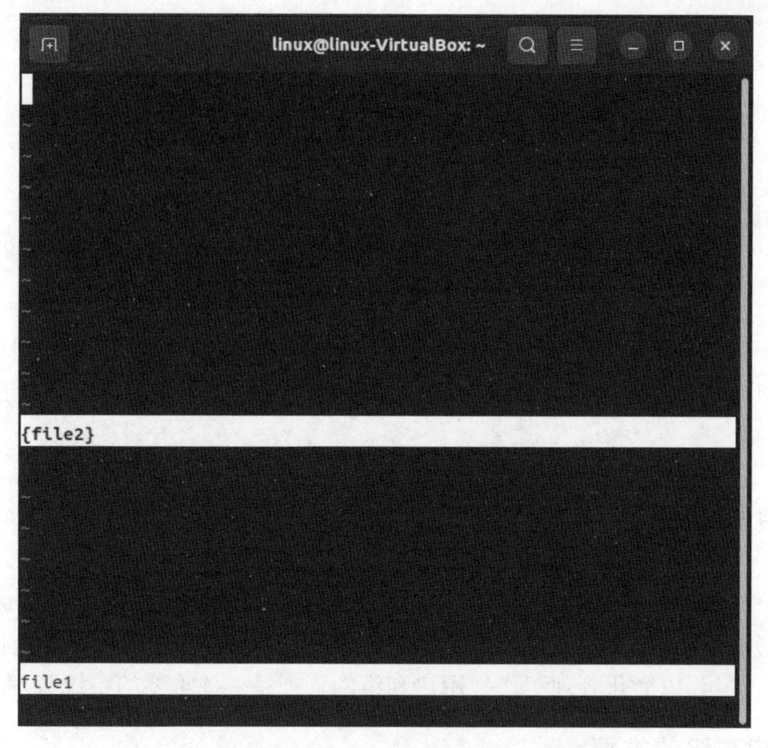

图3-38 在同一窗口打开多个文件

本章小结

本章介绍了 Ubuntu 22.04 的桌面环境及其使用方法，然后讨论了如何使用仿真终端和纯字符界面两种方式进行交互，最后重点介绍了 vi 编辑器的三种模式，具体包括命令模式、插入模式和底行模式。

知识窗

课后习题

1. 简述 vi 编辑器的三种模式。
2. 如何使用命令关闭和重启系统？
3. 简述输入重定向、输出重定向、管道及相关操作的方法。
4. Shell 命令行的语法格式是什么？

第 4 章　用户与组管理

本章主要讲解 Linux 操作系统中用户与组的管理，主要内容包括用户与组的类型、用户与组的管理以及用户与组的其他相关命令。本章内容是用户使用 Linux 系统的基础，需要熟练掌握。

4.1　用户与组概述

Linux 操作系统是一种典型的多用户、多任务操作系统。任何一个用户要获得系统的使用权限，都必须拥有一个用户账户。用户账户用于用户身份验证，授权资源访问。同时，可以对用户进行分组，以简化管理工作。用户和组的管理是一项重要的系统管理工作。

4.1.1　用户与组的类型

1. 用户类型

在 Linux 系统中，用户可以分为 3 种，分别为超级用户、系统用户和普通用户。系统为每一个用户都分配了一个用户 ID（UID），该 ID 和用户名一一对应，UID 是区分用户的唯一标识。在新建用户时，系统会根据用户类型，自动分配递增账号的 UID，也可手动指定。

（1）超级用户。在 Ubuntu 系统中，超级用户的 UID 值为 0，用户名为 root，该用户拥有最高权限。例如，超级用户可以超越任何用户和用户组来对文件或目录进行读取、修改、删除等操作。除此之外，超级用户还可以启动和终止程序的执行，添加、创建和卸载硬件设备，对文件和目录的属性与权限进行修改等。用户应尽量避免使用 root 账户登录系统和操作系统。如果操作不当，很容易对系统造成破坏。

（2）系统用户。在 Ubuntu 系统中，系统用户的 UID 值为 1~999。系统用户主要实现系统管理，例如，在安装 apache 服务器后，就会自动创建名为 apache 的用户。

（3）普通用户。在 Ubuntu 系统中，普通用户的 UID 值默认从 1000 开始顺序编号。用户通常会以普通用户身份进行登录。此类用户主要调用应用程序，比如运行文字处理相关软件、收发邮件等。

2. 组类型

用户组是具有相同或者相似权限的用户集合。通过组账户可以集中设置访问权限和分配管理任务。例如，为了让多个用户查看、修改某一个文件或目录，只需将需要授权的用户加入同一个组中，然后为组赋予对该文件或目录相应的权限，这样组下的所有用户对该文件或目录就具有了相应的权限。用户与组属于多对多的关系。每个组可以包含多个用户，一个用户也可以同时属于多个组。

组有初始组和附加组之分。初始组是指当创建一个新用户时,若没有指定其所属的组,系统就建立一个和该用户同名的组,此组中默认只包含一个用户。每个用户的初始组只能有一个。附加组是指除初始组之外的其他组,附加组可以有多个。

同用户账户类似,组账户也分为超级组、系统组和自定义组。Linux 操作系统使用组 ID (GID)作为组账户的唯一标识。

知识窗

(1)超级组。组名为 root,GID 为 0。

(2)系统组。由系统本身或应用程序使用,在 Ubuntu 系统中,GID 的范围为 1~999。

(3)自定义组。由管理员创建,在 Ubuntu 系统中,GID 默认从 1000 开始。

4.1.2 相关配置文件

在 Linux 操作系统中,用户账户、用户密码、组信息均存放在不同的配置文件中。相关配置文件主要有/etc/passwd、/etc/shadow、/etc/group、/etc/gshadow 和/etc/skel 目录等。

1. /etc/passwd(用户信息文件)

该文件包含了系统中所有的账户及其相关信息,如用户 ID、用户组 ID、用户主目录等。通过 cat 命令可以查看/etc/passwd 文件的内容,部分内容如下:

```
$ cat /etc/passwd
root:x:0:0:root:/root:/bin/bash
daemon:x:1:1:daemon:/usr/sbin:/usr/sbin/nologin
bin:x:2:2:bin:/bin:/usr/sbin/nologin
…
linux:x:1000:1000:linux,,,:/home/ linux:/bin/bash
liming:x:666:1001::/var/pubs:/bin/sh
```

/etc/passwd 文件中的每一行都表示系统中一个用户的信息。每行由 7 个字段组成,各字段之间使用":"分隔。基本格式为:

用户名:密码:UID:GID:注释:主目录:Shell

各字段的说明如表 4-1 所示。

表 4-1 /etc/passwd 文件内容中各字段的说明

字段序号	字段	说明
1	用户名	区分大小写,唯一
2	密码	存放加密的用户密码,显示为 x
3	UID	用户的 ID 值
4	GID	用户组的 ID 值,该值对应/etc/group 文件中的 GID 值
5	注释	保存用户名的全称或其他说明信息
6	主目录	用户登录系统后默认的工作目录
7	Shell	用户登录后默认使用的 Shell(/bin/bash)

2. /etc/shadow(用户密码配置文件)

该文件用于存储 Linux 系统中用户密码相关信息,又称为"影子文件"。该文件需要

root 权限才能查看和修改。以下显示了/etc/shadow 文件的部分内容：

```
$ cat /etc/shadow
cat: /etc/shadow: 权限不够
$ sudo cat /etc/shadow
[sudo] linux 的密码:
root:$y$j9T$bmAcGuYQCxdjngeJERJfz0$1r22KGmOpgH24bCF6iJVIClr0gvcHqAUVG/aNg3sbJ0:19452:0:99999:7:::
daemon:*:19411:0:99999:7:::
bin:*:19411:0:99999:7:::
…
linux:$y$j9T$IE/RFdxiKMLJuCV/0Qdj6.$l/X60P2SEdXuqtM3QfGRG/MvPYbQ4Yf80STbETRSnFC:19451:0:99999:7:::
liming:$y$j9T$/YtOJXdjkJbYEC4eV.dZJ0$zBl.CL8IesdDqKbL/5yC1IwttNozm4zA2HTBfgce6u5:19458:0:99999:7:::
```

该文件主要保存账户密码配置情况,每一行由 9 个字段组成,各字段用“:”分隔。基本格式为:

用户名:密码:最近一次修改时间:最短有效期:最长有效期:过期前警告时间:过期日期:禁用:保留字段

每个字段及其含义如下:

第一字段,用户名:与/etc/passwd 文件中的用户名相对应,该字段非空。

第二字段,密码(已被加密):若该字段的值为“ * ”,表示这个用户不能登录系统;若该字段为“!!”,表示该用户刚被建立,还没有登录的权限;若该字段以一个“!”开头,表示该用户密码为锁定状态。

第三字段,最近一次修改时间:此字段表示最后一次修改密码的时间。这个时间是从 1970 年 1 月 1 日起到最近一次修改密码的时间间隔(天数)。

第四字段,最短有效期:该字段规定了从第三字段起,多长时间之内不能修改密码。如果设置为 0,则禁用此功能。

第五字段,最长有效期:为了强制要求用户变更密码,这个字段可以指定距离第三字段多长时间内需要再次变更密码,否则该账户密码进入过期阶段。

第六字段,密码过期前警告时间:表示密码失效前在多少天内系统会向用户发出警告。

第七字段,过期日期:也称为“口令失效日”,在密码过期后,用户如果还没有修改密码,则在此字段规定的宽限天数内,用户还是可以登录系统的。如果过了宽限天数,系统将不再让此账户登录,也不会提示账户过期,是完全禁用的状态。

第八字段,禁用:此字段指定了用户禁用的天数(从 1970 年的 1 月 1 日开始到账户被禁用时的天数)。如果这个字段的值为空,用户账号将永久可用。

第九字段,保留字段:用于未来扩展。

3. /etc/group(组信息文件)

/etc/group 为用户组账户文件。可以查看系统中的用户组、用户所属的组及某个用户组中的成员。以下显示了/etc/group 文件的部分内容:

```
$ cat /etc/group
root:x:0:liming,limin,zhangsan
daemon:x:1:
bin:x:2:liming,limin,zhangsan
…
linux:x:1000:
liming:x:1001:
```

该文件中每一行定义了一个组的信息,每行由4个字段组成,各字段用“:”分隔。基本格式为:

组名:组密码:GID:组成员列表

各字段的说明如表4-2所示。

表4-2 /etc/group文件中各字段的说明

字段序号	字段	说明
1	组名	组账户名
2	组密码	x是密码标识,真正加密后的组密码默认保存在/etc/gshadow文件中
3	GID	用户组的ID值
4	组成员列表	成员之间使用“,”分隔

4. /etc/gshadow(组密码文件)

/etc/gshadow文件用于存放组密码相关信息。以下显示了/etc/gshadow文件的部分内容:

```
$ cat /etc/gshadow
cat: /etc/gshadow: 权限不够
$ sudo cat /etc/gshadow
root:*::liming,limin,zhangsan
daemon:*::
bin:*::liming,limin,zhangsan
…
linux:!::
liming:!::
```

每个组账户占用一行,每行有4个字段,各字段间使用“:”分隔。基本格式为:

组名:加密后的组密码:组管理员:组成员列表

各字段的说明如表4-3所示。

表4-3 /etc/gshadow文件中各字段的说明

字段序号	字段	说明
1	组名	与group文件中的组名对应
2	组密码	若显示为“!”,则表示这个组没有密码

（续）

字段序号	字段	说明
3	组管理员	默认为空
4	组成员列表	成员之间使用“,”分隔,如果没有成员,则默认为空

5. /etc/skel(用户模板目录)

/etc/skel 目录是用来存放新建用户配置文件的目录,一般用于存放用户启动文件。当创建新用户时,系统会将这个目录下的所有文件(.bash_logout、.bashrc、.profile)拷贝至新用户的家目录下,该目录下所有文件都是隐藏文件。

4.2 用户管理

用户管理主要包括用户的添加、修改、删除及用户密码的设置等。本节通过两种方式来管理用户账户:命令行和图形化管理工具。

4.2.1 命令行管理用户

1. 添加用户

在 Ubuntu 中,添加用户有两个命令:useradd 和 adduser。useradd 是 Linux 通用命令,adduser 是 Ubuntu 专用命令。

(1)useradd。使用 useradd 命令新建用户账户,新建的用户账户默认是被锁定的,需要使用 passwd 命令设置密码以后才能使用。useradd 命令的语法格式如下:

useradd [选项] 用户名

useradd 的常用选项如表 4-4 所示。

表 4-4 useradd 命令的常用选项

选项	说明
-u	指定用户的 UID,注意 UID 的范围(不要小于 1000)
-d	指定用户的家目录。家目录必须写绝对路径,而且如果需要手动指定家目录,则一定要注意权限
-c	指定/etc/passwd 文件中各用户信息中第 5 个字段的描述性内容
-g	指定用户的初始组。一般以和用户名相同的组作为用户的初始组,在创建用户时会默认建立初始组。一旦手动指定,则系统将不会再创建此默认的初始组目录
-G	指定用户的附加组,用于将用户加入其他组。组之间使用“,”分隔,但中间不能有空白字符,如空格
-s	指定用户登录的 Shell

下面是一个创建用户账户的简单例子:

添加普通用户 linux01,设置该用户的主目录为/var/linux01,所属的组为 root 和 bin。使用命令如下:

```
$ sudo useradd -d /var/linux01 -G root,bin linux01
```

添加用户 linux02,并将它加入 linuxgroup 用户组。使用命令如下:

```
$ sudo useradd -g linuxgroup linux02
```

一般情况下,在添加用户时,只需使用如下最简单的命令即可:

```
$ sudo useradd linux03
```

(2)adduser。Ubuntu 还特别提供了 adduser 命令,可以创建普通用户和系统用户,各自的语法格式如下:

①创建普通用户:

adduser [--home 用户主文件夹] [--shell SHELL] [--no-create-home(无主文件夹)] [--uid UID] [--ingroup 用户组] [--gid 组 ID] 用户名

②创建系统用户:

adduser --system [--home 用户主文件夹] [--shell SHELL] [--no-create-home(无主文件夹)] [--uid UID] [--group | --ingroup 用户组 | --gid 组 ID] 用户名

使用 adduser 创建用户时,在默认情况下,系统将自动为该用户创建一个同名的组账户,并将该用户添加到同名组账户中。同时,为该用户创建主目录,并以交互界面的方式引导用户输入密码和其他基本信息。该命令执行完后,新建用户可正常使用。

2. 修改用户信息

添加用户账户后,有时需要对账户做一些修改操作,如临时锁定账号、修改账户所属组等。可以使用 usermod 命令来完成。该命令的语法格式如下:

usermod [选项] 用户名

usermod 的常用选项如表 4-5 所示。

表 4-5 usermod 命令的常用选项

选项	说明
-c	修改用户的说明信息,即修改/etc/passwd 文件中目标用户信息的第 5 个字段
-d	修改用户的主目录,即修改/etc/passwd 文件中目标用户信息的第 6 个字段
-g	修改用户的初始组,即修改/etc/passwd 文件中目标用户信息的第 4 个字段(GID)。用户组名必须在系统中已存在
-u	修改用户的 UID,即修改/etc/passwd 文件中目标用户信息的第 3 个字段(UID)
-G	修改用户的附加组
-l	修改用户名称
-L	临时锁定用户
-U	解锁用户
-s	修改用户登录的 Shell

下面举例说明该命令的使用方法:

将系统中 linux01 用户的用户名修改为 linux04。使用命令如下:

```
$ sudo usermod -l linux04 linux01
```

锁定用户 linux04,使其不能登录系统。使用命令如下:

```
$ sudo usermod -L linux04
```

解锁用户 linux04,恢复登录。使用命令如下:

```
$ sudo usermod -U linux04
```

3. 删除用户账户

userdel 命令可删除用户账户与相关文件,甚至可以连用户的主目录一起删除。若不加选项,则仅删除用户账户,而不删除相关文件。其语法格式如下:

userdel [-r]用户名

常用的选项为-r,表示在删除用户的同时,将用户的主目录也一并删除。例如,删除用户 linux04,并将其主目录一并删除。使用命令如下:

```
$ sudo userdel -r linux04
```

4. 修改用户密码

添加用户后,该用户还暂时不能登录系统,因为还没有为该用户设置登录系统的密码。可以使用 passwd 命令为用户设置密码。该命令的语法格式如下:

passwd [选项] [用户名]

passwd 的常用选项如表 4-6 所示。

表 4-6 passwd 命令的常用选项

选项	说明
-S	查询用户密码的状态,如用户的创建日期、是否被禁止登录、密码是否被锁定等
-l	暂时锁定用户,该选项会在/etc/shadow 文件中指定用户的加密密码前添加"!",使密码失效
-u	解锁用户

普通用户和超级权限用户(root)都可以运行 passwd 命令,但普通用户(该用户没有被锁定)只能设置或修改自己的密码,而 root 用户运行 passwd 可以设置或修改任何用户的密码。

当 passwd 命令不带任何选项时,表示修改或设置当前用户的密码。若使用 useradd 添加新用户后,应以 root 权限运行 passwd 来设置新用户的密码。例如,为新建用户 linux02 设置密码。使用命令如下:

```
$ sudo passwd linux02
```

5. 切换用户身份

许多系统配置和管理操作需要 root 权限,如安装软件、添加与删除用户和组、执行某些系统调用等。Linux 提供了两种解决方案:一种是通过 sudo 命令临时使用 root 身份运行程序,执行完毕后自动返回普通用户状态;另一种是通过 su 命令切换到 root 用户状态。

(1)su 命令不仅可以将用户切换为 root 用户,还可以进行任何身份的切换。该命令的语法格式如下:

su [选项] [用户名]

su 命令的常用选项如表 4-7 所示。

表 4-7 su 命令的常用选项

选项	说明
-	-切换到 root,-user 表示完全切换到另一个用户
-c	向 Shell 传递一条命令,退出所切换到的用户环境
-l	切换到 user 用户并改变所切换用户的 Shell 环境

(2)sudo 命令可以使用户以其他身份来执行指定的命令,默认的身份为 root。为了防止 sudo 命令被滥用,在/etc/sudoers 文件中,系统设置了可执行 sudo 命令的用户。该命令的语法格式如下:

sudo [选项] command

sudo 命令的常用选项如表 4-8 所示。

表 4-8 sudo 命令的常用选项

选项	说明
-l	列出当前用户在本机上可用的和被禁用的命令
-k	删除用户的时间戳,下一个 sudo 命令会要求用户输入密码

在普通用户(linux02)环境下,查看/etc/shadow 文件的内容。但查看该文件要求具有 root 用户权限,普通用户查看时,系统会提示该用户权限不够。因此可以通过 sudo 命令临时使用 root 身份。例如:

$ **sudo cat /etc/shadow**

6. 修改用户密码状态

chage 命令用于密码管理,可用来修改账号和密码的有效时限。该命令的语法格式如下:

chage [选项] 用户名

chage 命令的常用选项如表 4-9 所示。

表 4-9 chage 命令的常用选项

选项	说明
-l	列出用户以及密码的有效期
-d	指定密码的最后修改日期
-m	指定两次改变密码之间相距的最小天数
-M	修改密码的有效期,即/etc/shadow 文件中的第 5 个字段
-W	修改密码到期前的警告天数,即/etc/shadow 文件中的第 6 个字段
-I	修改密码过期后的宽限天数,即/etc/shadow 文件中的第 7 个字段
-E	指定密码过期日期:0 表示马上过期,-1 表示永不过期

4.2.2 图形化管理用户

为了直观方便地管理用户，Ubuntu 提供了相应的图形化工具。系统内置一个名为"用户账户"的图形化工具，使用该工具能够创建和删除用户，为用户设置密码。下面给出新建用户账户的步骤。

(1)单击"设置"应用程序图标，选择"用户"选项，显示如图 4-1 所示的界面，列出当前已有的用户账户。

图 4-1 用户管理界面

由于涉及系统管理，需要超级用户权限，该权限默认处于锁定状态，单击"解锁"按钮，弹出如图 4-2 所示的"需要认证"窗口，输入当前登录用户的密码，单击"认证"按钮即可。

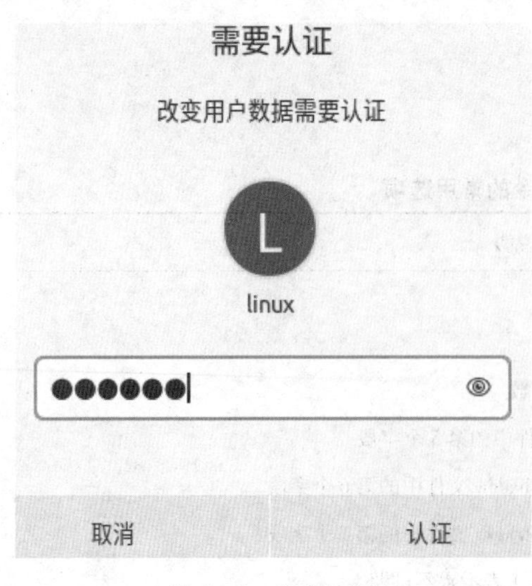

图 4-2 用户认证

(2)添加普通用户 linux01。单击页面右上角的"添加用户"按钮，弹出"添加用户"对话框。首先选择账户类型，设置全名和用户名。然后为用户设置密码，密码下有两个选项，默认情况下没有设置密码，需要在下次登录时设置，如果选择"现在设置密码"，则可以马上设置或修改密码，如图 4-3 所示。

单击"添加"按钮，完成用户的添加操作，返回"用户"界面，如图 4-4 所示，可以查看新建用户 linux01 的相关信息。

(3)单击"密码"右侧的区域，弹出如图4-5 所示的"更改密码"对话框。

(4)管理员可以删除现有的用户账户，单

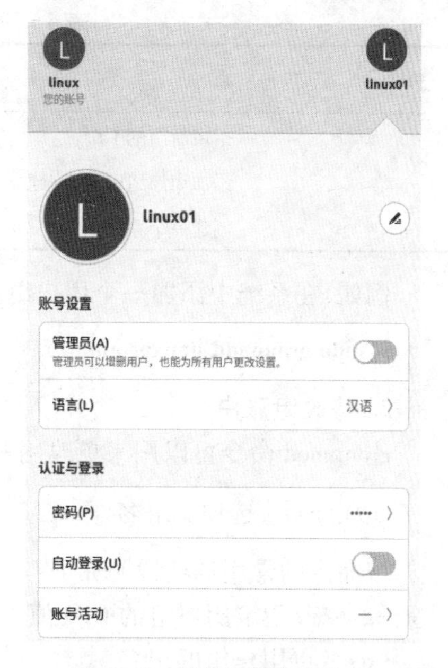

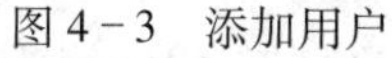

图 4-3　添加用户　　　　图 4-4　新建的用户 linux01

击右下角“移除用户”按钮，弹出如图 4-6 所示的提示窗口，选择是否同时删除该账户的主目录、电子邮件目录和临时文件。选择后即可删除指定的用户。

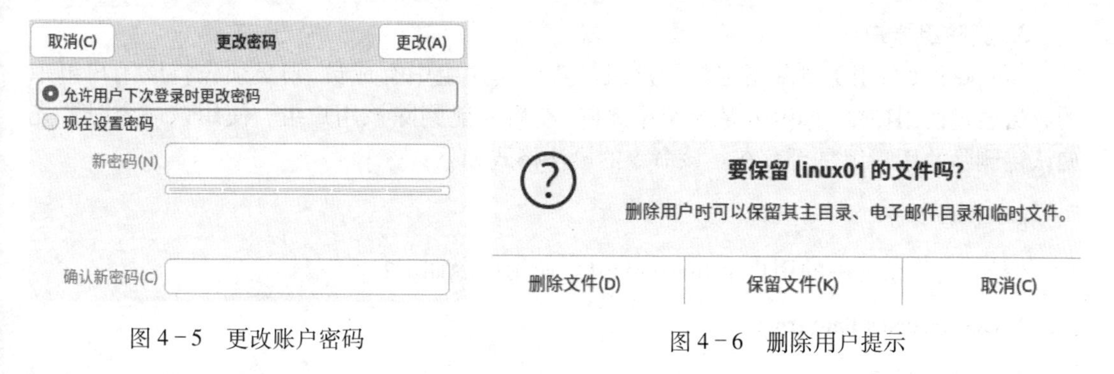

图 4-5　更改账户密码　　　　图 4-6　删除用户提示

4.3　组管理

用户组的管理主要包括用户组的添加、修改、删除及用户组成员的配置等。同用户的管理类似，组账户也可以通过命令行和图形化管理工具两种方式来管理。

4.3.1　命令行管理组

1. 添加组账户

groupadd 命令用于创建一个新的组账户。该命令的语法格式如下：

groupadd ［选项］ 组名

groupadd 的常用选项如表 4-10 所示。

表 4-10 groupadd 命令的常用选项

选项	说明
-g	指定新组的 GID
-o	添加用户组时,允许建立 GID 值重复的用户组账号
-r	创建一个系统组账户,其 GID 值小于 1000,若不带此选项,则创建普通组

例如,在系统中添加一个用户组 linuxgroup。使用命令如下:

```
$ sudo groupadd linuxgroup
```

2. 修改组账户

groupmod 命令可以用来更改用户组的 GID 或组名。该命令的语法格式如下:

groupmod [选项] 组名

该命令的常用选项说明如下:

-g:修改指定用户组的 GID 值。

-n:变更用户组的组名。

例如,更改用户组 linuxgroup 的组名为 linuxgroup1,并且其 GID 值为 1010。使用命令如下:

```
$ sudo groupmod -g 1010 -n linuxgroup1 linuxgroup
```

3. 删除组账户

groupdel 命令用于删除指定的用户组。若该用户组中有成员,则必须先将该用户组中的成员通过使用命令 gpasswd 从该组中删除,然后才能删除该用户组。使用该命令时要先确认待删除的用户组是否存在。该命令的语法格式如下:

groupdel 组名

例如,删除系统中的用户组 linuxgroup1。使用命令如下:

```
$ sudo groupdel linuxgroup1
```

4. 管理组账户

gpasswd 命令可以管理组账户,可将已存在的用户添加至另一用户组中,也可对用户执行删除账户或密码、指定用户为组管理员等操作。该命令的语法格式如下:

gpasswd [选项] [用户名] 组名

gpasswd 的常用选项如表 4-11 所示。

表 4-11 gpasswd 命令的常用选项

选项	说明
	选项为空时,表示给组设置密码
-A	设置用户为组的管理员
-M	将用户加入此组中

（续）

选项	说明
-r	删除组的密码
-a	将用户加入组中
-d	将用户从组中移除

下面举例说明该命令的使用方法：

将用户 linux02 加入用户组 linuxgroup2 中。使用命令如下：

```
$ sudo groupadd linuxgroup2
$ sudo gpasswd -a linux02 linuxgroup2
```

将用户 linux02 设置为用户组 linuxgroup2 的组管理员。使用命令如下：

```
$ sudo gpasswd -A linux02 linuxgroup2
```

设置用户组 linuxgroup2 的密码。使用命令如下：

```
$ sudo gpasswd linuxgroup2
```

另外，4.2.1 中介绍的 adduser 命令也可以创建和管理组账户，语法格式如下：

①创建用户组：

adduser --group [--gid ID] 组名

②将已存在的用户添加到指定用户组内：

adduser 用户名 组名

4.3.2 图形化管理组

4.2.2 中介绍的 Ubuntu 内置的“用户账户”工具不支持组管理，也不支持用户权限设置。需要通过 sudo apt install gnome-system-tools 命令来安装图形化管理工具“用户和组”（若部分软件包安装失败，需先使用 sudo apt update 命令更新后再重新安装来解决这个问题）。

安装该工具后，单击 Dash 浮动面板底部的网格图标显示应用程序列表，选择“用户和组”应用程序并运行，弹出“用户设置”对话框，如图 4-7 所示。

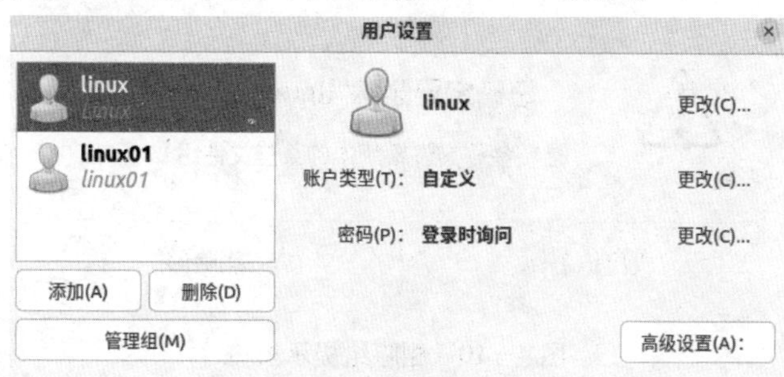

图 4-7 “用户设置”对话框

单击“管理组”按钮，弹出如图4－8所示的“组设置”对话框，显示现有的组账户，可以添加、删除组或者设置组的属性。

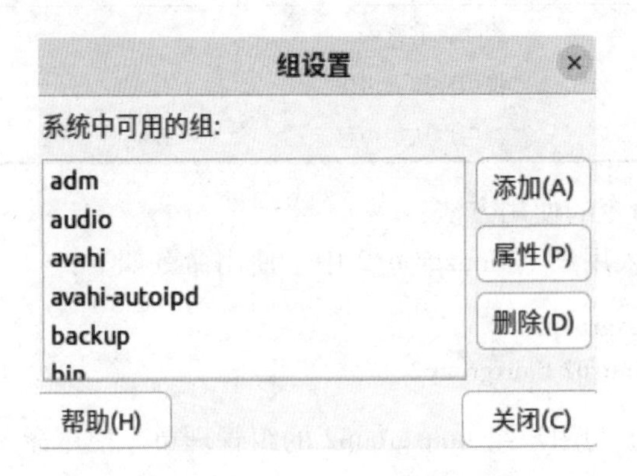

图4－8　设置组账户

单击“添加”按钮，弹出“新的组”对话框，如图4－9所示，设置组名和组ID，并可以向该组添加组成员“linux”。

新的组

基本设置

组名(N)：linuxgroup

组 ID(I)：1006

组成员

linux

linux01

取消(C)　确定(O)

图4－9　创建一个组

若要删除linuxgroup组，可选中linuxgroup组并单击“删除”按钮，弹出如图4－10所示的提示窗口，然后单击“删除”按钮即可。

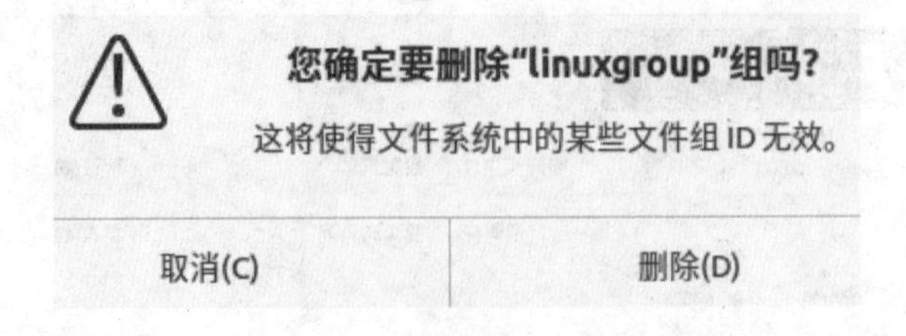

图4－10　删除组提示窗口

单击“属性”按钮，可以修改组ID和组成员，但是不能修改组名，如图4－11所示。

组"linuxgroup"的属性
基本设置
组名(N):
linuxgroup
组 ID(I):
1006
组成员
linux
linux01
取消(C)
确定(O)

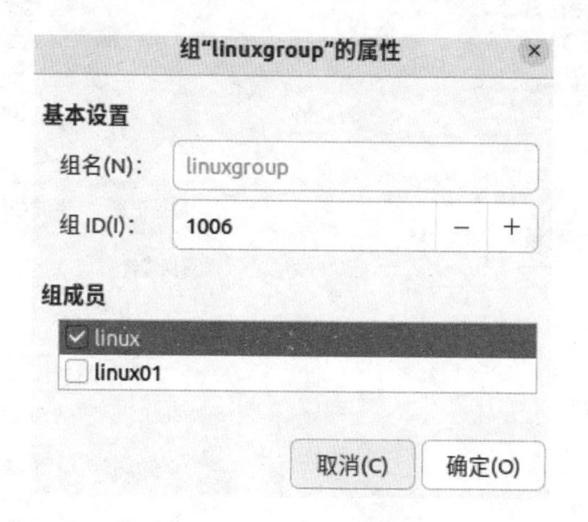

图 4－11　修改组的属性

除了对用户组进行添加、修改、删除操作外，该工具还可以对用户进行设置，如添加、删除用户，更改用户的类型，更改用户的密码以及对用户账户进行高级设置，如图 4－12 至图 4－15 所示。

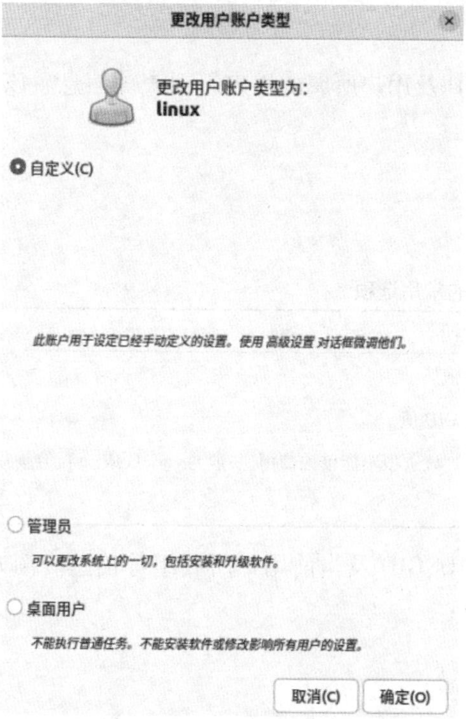

更改用户账户类型
更改用户账户类型为:
linux
自定义(C)
此账户用于设定已经手动定义的设置。使用 高级设置 对话框微调他们。
管理员
可以更改系统上的一切，包括安装和升级软件。
桌面用户
不能执行普通任务。不能安装软件或修改影响所有用户的设置。
取消(C)
确定(O)

图 4－12　更改用户账户类型

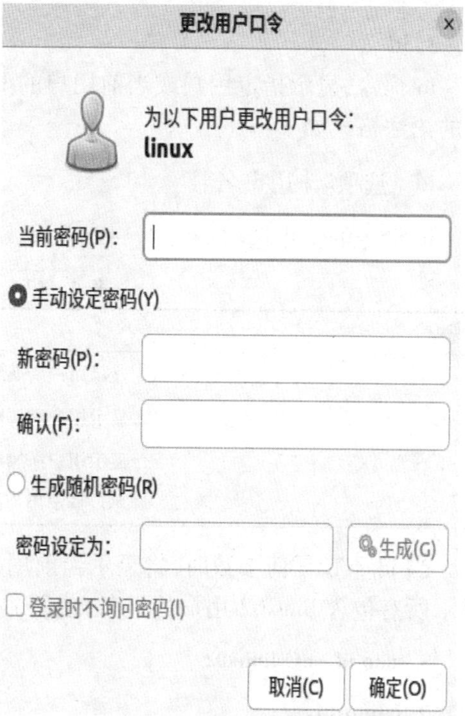

更改用户口令
为以下用户更改用户口令:
linux
当前密码(P):
手动设定密码(Y)
新密码(P):
确认(F):
生成随机密码(R)
密码设定为:
生成(G)
登录时不询问密码(I)
取消(C)
确定(O)

图 4－13　更改用户账户密码

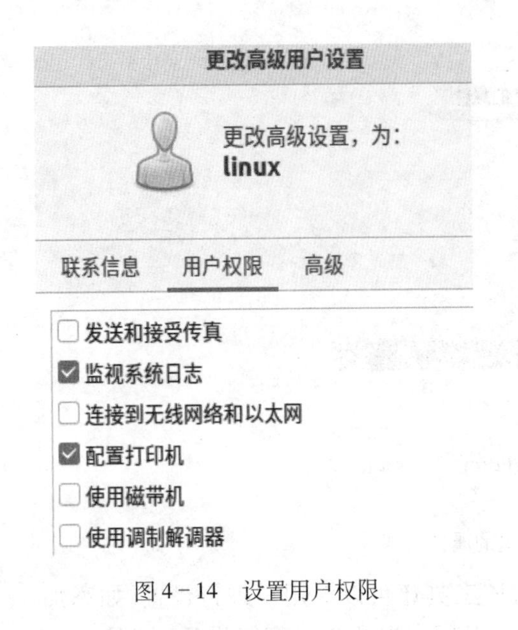

图 4－14 设置用户权限

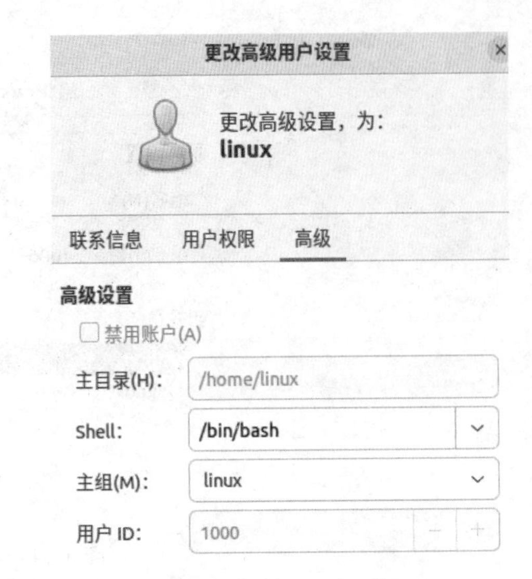

图 4－15 设置用户高级选项

4.4 其他相关命令

1. id

id 命令,显示指定用户或当前用户的 UID、GID 及用户所属的用户组列表等信息。该命令的语法格式如下：

id [选项] [用户名]

id 命令的常用选项如表 4－12 所示。

表 4－12 id 命令的常用选项

选项	说明
-g	显示用户所属组的 GID 值
-G	显示用户所属附加组的 GID 值
-n	显示用户所属组的名称。该选项不能单独使用,一般与-g、-G 或-u 配合使用
-u	显示指定用户的 UID 值

当 id 不带任何参数时,将显示当前用户的 UID、GID 及当前用户所属组等信息。例如,显示所有包含 linux02 用户的组名,使用命令如下：

```
$ sudo id -nG linux02
```

2. whoami

whoami 命令用于显示当前登录的用户名,相当于执行"id -un"命令。"who am i"命令显示当前用户更详细的登录信息。

3. groups

groups 命令用于显示指定用户所属的用户组。若未指定用户,则显示当前用户所属的用户组。

4. w

系统管理员在任何时刻都可以查看用户的行为，监视用户的具体工作，也可以使用 w 命令查看用户执行的进程。

本章小结

本章主要介绍了 Linux 系统中用户和用户组的账户类型、相关配置文件、如何使用命令行和图形化两种方式来实现用户与用户组的管理操作(如用户和用户组的添加、修改与删除等)。

课后习题

1. Linux 系统中的用户一般分为哪几种类型？简要说明每种类型用户的功能。
2. 如何使用命令行工具查看用户配置文件和用户组配置文件？请说明其中各个字段的含义。
3. 使用命令行工具创建一个用户“linux02”。
4. 安装“用户和组”管理工具，然后使用它添加一个用户和一个组并删除。
5. 使用命令行工具查看用户所属组，将用户添加到组中，再将用户从组中删除。
6. 如何从普通用户切换至超级用户？

第 5 章　文件与目录管理

本章主要讲解的内容包括文件与目录的基本操作、访问权限管理、文件的压缩与归档。这些内容是使用 Ubuntu 操作系统的基础,需熟练掌握。

5.1　文件与目录

Ubuntu 系统的目录结构是一棵“倒立”的树,树根在最上方。这棵树从根向下生长,并且存在从根到每个文件的路径,每条路径的末端为普通文件或目录文件。普通文件简称为文件,它们出现在路径的末端,并且不能再向下延伸。文件是一些相关信息的集合,它可以是一个 Word 文档、源程序,甚至可以是一个可执行的程序。目录文件通常被称为目录或文件夹,它是可以再分出其他路径的节点。

5.1.1　目录结构

目录是一种特殊类型的文件,使用目录将系统中的所有文件进行分级、分层组织,从而形成了 Ubuntu 文件系统的树形层次结构。以“/”为起点,所有其他目录都由“/”派生而来。用户可以浏览整个文件系统,也可以进入任何一个已授权的目录,查看并访问该目录中的文件。

Ubuntu 系统的目录结构与 Windows 有很大的不同,Windows 的目录结构包含盘符,如 C 盘、D 盘、E 盘等,而 Ubuntu 没有盘符,整个目录以“/”为“根”。作为一种多用户多任务操作系统,为了方便系统管理和用户操作,该系统制定了文件系统层次标准(Filesystem Hierarchy Standard),简称 FHS。该标准制定了两层规范,第一层规范规定了根目录下应该有哪些目录及其中应该放什么文件,第二层规范规定了/usr 和/var 这两个目录的子目录中存放的内容。其目录结构如图 5-1 所示。

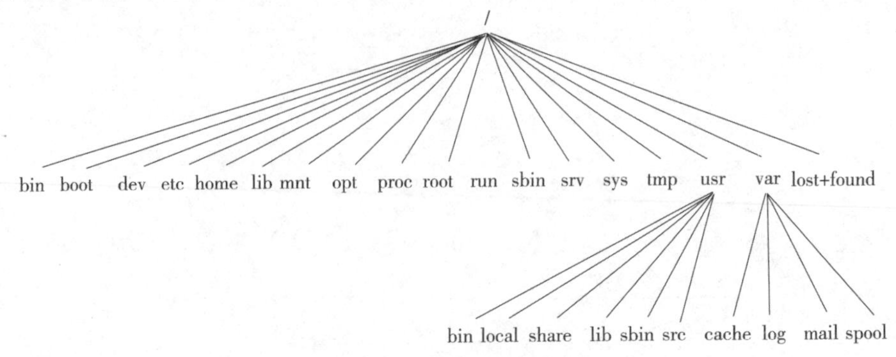

图 5-1　Ubuntu 系统目录结构

对于每个 Ubuntu 系统的学习者来说,深入了解 Ubuntu 系统的目录结构和每个目录的功能,对于今后操作、管理与维护 Ubuntu 系统至关重要。Ubuntu 操作系统安装好之后,根目录结构如图 5-2 所示。各目录的功能说明如下:

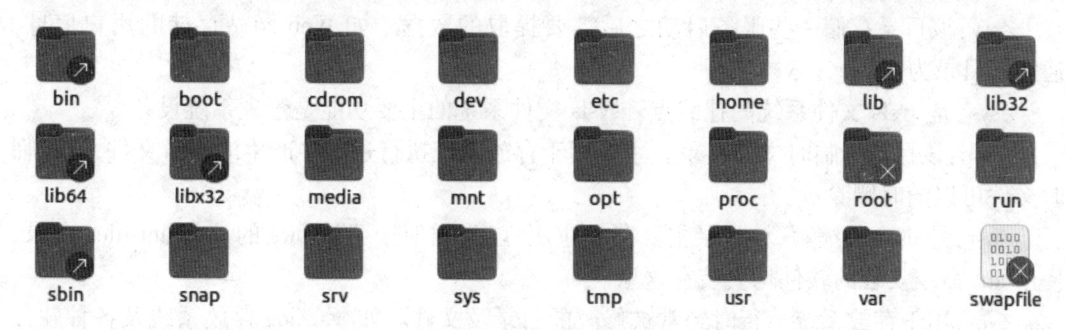

图 5-2　根目录结构

/bin:是 binary 的缩写,该目录存放常用的二进制文件。如文件操作命令 ls、cd、cp,文本编辑命令 vi,磁盘操作命令 dd、df、mount 等。

/boot:该目录存放启动 Ubuntu 系统的核心文件,包含镜像文件和链接文件。若删除该目录下的文件,系统将无法启动。

/cdrom:该目录是光盘的临时挂载点。

/dev:是 device(设备)的缩写,该目录存放系统的外部设备(设备是一个文件)。如/dev/sda 表示第一块 SCSI 硬盘,/dev/cdrom 表示光驱,/dev/loop0 表示本地文件映射为硬盘的虚拟设备。

/etc:是 etcetera(等等)的缩写,存放所有系统管理所需要的配置文件和子目录。如网络相关配置、用户配置、系统启动服务配置等。

/home:该目录存放系统中除 root 外每个用户的主目录。如用户 zhangsan,其主目录就是/home/zhangsan。

/lib:存放系统的库文件,类似于 Windows 的 DLL 文件,是应用程序、命令或进程正确执行所需的库文件。/lib32 及/lib64 存放系统的 32 位或 64 位库文件。

/media:可插拔设备的默认挂载点。系统会自动识别一些可插拔设备,如 U 盘、光盘等,当识别后,在该目录下会自动创建子目录并进行挂载。

/mnt:是 mount 的缩写,是系统提供给用户临时挂载文件系统的目录。如可以将光盘临时挂载到/mnt。

/opt:主要存放用户自行安装的软件,默认为空。如用户可以将 Oracle 数据库安装在该目录下。

/proc:与其他目录不同,/proc 存于内存而不是硬盘中。该目录是一个虚拟目录,目录中所有信息都是内存的映射,通过这个虚拟的内存映射目录,可以和内核中的数据结构进行交互,以获取或修改内核参数。如查看 CPU 和内存信息、修改并优化 TCP 参数等。

/root:root 用户的主目录。root 用户的主目录并不在/home 下,而是在根目录下。

/run:该目录为临时文件目录,存储系统启动后的一些信息。如某进程的 pid 值文件、某进程的 socket 文件等,当系统重启时,该目录下的文件会被删除。

/sbin:存储用于系统管理的二进制文件。/sbin 中的 s 是 Super User 的意思,也就是说,只有超级用户或超级用户权限才能执行该目录下的命令。如磁盘检查修复命令 fcsk、磁盘分区命令 fdisk、创建文件系统命令 mkfs、关机命令 shutdown 和初始化系统命令 init 等。

/snap:snap 包管理工具所在的目录。

/srv:该目录存储一些服务启动之后需要提取的数据。如 Web 网站存储的用户信息。通常该目录为空。

/sys:是 sysfs 文件系统的挂载点。sysfs 文件系统的主要功能是管理系统设备。

/tmp:该目录为临时文件目录。主要用于存放系统执行过程中产生的临时文件,这些临时文件可以随时删除。

/usr:是 user 的缩写,该目录主要存放应用程序,类似于 Windows 的 program files 目录,使用 apt 命令安装的软件均安装在这里。

知识窗

/var:用于存放系统运行时经常被修改的目录及文件。如/var/log 存放系统及各种软件产生的日志信息。

/lost+found:该目录用于保存丢失的文件,一般情况下为空。非正常关机或磁盘错误均有可能导致文件丢失,这些丢失的文件会临时存放在/lost+found 中,当系统重启时,引导进程会运行 fsck 程序,该程序能发现这些文件。除了"/"分区上有这个目录外,每个分区上均有一个 lost+found 目录。

5.1.2 文件名

每个文件都有一个名称,即文件名。Ubuntu 要求文件名的长度不超过 255 个字符。在文件命名时需注意以下几点:

(1)文件名一般由字母(大小写)、数字、英文句点和下划线构成。

(2)文件名严格区分大小写,如 Ubuntu、UBUNTU、UBuntu 代表三个不同的文件名。

(3)文件名要尽可能见名知意,即当用户看到文件名时,能通过文件名大致判断该文件的功能。

(4)文件名中尽量不要包含空格。虽然文件名中可以使用空格,但不提倡这样做。因为空格是命令行中必须使用的字符。当遇到要使用空格时,可用英文句点(.)或下划线(_)代替。

(5)文件名不要以单连字符(-)或双连字符(--)开头。因为单连字符或双连字符常在命令行上连接命令的选项。

(6)不要使用不可见的特殊字符。

由于目录是一种特殊类型的文件,因此,目录的命名也应同样遵循文件名的命名规则。

在使用文件及指定文件位置时,常涉及通配符、工作目录、绝对路径和相对路径的概念,下面将分别进行介绍。

5.1.3 通配符

当用户输入包含特殊字符的部分文件名时,Shell 可以生成与已有文件名字相匹配的文件名。这些特殊的字符在操作系统中常被称为通配符(Wildcard)。当某个特殊字符作为参数出现在命令行中时,Shell 将该参数扩展为有序的文件名列表,并将列表传递给命令行上调用的程序。包含特殊字符的文件名称为模糊文件引用,因为它们不与任何一个特定的文件相关联。对这些文件名操作的过程称为路径名扩展或通配。

模糊文件引用能很快地与具有相似名字的一组文件建立关联,这样就可以节省用户用于输入每个文件名所需的时间和精力,也可以帮助用户找到一些记得不完整的文件名。

在 Ubuntu 系统中,通配符一般有如下三种:

1. ?

表示"?"的位置可以是任意的单个字符。"?"是 Shell 生成文件名的通配符,它与已有文件名中的单个字符进行匹配。下面的示例用 ls 命令首先显示当前工作目录下的所有文件,然后再以通配符"?"进行显示。如下所示:

```
$ ls
netest   test1   test11   test2   test3   testa   testsoft
$ ls test?
test1   test2   test3   testa
```

模糊文件引用 test? 与 onetest、test11 和 testsoft 都不匹配。通配符"?"可以放在模糊文件引用的任何位置。

2. *

表示"*"的位置可以是任意多个(也可以是 0 个)字符。通配符"*"与"?"的功能相似,不同之处在于,"*"可以与文件名中的任意多个字符相匹配。例如:

```
$ ls test*
test1   test11   test2   test3   testa   testsoft
$ ls *1

test1   test11
$ ls *est*
onetest   test1   test11   test2   test3   testa   testsoft
```

从上面的示例可知,test* 表示匹配所有以 test 开头的文件名;*1 表示匹配所有以 1 结尾的文件名;*est* 表示匹配所有包含 est 的文件名。

3. [ ]

特殊字符"[ ]"将字符列表括起来使得 Shell 与列表中的单个字符进行匹配。test? 与 test 后可跟任意的单个字符相匹配,如 test? 与 test1、test2、test3 和 testa 相匹配,而"[ ]"匹配要求更加严格,如 test[2a]则仅与 test2 和 testa 相匹配。

"[ ]"定义了一个字符类,该字符类由方括号内的所有字符组成。在字符类的定义中,将连字符(-)放在"[ ]"中可以定义一个字符范围,如[0-9]代表[0123456789],[a-z]代表所有的小写字母,[a-zA-Z]代表所有的大、小写字母。例如:

```
$ ls test[0-9]
test1   test2   test3
$ ls test[a-z0-2]
test1   test2   testa
$ ls test[0-9][0-2]
test11
```

在实际应用中,特殊字符“?”“ * ”和“[ ]”可配合使用。例如:

```
$ ls test[0-9] *
test1  test11  test2  test3
```

在特殊字符“[ ]”定义的字符类中,若字符类以“!”或“^”开头,该类将与任何不在“[ ]”内的字符进行匹配。如[^0-9] * 表示与不以数字开头的文件名匹配。

在 Linux 系统中,利用通配符可以使命令行的输入变得更加灵活和实用。在实际操作中,用户应掌握这种技巧。

5.1.4 路径

1. 工作目录

工作目录也称当前目录,是用户操作 Ubuntu 系统时所在的目录。当用户初始登录到 Ubuntu 系统时,其主目录就是工作目录。用户可以使用 pwd 命令打印当前工作目录所在的完整路径。

2. 绝对路径

绝对路径是指完整的描述文件或目录位置的路径。在 Ubuntu 系统中绝对路径由从根目录“/”开始到该文件或目录所在位置的路径上的所有节点名组成,各节点间使用“/”分隔,路径中最后一个名称即要指向的文件或目录。如 shutdown 命令,使用绝对路径应为/sbin/shutdown。

3. 相对路径

相对路径是指从当前工作目录开始到文件或目录的路径。在表示文件或目录的相对路径时,路径会以“.”或“..”开头。其中“.”表示为当前目录,“..”表示上一级目录,即当前目录的父目录。

绝对路径和相对路径从表示形式上看,绝对路径以“/”开头,而相对路径以“.”或“..”开头。若当前的工作目录为/etc,当表示系统日志文件 messages 的路径时,绝对路径应为/var/log/messages,相对路径则应为../var/log/messages。

5.1.5 文件类型

Ubuntu 系统文件类型主要有普通文件、目录文件、设备文件、链接文件、套接字文件和管道文件六种。在仿真终端窗口,可以使用 ls 命令的-l 选项查看文件的类型。文件类型及说明如表 5-1 所示。

表 5-1 文件类型

字符	说明
-	普通文件
d	目录文件
c	字符设备文件
b	块设备文件
l	符号链接文件

（续）

字符	说明
s	套接字文件
p	管道文件

1. 普通文件

这是最常见的一类文件，通常用户所接触的文件，如图像文件、声音文件、视频文件、文档文件及程序源代码文件等都属于普通文件。普通文件根据其内部结构不同可分为文本文件、二进制文件、数据格式文件及压缩文件等。

2. 目录文件

用于存放文件和目录，是目录树结构的中间节点。

3. 设备文件

在Linux系统中，设备分为字符设备和块设备。字符设备是指在I/O传输过程中以字符为单位进行传输的设备，如键盘、打印机；块设备是将信息存储在固定大小的块中，每个块都有自己的地址，硬盘、U盘、SD卡均属于块设备。设备以文件形式存在，当要访问设备时，只需对相应的文件进行操作即可。

4. 链接文件

链接表示指向文件的指针。如用户使用vi编辑器创建文件时，就会产生一个指向该文件的指针，该指针将文件名和磁盘的某个位置建立关联。当在链接中指明此文件名时，文件指针就指向了存放该文件的磁盘位置。

当多人协作开发一个项目而需要共享信息时，可通过创建文件的链接使其他用户对文件进行访问。为了与其他用户共享某个文件，应首先赋予其他用户对文件的读写权限。当权限设置完成后，创建文件的链接使得每个用户都可以分别从各自的文件结构中访问文件。

链接分为硬链接和符号链接，有关链接的内容可参见5.2.6节。

5. 套接字文件

这类文件常用于服务端程序，以启动一个程序来监听客户端的请求，在建立了套接字文件之后，客户端就可以通过套接字来进行通信，/run目录下有此类文件。

6. 管道文件

管道文件主要用于不同进程的信息传递。当两个进程需要进行数据或者信息传递时，可以使用管道文件，一个进程将需要传递的数据或者信息写入管道的一端，另一个进程从管道的另一端取得所需要的数据或者信息。

5.2 文件与目录的基本操作

5.2.1 显示文件列表

ls（List）命令可以显示指定目录下的文件（包括目录）列表，是使用最频繁的命令之一，也是最基础的一个命令。其语法格式为：

ls [选项] [文件列表]

不带任何选项的 ls 只显示当前目录下的可见文件(以．开头的文件称为隐藏文件)。ls 常用选项如表 5-2 所示。

文件列表可以是一个或多个普通文件、目录或设备等文件,也可以是通配符。

表 5-2　ls 常用选项

选项	说明
-a,--all	显示所有文件,包括以．开头的文件及目录
-l	以长列表格式显示文件及目录的详细信息
-R,--recursive	递归显示子目录中的文件
-h,--human-readable	以合适的单位显示文件的大小,需与-l 选项一起使用
-i,--inode	显示每个文件的 inode 号
--help	帮助信息

ls 命令使用选项-l 将分行列出文件及目录的详细信息。每行从左到右由 7 个字段构成,其含义依次为:文件的类型和权限、硬链接数、文件的所有者、文件的所属组、文件的大小(默认以字节显示)、文件的最近修改时间、文件名。输出内容说明如下:

```
$ ls -l
总计 8
crw-r--r--    1   root root 10,    255    4月6   19:27   autofs
drwxr-xr-x    2   linux    linux   4096   4月6   20:34   block
prw-------    1   root root        0      4月6   19:14   initctl
-rw-r--r--    1   linux    linux   2855   4月6   20:28   passwd
lrwxrwxrwx    1   root root        4      4月6   19:27   rtc->rtc 0
brw-rw----    1   root disk 8,     0      4月6   19:27sda
srw-rw-rw-    1   root root        0      4月6   19:14   snapd. socket
```

第 1 行“总计 8”表示所列出文件使用磁盘的空间为 8KB。

第 1 字段表示文件的类型和权限。它包含 10 个字符,第 1 个字符描述文件的类型,文件类型及说明见表 5-1,后面的 9 个字符为文件的访问权限。这 9 个字符又分为 3 组,这 3 组字符串分别表示文件的所有者、所属组、其他用户对文件的访问权限。每组由 3 个字符组成,依次表示为对文件的读(r 表示)、写(w 表示)和执行(x 表示)权限。当用户没有相应的权限时,该权限所对应的位置使用“-”来表示。在每组的第 3 个字符位,除为 x 和“-”外,有时还会出现 s 或 S。若为 s,说明文件拥有 suid/guid 权限;若为 S,则表明拥有伪 suid/guid 权限。有关 suid/guid 的内容请查阅其他书籍。

第 2 字段表示文件的硬链接数。有关硬链接的内容可参见 5.2.6 节。

第 3 字段和第 4 字段表示文件的所有者与所属组。有关所有者和所属组的设置可参见 5.3.4 节。

第 5 字段默认以字节为单位显示文件的大小。如果显示的是设备文件的信息,则显示主设备号和次设备号;如果显示的是目录的信息,则显示目录的大小,而不是目录内文件的大小。使用-h 选项(即 ls -lh)系统将自动选择以 K、M、G 之一为单位显示文件的大小。

第 6 字段表示文件的最近修改时间。

第7字段表示文件名。

5.2.2 创建与删除

主要包括创建目录命令 mkdir、删除空目录命令 rmdir、创建文件命令 touch 和 echo、删除文件和非空目录命令 rm。

1. 创建目录

创建目录的命令为 mkdir(Make Directory)。其语法格式为:

mkdir [选项] 目录列表

其常用选项为-p(--parents),该选项以递归方式创建目录及其父目录,适用于一次创建多级目录。

目录列表是必写项,是要创建的一个或多个目录的路径名列表。

在用户主目录下创建 soft/app/yolo 文件夹,命令用法如下:

```
$ mkdir -p ~/soft/app/yolo
```

2. 删除空目录

删除空目录的命令为 rmdir(Remove Directory)。其语法格式为:

rmdir [选项]空目录列表

rmdir 命令删除的目录必须为空目录(目录中不能包含任何文件及子目录,包括隐藏文件及目录),若目录不为空,将导致命令执行失败。由于目录中一般会包含很多文件及子目录,子目录中又有子目录,在使用 rmdir 删除空目录时,必须从最底层目录开始删除,比较烦琐,因此在实际删除目录时很少使用 rmdir,而选择使用 rm 命令。

3. 创建文件

Ubuntu 系统中创建文件的方法一般有以下两种:

(1)touch。touch 命令用于创建空文件。其语法格式为:

touch [选项] 文件列表

当文件列表中指定的文件不存在时则创建一个空文件,创建的空文件大小为0字节。若文件存在,touch 命令将已存在文件的访问时间和修改时间更新为当前时间,其文件内容不会被覆盖。

(2)echo。echo 可复制其后的任何内容,并将其显示在屏幕上。其语法格式为:

echo [选项] [字符串]

echo 可以将字符串输出到标准输出,借助输出重定向可以实现创建文件的功能。示例如下:

```
$ echo > filename
```

其实现过程是系统在当前目录下先新建一个空文件 filename,然后将 echo 命令的输出写到 filename 文件中。该 echo 命令中没有字符串,创建的 filename 文件内容为空。由于使用输出重定向,所以切记若创建的文件存在时,文件内容会被覆盖,若不希望覆盖,可以使用“>>”实现输出内容的追加。

其实 echo 主要用于字符串回显,在 Shell 编程、修改 TCP 参数、查看变量等信息时经常会用到。使用 echo 与输出重定向相结合是创建文件的一种方法,在 Linux 系统中(包含 Ubuntu 系统),很多命令都可以相互结合,达到丰富命令功能的效果。

echo 的回显示例如下,最后一个示例使用了“ * ”通配符,Shell 将其解释为当前目录下的所有文件列表。

```
$ echo Hello World!
Hello World!
$ ls
memo practices
$ echo start: *
start:memo practices
```

4. 删除文件和目录

rm(Remove)是删除文件及整个目录的命令。其语法格式为:

rm [选项] 文件列表

rm 常用选项如表 5-3 所示。

表 5-3 rm 常用选项

选项	说明
-f, --force	强制删除,不提示确认
-i	每次删除前提示确认,其为默认选项
-r, -R, --recursive	递归删除目录及其内容

rmdir 仅可删除空目录,若要删除非空目录,用户可以使用“rm -rf 目录名”。

使用 rm 命令删除文件或目录时,可以使用通配符。由于 rm 命令可以删除多个文件,并且文件一旦被删除,将无法恢复,因此,用户在使用 rm 命令时要谨慎,尤其是使用通配符及-rf 选项执行删除操作时要格外小心。

删除/home/pubs/temp 目录及其目录下的所有文件。命令用法如下:

```
$ sudo rm -rf /home/pubs/temp
```

5.2.3 切换工作目录

切换工作目录的命令为 cd(Change Directory)。其语法格式为:

cd [选项] [目录]

若没有指定目录,则返回用户主目录。cd 命令的使用最为简单,也最为频繁,选项一般很少使用。用户在使用 cd 命令时还有一些技巧,如表 5-4 所示。

表 5-4 cd 常用技巧

命令	说明
cd	返回用户主目录

（续）

命令	说明
cd ~	返回用户主目录
cd ..	返回上一级目录，即父目录
cd /	返回根目录

有时候需要查看当前所在的目录，可以使用命令 pwd（print working directory）。该命令可以显示用户当前所在的目录，并以绝对路径形式输出。cd 及 pwd 命令用法如下：

```
$ pwd
/home/linux
$ cd ..
$ pwd
/home
```

5.2.4 搜索文件

搜索文件的命令为 find。find 命令可以在管理、维护 Ubuntu 系统时方便地搜索所需要的文件。其语法格式为：

find [path] [expression]

path 用来指定 find 搜索文件的路径。当 find 搜索某个目录时，它将搜索该目录下所有的子目录，当没有给出 path 时，find 命令将只搜索当前目录。

expression 为条件内容。find 对 path 中的每个文件进行测试，搜索符合 expression 条件的文件，当没有给出 expression 时，默认为-print。

expression 内的每个元素都是一个单独的选项。选项与选项之间用空格分隔，每个括号、叹号、条件等其他元素的两侧都必须有空格。下面对 expression 进行简单介绍：

1. -name

-name 选项是 find 命令最常用的选项，表示使用某种文件名模式来匹配文件。若文件名中有空格或其他特殊字符，要用英文双引号或单引号将文件名引起来。

在当前目录中搜索所有扩展名为 .txt 的文件，命令用法如下：

```
$ sudo find . -name "*.txt"
```

在当前目录中搜索以大写字母开头的文件，命令用法如下：

```
$ sudo find . -name "[A-Z]*"
```

2. -perm

-perm 选项以文件权限模式搜索文件，如搜索所有用户都具有执行权限的文件。有关文件权限内容可参见 5.3.2 节。如在当前目录下搜索文件权限为 755 的文件，即文件所有者有读、写和执行的权限，而其他用户只有读和执行文件的权限。命令用法如下：

```
$ sudo find . -perm 755
```

3. -user,-nouser

-user 为按照文件所有者搜索文件。如在/etc 目录中搜索文件所有者为 pubs 的文件，命令用法如下：

```
$ sudo find /etc -user pubs
```

为了查找所有者账户已被删除的文件,可使用-nouser 选项,这样就能够找到那些所有者在/etc/passwd 文件中没有有效账户的文件。在使用-nouser 选项时,不必给出用户名,find 能够为用户完成相应的操作。如在/home 目录下搜索所有的这类文件,命令用法如下：

```
$ sudo find /home -nouser
```

4. -group,-nogroup

按照文件所属组搜索文件。用法同-user 和-nouser。

5. -size

按照文件的大小搜索文件。文件的大小可以以块(block)为单位,也可以以字节(byte)为单位。以字节为单位计量文件大小时表达形式记为 c;以块为单位计量文件大小时只用数字表示即可。如在当前目录下搜索文件大小大于 1024 字节的文件,命令用法如下：

```
$ sudo find . -size +1024c
```

命令中的“-”表示要搜索小于指定大小的文件,“+”表示大于指定大小的文件。如果命令中没有“+”也没有“-”,表示搜索指定大小的文件。

6. -type

按文件的类型搜索文件。如在/etc 目录下搜索所有的目录,命令用法如下：

```
$ sudo find /etc -type d
```

7. -exec,-ok

在搜索文件时,当匹配到一些文件后,用户可能希望进行某些操作,这时就可以使用-exec 选项。一旦 find 命令匹配到了相应的文件,就可以用-exec 选项中的命令对其进行操作,如使用这一选项可以搜索临时文件并将它们删除。

-exec 选项后跟要执行的命令,然后是一对{}、一个空格和一个\,最后是一个分号。如搜索/etc 目录下的普通文件并显示文件的详细信息,命令用法如下：

```
$ sudo find /etc -type f -exec ls -l {} \;
```

使用 find 命令搜索系统中所有扩展名为 log 的文件并删除,命令用法如下：

```
$ sudo find / -name "*.log" -exec rm -f {} \;
```

在 Shell 中删除文件是一项非常危险的操作,这时可以使用-ok 选项,在删除文件之前,提示用户,按 y 或 Y 键删除文件,按 n 或 N 键不删除文件,命令用法如下：

```
$ sudo find / -name "*.log" -ok rm {} \;
```

find 命令是一个非常优秀的工具,它可以按照用户指定的要求来匹配文件,并可以使用-exec 完成搜索后要执行的动作。find 命令也是一个非常复杂的命令,它常用在 Shell 编程环境中。有关 find 命令更为复杂的操作,请参考其他书籍。

5.2.5 复制、移动或更名

文件和目录的复制、移动或更名是常用的操作,Ubuntu 系统使用 cp 和 mv 命令完成这些操作。其中,cp 命令用于文件及目录的复制,mv 命令用来实现文件及目录的移动或更名操作。

1. 复制

使用 cp(Copy)命令可实现文件和目录的复制操作。其语法格式为:

cp [选项] 源文件 目标文件
cp [选项] 源文件 目标目录

将指定的源文件复制为目标文件(第一种格式),或将多个源文件复制至目标目录(第二种格式),其中源文件可以使用通配符。

cp 常用选项如表 5-5 所示。

表 5-5 cp 常用选项

选项	说明
-i,--interactive	覆盖前询问,为默认选项
-f,--force	与-i 相反,覆盖前不询问
-R,-r,--recursive	递归复制目录及其子目录下的所有文件

默认情况下,cp 命令只复制目录下的文件,但不包括子目录及子目录下的文件。当用户需要将目录下的所有文件包括子目录及子目录下的文件,进行复制时,应使用-R 或-r 选项。

cp 命令示例如下:

①复制/etc 目录下的所有文件到/soft 目录,使用如下命令之一:

```
$ sudo cp -R /etc/*/soft
$ sudo cp -r /etc/*/soft
```

②将/etc/rc. local 文件复制到当前目录,命令用法如下:

```
$ sudo cp /etc/rc.local .
```

2. 移动或更名

移动或更名文件和目录的命令为 mv(Move)。其语法格式为:

mv [选项] 源文件 目标文件
mv [选项] 源目录 目标目录
mv [选项] 源文件 目录

将源文件移动或更名为目标文件(第一种格式),或将源目录移动至或更名为目标目录(第二种格式),或将源文件移动至指定目录(第三种格式)。

mv 常用选项如表 5-6 所示。

表 5-6 mv 常用选项

选项	说明
-i,--interactive	覆盖前询问,为默认选项

（续）

选项	说明
-f,--force	与-i 相反,覆盖前不询问

mv 命令示例如下:

将当前目录下的 test 文件或目录更名为 test. bak,命令用法如下:

```
$ sudo mv test test. bak
```

将/soft 目录更名为/tools 目录,命令用法如下:

```
$ sudo mv /soft /tools
```

将当前目录下的文件 test. bak 移动到/etc 目录下,并更名为 tools,命令用法如下:

```
$ sudo mv test. bak /etc/tools
```

5. 2. 6 链接

链接分为两种:硬链接和符号链接(也称软链接)。创建链接的命令为 ln(link)。下面将分别对它们进行介绍。

1. 硬链接

文件的硬链接以另一个文件的形式出现在文件结构中。若文件与其链接出现在同一个目录中,那么该文件与其链接的名字必须不同,因为同一个目录下的文件不能同名。

不带任何选项的 ln 命令可以为已经存在的文件创建硬链接,其语法格式为:

```
ln existing-file new-link
```

为当前目录下的 notepad 文件创建一个硬链接,且命名为/share/program/notice,命令用法如下:

```
$ sudo ln notepad /share/program/notice
```

ln 命令为已存在的文件创建了附加的指针,而不是创建源文件的副本(cp 命令是创建源文件的副本)。由于创建的链接文件只对应一个文件,因此,所有链接文件的属性信息,如访问权限、所有者、文件的修改时间等都相同,只是文件名不同。当其中一个用户对链接文件进行修改(该用户对链接文件有读写的权限)后,与该文件创建的链接文件的内容都会被修改,因为链接文件的指针都是指向磁盘的同一个位置。

文件在创建时,系统自动为该文件创建一个硬链接,并指向该文件存放在物理磁盘上的位置。当为某个文件创建一个硬链接时,该硬链接同样指向源文件存放在物理磁盘上的位置,并且其属性(如所有者、所属组、权限等)、inode 号都完全相同。用户可使用 ls -i 查看文件的 inode 编号,若某几个文件具有相同的 inode 编号,则说明它们都是指向同一个文件的硬链接。如下所示:

```
$ ls -l -i notepad /share/program/notice
273814 -rw-r--r--2 root root 8 Jun 15 14:58 notepad
273814 -rw-r--r--2 root root 8 Jun 15 14:58 /share/program/notice
```

ls 查看硬链接产生的文件与源文件的状态信息完全一致。

2. 符号链接

符号链接(Symbolic Link)也称为软链接,是以绝对路径或者相对路径的形式指向其他文件或者目录的引用。符号链接是一个独立文件,其存在不依赖于目标文件。如果删除一个符号链接,它指向的目标文件不受影响,如果目标文件被移动、更名或者删除,任何指向它的符号链接仍然存在,但是将会指向一个不复存在的文件。

符号链接是基于硬链接的局限性而引入的。如用户无法创建某个目录的硬链接,但可以创建目录的符号链接。文件的所有硬链接都必须在同一个文件系统中,而符号链接则可以指向任何文件,无论这些文件处于文件结构中的哪个位置。符号链接可以指向一个不存在的文件,而硬链接则不可以。

创建符号链接的命令为带-s 或--symbolic 选项的 ln 命令。若使用 ls -l 查看文件时,符号链接文件将显示链接的名称和指向的文件名。如下所示:

```
$ ln -s readme readme.soft
$ ls -li
273812 -rw-r--r-- 1 root     root     7 Jun 15 14:56 readme
273813 lrwxrwxrwx 1 root     root     6 Jun 15 14:56 readme.soft -> readme
```

ls 查看符号链接产生的文件与源文件的大小、权限、inode 编号都不同,即符号链接与源文件具有不同的状态信息。

5.2.7 显示文本文件内容

显示文本文件内容的命令主要有 cat、tac、head、tail、more 和 less。其语法格式均为:

命令 [选项] 文件列表

1. cat

cat 能显示文本文件的全部内容。当文本文件有很多行时,文件内容会一次输出完毕,用户只能看到最后一屏内容,不利于内容的查看。

当文件列表有多个文件时,cat 命令会依次将文件内容输出到屏幕。可以借助输出重定向功能,实现多个文本文件内容的合并。

在输出文件内容时,为方便用户阅读及记录修改内容,可使用-n 选项,为输出的行编号。

2. tac

tca 能逆序显示文本文件内容。逆序指的是行逆序,也就是先输出文件的最后一行,然后是倒数第二行,倒数第三行,直到输出文件的第一行为止。tac 可将文件内容一次输出完毕,当文件内容有很多行时,只显示最后一屏内容。

3. head 和 tail

顾名思义,head 仅显示文本文件的头几行内容,tail 仅显示文本文件的末几行内容,默认均为 10 行。若显示/etc/passwd 文件的头 15 行内容,命令用法如下:

```
$ sudo head -15 /etc/passwd
```

4. more 和 less

当文本文件的内容需要分屏显示时,可使用 more 和 less。表 5-7 为 more 分屏显示文本文件内容时进行翻阅的常用按键。

表 5-7 more 常用按键

按键	说明
Enter	向下 n 行,默认为 1 行
Ctrl+F	向下滚动一屏
空格键	向下滚动一屏
Ctrl+B	返回上一屏
=	输出当前行的行号
:f	输出文件名和当前行的行号
V	调用 vi 编辑器
! 命令	调用 Shell,并执行命令
H	帮助
q	退出

less 功能类似于 more,但它们之间存在一些差别,如到文件末尾处,less 显示 EOF 信息并等待用户输入 q 或 Q 以返回 Shell,而 more 则直接退回 Shell;less 在分屏显示文本文件内容时可以向前、向后查看文本文件内容,而 more 只能向后显示文本文件内容。

cat、tac、head、tail、more 和 less 显示文本文件内容时各有优缺点,用户可根据实际情况及操作环境选择使用其中的某几个命令。如查看行数较少的文本文件时可使用 cat,查看最新日志文件内容时可使用 tail。

5.2.8 文本搜索

grep 是一个强大的文本搜索工具,它能在文件列表或标准输入(命令行中未指定文件)中搜索与给定模式相匹配的行,并将所匹配的内容输出到屏幕。其语法格式为:

grep [选项]模式 [文件列表]

grep 常用选项如表 5-8 所示。

表 5-8 grep 常用选项

选项	说明
-c,--count	只打印每个文件中的匹配行数
-i,--ignore-case	在模式和数据中忽略大小写
-n,--line-number	输出的同时打印行号
-o,--only-matching	只显示行中非空匹配部分
-v,--invert-match	选中不匹配的行

模式可以是简单的一个字符串,也可以是正则表达式。命令 grep 根据指定的选项采取各种各样的动作,搜索包含与模式匹配字符串的行。

模式中的特殊字符,如空格需要转义,简单的转义方式就是使用英文单引号或双引号将整个模式引起来。当指定多个文件时,grep 将在显示的每行前标上文件名和冒号。

正则表达式(Regular Expression,RE)是使用一个字符串来描述一个特征,然后去验证另一个字符串是否符合这个特征。表 5-9 列出了正则表达式中的基本元字符集。有关正则表达式的更多内容,请查阅其他书籍。

表 5-9 正则表达式中的基本元字符集

字符	说明
^	只匹配行首
$	只匹配行尾
*	一个单字符后跟"*",匹配 0 个或多个单字符
[ ]	匹配"[ ]"内的字符,可以是一个单字符,也可以是字符序列。可以使用"-"表示"[ ]"内字符序列的范围
\	转义字符。用来屏蔽元字符的特殊含义
.	匹配任意单个字符
pattern\{n\}	匹配 pattern 出现的次数,n 为次数
pattern\{n,\}m	含义同上,但 pattern 出现的次数最少为 n
pattern\{n,m\}	含义同上,但 pattern 出现的次数在 n 与 m 之间

在使用 grep 命令时,选项部分一般很少使用,但常与管道(|)配合使用。下面举例介绍 grep 命令的使用方法。

查找当前目录下文件所有者、所属组和其他用户都有执行权限的文件,命令用法如下:

```
$ sudo ls -l | grep ...x..x..x
```

查找当前目录下的目录文件,命令用法如下:

```
$ sudo ls -l | grep ^d
```

查找/etc/passwd 文件中,以 nologin 字符串结尾的行,命令用法如下:

```
$ sudo grep nologin $ /etc/passwd
```

查找/etc/rc.local 文件中的空行,命令用法如下:

```
$ sudo grep ^$ /etc/rc.local
```

5.2.9 文本内容统计

wc(Word Count)命令用于统计文本文件中的行数、单词数(单词是指由空白字符分隔的、长度大于零的字符序列)和字节数。其语法格式为:

wc [选项] [文件列表]

wc 输出每个指定文件的行数、单词数和字节数。若指定了多个文件,还会输出所有相关数据的总和,若没有指定文件,或文件为"-",则从标准输入读取数据。wc 常用选项如表 5-10 所示。

表 5-10　wc 常用选项

选项	说明
-c, --byte	输出字节统计数
-m, --chars	输出字符统计数
-l, --lines	输出换行符统计数
-w, --words	输出单词统计数

统计/etc 目录中 passwd 和 group 文件的行数、单词数及字节数信息，命令用法及显示结果如下：

```
$ wc /etc/passwd /etc/group

48    86    2855  /home/linux/passwd
76    76    1075  /home/linux/group
124   162   3930 总计
```

5.3　访问权限管理

5.3.1　权限简介

Ubuntu 系统是一个典型的多用户多任务操作系统，正确地设置文件及目录的权限对于系统的安全性起着决定性的作用。下面讲解与权限相关的文件访问者身份和文件权限。

1. 文件访问者身份

文件访问者身份分为文件所有者、文件所属组和其他用户三种。

(1)文件所有者。文件所有者也称属主，通常是文件的创建者，但创建者创建该文件后，可以使用 root 权限将该文件的所有者进行变更。文件所有者用字母 u(User)表示。

(2)文件所属组。文件所属组也称属组，是指文件所有者的同组用户。文件所属组用字母 g(Group)表示。

(3)其他用户。指除文件所有者和文件所属组以外的其他用户。其他用户用字母 o (Other)表示。

文件所有者、文件所属组和其他用户总称为所有用户。所有用户使用字母 a(All)表示，等同于 ugo。

2. 文件权限

用户对文件的访问权限分为读、写、执行三种。

(1)读。对文件而言，用户具有读取文件内容的权限；对目录而言，用户具有浏览目录信息的权限。该权限用字母 r(Read)表示。

(2)写。对文件而言，用户具有修改文件内容的权限；对目录而言，用户具有创建、删除、移动、更名目录内文件的权限。该权限用字母 w(Write)表示。

(3)执行。对文件而言，执行是指该文件能否运行；对目录而言，执行是指能否进入该目录。该权限用字母 x(Execute)表示。

当用户没有相应的权限时，使用“-”表示。

5.3.2 权限位设置

文件所有者可使用 chmod 命令设置不同身份用户（包括文件所有者、文件所属组及其他用户）对文件的访问权限。

chmod 有两种模式：符号模式和绝对模式。其语法格式为：

chmod [选项] who operator permission 文件列表（符号模式）

chmod [选项] mode 文件列表（绝对模式）

chmod 的常用选项为-R(--recursive)，表示递归地修改该目录层次结构中的所有文件（包括子目录及子目录下的文件）权限。文件列表支持通配符。

1. 符号模式

符号模式可以设置多个项：who（访问者身份）、operator（操作符）和 permission（权限），各项之间没有分隔符。

chmod 修改 who 指定的用户类型对文件的访问权限。用户类型由一个或多个字母在 who 的位置来说明，who 的符号模式如表 5-11 所示，operator 的符号模式如表 5-12 所示，permission 的符号模式如表 5-13 所示。

表 5-11 who 的符号模式

who	说明
u	文件的所有者
g	文件所有者所在的同组用户
o	所有其他用户
a	所有用户，相当于 ugo

表 5-12 operator 的符号模式

operator	说明
+	为指定的用户增加权限
-	为指定的用户取消权限
=	赋予给定用户权限并取消其他所有权限

表 5-13 permission 的符号模式

permission	说明
r	读权限
w	写权限
x	执行权限
s	当文件有执行权限时，为指定的用户设置文件的 suid/guid
t	设置黏滞位（只有 root 用户可以设置该位，只有文件所有者可以使用该位）
l	给文件加锁，使其他用户无法访问

下面将举例说明 chmod 的符号模式，如表 5-14 所示。假定 myfiletest 文件的最初权限

为 rwxrwxrwx。

表 5-14 chmod 的符号模式举例

命令	结果	说明
chmod a-x myfiletest	rw-rw-rw-	取消所有用户的执行权限
chmod og-w myfiletest	rw-r--r--	取消所属组和其他用户的写权限
chmod g+w myfiletest	rw-rw-r--	赋予所属组的写权限
chmod u+x myfiletest	rwxrw-r--	赋予所有者的执行权限
chmod go+x myfiletest	rwxrwxr-x	赋予所属组和其他用户的执行权限

下面的示例说明了如何使用 chmod 命令修改文件 tmpfile 的访问权限。tmpfile 的初始访问权限可以使用命令 ls -l 显示其详细信息。

```
$ ls -l tmpfile
-rw-r--r--    1 pubs    backup    0 Jun 17 19:44 tmpfile
$ sudo chmod u+x tmpfile
$ ls -l tmpfile
-rwxr--r--    1 pubs    backup    0 Jun 17 19:44 tmpfile
```

2. 绝对模式

每种用户权限位用一个八进制数来表示，即使用八进制数来指定用户的访问权限，表 5-15 为在设置权限时使用的八进制数。在表 5-15 中，用户选取适当的值，然后用进行 OR(或)操作后得到的值来表示访问权限。为了对表中的两个八进制数进行 OR 操作，只需将它们相加即可。

表 5-15 八进制文件权限表示

八进制数	说明
400	所有者可读
200	所有者可写
100	所有者可执行
040	所属组可读
020	所属组可写
010	所属组可执行
004	其他用户可读
002	其他用户可写
001	其他用户可执行

在使用绝对模式设置文件和目录的访问权限时，只要按表 5-15 查出文件的所有者、所属组和其他用户所具有的权限相对应的数字，并把它们相加，就是相应的权限。

通过分析表 5-15 可知，当所有者、所属组和其他用户对文件或目录拥有最大权限时，其值为 7。

符号模式中的 rwx 与绝对模式中的数字的对应关系为:r 对应 4,w 对应 2,x 对应 1。如 rwx 转化为数字则为 4+2+1=7。若某一个文件的权限为 rwxr-xr-x,则对应的数字应为 755。

下面将举例说明 chmod 的绝对模式,如表 5-16 所示。

表 5-16 chmod 的绝对模式举例

命令	结果	说明
chmod 666 myfile	rw-rw-rw-	赋予所有者读、写的权限
chmod 644 myfile	rw-r--r--	赋予所有者读、写的权限,所属组和其他用户读的权限
chmod 744 myfile	rwxr--r--	赋予所有者读、写和执行的权限,所属组和其他用户读的权限
chmod 664 myfile	rw-rw-r--	赋予所有者和所属组读、写的权限,其他用户读的权限
chmod 700 myfile	rwx------	只赋予所有者读、写和执行的权限
chmod 444 myfile	r--r--r--	赋予所有用户读的权限

在使用 chmod 命令设置文件的访问权限时,可以使用符号模式也可以使用绝对模式。用户应根据实际应用环境灵活选择。

知识窗

5.3.3 默认权限

在 Ubuntu 系统中,当用户新建文件和目录时,系统会赋予它们一个默认的权限,这个权限由 umask 的值设定,umask 的值一般在/etc/profile 文件中进行设置。默认情况下,用户主目录中新建的文件和目录对于所有者、所属组与其他用户对应的权限如表 5-17、表 5-18 所示。

表 5-17 新建文件默认权限

权限	访问者身份		
	所有者	所属组	其他用户
读(r)	√	√	√
写(w)	√	√	×
执行(x)	×	×	×

表 5-18 新建目录默认权限

权限	访问者身份		
	所有者	所属组	其他用户
读(r)	√	√	√
写(w)	√	√	×
执行(x)	√	√	√

在 Ubuntu 系统中,用户主目录下新建文件的默认权限值是 664,因为系统不允许用户在创建一个文件时就赋予它执行权限,必须在创建后使用 chmod 命令赋予这一权限。用户主目录下新建目录的默认权限值是 775,在用 777 减去该值之后(即 777-755)即系统 umask 的默认值(或 666 与新建文件的权限值差),可以算出 umask 的默认值为 002。

umask 用于指定文件的掩码，该掩码用于创建文件时设定访问权限。其语法格式为：

umask nnn

其中，nnn 为设定的 umask 值，其理论取值范围为 000~777。

用户在设置 umask 值时，umask 值是从权限中"拿走"相应的位。如 umask 的值为 022，用户在创建文件和目录时，系统会赋予它们的默认权限是什么？计算步骤(原理)如下：

第一步：写出全部的权限，即 777(所有用户都拥有读、写和执行的权限)。

第二步：写出 umask 值的权限。

第三步：写下第一步与第二步中没有匹配的权限位，即前两步的补码，这就是目录的权限。

第四步：在目录的权限位中，拿掉 x 位，即文件的权限。

其实，使用目录的最大权限 777 与 umask 值相减即新建目录的权限；使用文件的最大权限 666 与 umask 值相减即新建文件的权限。

用户在设置 umask 值时，应充分考虑创建文件和目录的默认权限是什么，否则设置不当时可能会出现一些意想不到的结果。如设置 umask 值为 600，新建目录的权限则为 177，新建文件的权限则为 066，这对于文件所有者来说是很不合理的。

5.3.4 所有者和所属组设置

在 Ubuntu 系统中，每个文件和目录都有所有者和所属组。假设用户"zhangsan"在其主目录中新建了一个文件 file1，则"zhangsan"就是 file1 文件的所有者，用户"zhangsan"所在的初始组就是该文件的所属组，除"zhangsan"所属组以外的用户均为其他用户。

文件的所有者可以把它的所有权交给系统中存在的合法用户，只有文件的所有者和 root 用户可以改变文件的所有权。改变文件和目录的所有者及其所属组，可使用 chown 命令来执行操作。其语法格式为：

chown [选项] [所有者][:[组]] 文件列表

chown 命令的常用选项为-R(--recursive)，如果文件列表中含有目录，该选项将递归修改该目录下所有文件(包括子目录和子目录下的文件)的所有者或所属组；所有者可以使用用户名也可以使用用户 ID 值，组可以使用组名也可以使用组 ID 值；文件列表支持通配符。[所有者][:[组]]组合出现的指定方式如表 5-19 所示。

表 5-19 所有者和组的指定方式

参数	说明
所有者	设置 file-list 的新所有者，但不修改组
所有者:组	设置 file-list 的新所有者和所属组
所有者:	设置 file-list 的新所有者，组变为新所有者所属的组
:组	设置 file-list 的所属组，但不改变所有者

chown 使用举例及运行结果如下：

```
$ ls -l testfile
```

```
-rw-r--r--  1  root root 0  Jun 22  04:56  testfile
$ sudo chown pubs testfile
$ ls -l testfile
-rw-r--r--  1  pubs root 0  Jun 22  04:56  testfile
```

将/opt/oracle 及目录下所有文件的所有者设置为 pubs,组为 pubs 用户所属的组。命令用法如下:

```
$ sudo chown -R pubs:/opt/oracle
```

将/opt/oracle 及目录下所有文件的所有者设置为 pubs,所属组设置为 backg。命令用法如下:

```
$ sudo chown -R pubs:backg /opt/oracle
```

在 Ubuntu 系统中,修改所属组还可以使用 chgrp 命令。其语法格式为:

chgrp [选项] 组 文件列表

chgrp 命令的常用选项为-R(--recursive),组可以使用组名也可以使用组 ID 值,文件列表支持通配符。

将/opt/oracle 及目录下所有文件的所属组设置为 backg。命令用法如下:

```
$ sudo chgrp -R backg /opt/oracle
```

在使用 chown 和 chgrp 修改文件、目录的所有者或所属组时,要确保系统中已存在指定的所有者用户或所属组,否则命令无法正确执行。

5.4 文件的压缩与归档

压缩是指利用相关算法将文件进行处理,达到既保留原文件的信息,又让文件大小变小的目的。归档,也称打包,是指将多个文件或目录归档或打包成一个文件,这个文件一般没有经过压缩,它占用的空间是其中所有文件的总和。

从 Internet 上下载的软件很多都以压缩文件的形式存在,在使用这些压缩文件时,用户必须将它们进行解压缩。除此之外,在软件发布、数据备份时常将许多文件进行归档并压缩处理,既可以节省存储空间,又方便在网络上传输。

在 Ubuntu 系统中,常见的压缩文件类型有 gz、bz2、tar. gz、tgz、tar. bz2、tb2、zip 等。

5.4.1 压缩与解压缩

在 Ubuntu 系统中,常用的压缩命令有 gzip、bzip2、zip,对应的解压缩命令为 gunzip、bunzip2、unzip。下面将分别进行介绍:

1. gzip 与 gunzip

gzip 命令用来压缩/解压缩文件,压缩时产生 gz 类型的压缩文件。gunzip 命令可以解压缩 gz 文件。其语法格式为:

gzip [选项]文件列表

gunzip［选项］文件列表

gzip 常用选项如表 5－20 所示，gunzip 常用选项如表 5－21 所示。

表 5－20　gzip 常用选项

选项	说明
-d，--decompress	解压 gz 文件，与 gunzip 命令等价
-r，--recursive	递归压缩/解压缩目录层次结构中的所有文件
-n，--fast，--best	n 为从 1~9 的数字。数字 1 表示压缩速度最快，但压缩比最小；数字 9 表示压缩速度最慢，但压缩比最大。默认值为 6。--fast、--best 分别与-1 和-9 等价

表 5－21　gunzip 常用选项

选项	说明
-r，--recursive	递归解压缩目录层次结构中所有的 gz 文件
-v，--verbose	显示解压缩进度
-l，--list	列出压缩文件的相关信息

gzip 和 gunzip 只能对文件进行压缩或解压缩，对于目录能压缩或解压缩该目录及子目录下的所有文件或 gz 文件，但必须使用-r 选项。

将当前目录下的 test 文件使用 gzip 命令进行最大压缩比压缩，命令用法如下：

```
$ sudo gzip -9 test
```

在当前目录下解压 test. gz 文件，使用如下命令之一：

```
$ sudo gunzip test. gz
$ sudo gzip -d test. gz
```

使用 gzip 压缩/解压缩文件或使用 gunzip 解压缩文件时，文件的属性（如文件的所有者、访问权限、最近修改时间等）都保持不变。

2. bzip2 与 bunzip2

bzip2/bunzip2 命令功能与 gzip/gunzip 命令类似。bzip2 压缩文件产生 bz2 类型的压缩文件，bzip2/bunzip2 可以解压缩 bz2 的压缩文件。其语法格式为：

bzip2［选项］文件列表
bunzip2［选项］文件列表

从理论上讲，bzip2 压缩算法更先进、压缩比更好，而 gzip 压缩速度更快。

将当前目录下的 tempfile 文件压缩为 bz2 类型的文件，命令用法如下：

```
$ sudo bzip2 tempfile
```

将 tempfile. bz2 文件解压缩，使用如下命令之一：

```
$ sudo bzip2 -d tempfile. bz2
$ sudo bunzip2 tempfile. bz2
```

3. zip 与 unzip

zip 文件是 Windows 系统常见的压缩文件之一,Ubuntu 系统也支持该文件类型,并提供 zip/unzip 命令。其语法格式为:

zip [选项] 压缩包名文件列表
unzip [选项] 压缩包名

zip 常用选项如表 5-22 所示,unzip 常用选项如表 5-23 所示。

表 5-22 zip 常用选项

选项	说明
-r	递归压缩目录,即压缩指定目录下的所有文件及子目录
-m	将文件压缩并加入压缩文件后,删除原始文件,即把文件移到压缩文件中
-v	显示压缩的详细过程
-q	不显示执行过程
-n	n 是 1~9 的数字,表示压缩比,数字越大表示压缩比越高
-d	删除压缩包内的文件
-e	加密压缩文件
-u	更新或追加文件到压缩包
-f	更新现有文件

表 5-23 unzip 常用选项

选项	说明
-d	将文件解压到指定目录
-n	解压时不覆盖已经存在的文件
-o	解压时覆盖已经存在的文件
-l	列出压缩包中各文件信息

将/etc/network 目录下的所有文件进行压缩,使用如下命令之一:

```
$ sudo zip -r network.zip /etc/network/*
$ sudo zip -r network.zip /etc/network/
```

将/var/log/boot.log.1 文件追加到 network.zip 文件中,命令用法如下:

```
$ sudo zip -m network.zip /var/log/boot.log.1
```

将当前目录下的 network.zip 文件解压到用户主目录下的 network 目录中,命令用法如下:

```
$ unzip -d ~/network ./network.zip
```

5.4.2 归档

tar(Tar Archive 的简写)常用来将多个文件或多个目录归档为一个 tar 文件,或者将 tar 文件解包。tar 除打包与解包功能外,还可以调用 gzip、bzip2 等实现归档文件的压缩与解压

缩。其语法格式为:

tar [选项] 文件列表

下面将详细介绍 tar 的功能:

1. 打包和压缩

当 tar 用于打包和压缩时,常用选项如表 5-24 所示。

表 5-24 tar 打包和压缩常用选项

选项	说明
-c, --create	创建 tar 文件
-v, --verbose	列出每一步处理涉及的文件信息
-f, --file	指定 tar 文件名,该选项为必选项
-u, --update	用已归档文件的较新版本更新 tar 文件
-r, --append	追加文件到 tar 文件的末尾
--delete	删除 tar 文件中的文件
-t, --list	显示 tar 文件列表信息
-j, --bzip2	调用 bzip2 执行压缩
-z, --gzip	调用 gzip 执行压缩

2. 解包和解压缩

当 tar 用于解包和解压缩时,常用选项如表 5-25 所示。

表 5-25 tar 解包和解压缩常用选项

选项	说明
-x, --extract	释放 tar 文件,即解包
-v, --verbose	列出每一步处理涉及的文件信息
-f, --file	指定 tar 文件名,该选项为必选项
-j, --bzip2	调用 bzip2 执行解压缩
-z, --gzip	调用 gzip 执行解压缩

下面举例介绍 tar 命令的使用方法。

将/opt/mysql 目录下的所有文件进行归档,归档文件名为 mysql. tar,并显示详细信息,使用如下命令之一:

```
$ sudo tar -cvf mysql.tar /opt/mysql/*
$ sudo tar -cvf mysql.tar /opt/mysql/
```

将/opt/mysql 目录下的所有文件进行归档并压缩,同时显示详细信息,使用如下命令之一:

```
$ sudo tar -czvf mysql.tar.gz /opt/mysql/*
$ sudo tar -cjvf mysql.tar.bz2 /opt/mysql/*
```

解压 httpd-2.4.56.tar.gz 文件,命令用法如下:

```
$ sudo tar -zxvf httpd-2.4.56.tar.gz
```

解压 iptables-1.4.21.tar.bz2 文件,命令用法如下:

```
$ sudo tar -xjvf iptables-1.4.21.tar.bz2
```

使用 tar 命令时,vf 一般是必选项。在执行归档、解包、压缩及解压缩操作时,再加上其对应的选项即可,如归档加 c、解包加 x、归档压缩加 cz 或 cj、解压缩加 xz 或 xj。

zip 命令有归档功能,只是在归档时本身还执行压缩,而 tar 命令原则上只有归档功能,只是 tar 可以调用 gzip、bzip2 等压缩工具对归档文件进行压缩。

本章小结

文件和目录的管理是用户与 Ubuntu 系统交互的基础。本章主要介绍了 Ubuntu 系统的目录结构及各目录的功能,讲解了文件与目录管理的常用命令、访问权限设置、文件压缩与解压缩、归档等相关操作,并用大量示例进行验证说明,为后续章节的学习奠定了基础。

课后习题

1. 简要说明 Ubuntu 系统根目录下有哪些目录、这些目录的主要用途是什么。
2. Ubuntu 系统中文件类型有哪些?请简要说明。
3. 软链接和硬链接有何异同?请简要说明。
4. Ubuntu 系统中一个文件通常有哪些属性?请列举出来。
5. 文件的复制和移动有什么区别?
6. Ubuntu 系统中查看文本文件内容的命令有哪些?请说明它们各自的特点。
7. 简要说明文件权限管理的重要性。
8. 简要说明命令 chmod 761 file1 中数字 761 代表的含义及该命令的功能。
9. 若 umask 的值为 022,用户新建目录及文件的权限是什么?
10. zip 与 tar 命令有什么区别?

第 6 章　磁盘管理

本章主要介绍磁盘管理所涉及的相关知识和磁盘分区管理、文件系统管理等操作的常用工具，这些知识是 Linux 操作系统的基础，请熟练掌握。

6.1　磁盘管理相关知识

6.1.1　磁盘设备命名

在 Linux 系统中，常用的磁盘设备接口主要有两大类：SCSI、SAS、SATA、USB 接口和 IDE 接口。前者的命名规则为/dev/sdx，后者的命名规则为/dev/hdx（x 为小写英文字母，表示磁盘设备的序号），如表 6-1 所示。如第一块 SCSI 磁盘命名为/dev/sda，第二块 SCSI 磁盘命名为/dev/sdb，以此类推。

表 6-1　常见磁盘设备的命名规则

磁盘设备类型	命名规则
SCSI、SAS、SATA、USB 接口磁盘	/dev/sd[a-p]
IDE 接口磁盘	/dev/hd[a-d]

SCSI、SAS、SATA、USB 接口设备命名依赖于设备 ID，但不考虑遗漏的 ID。假设系统现有 ID 为 1、2、5 的该类设备，可分别命名为/dev/sda、/dev/sdb 和/dev/sdc。如果再添加一个 ID 为 4 的设备，则新添加的设备被命名为/dev/sdc，而 ID 为 5 的设备被改称为/dev/sdd。

IDE 接口设备命名和 IDE 通道有关。通常，PC 都有两个 IDE 通道，每个 IDE 通道可以分别连接两个设备，即主设备（Master）和从设备（Slave）。因此，IDE 最多可连接 4 个设备。其中，/dev/hda 表示第一个 IDE 通道（IDE1）的主设备，/dev/hdb 表示第一个 IDE 通道的从设备，/dev/hdc 和/dev/hdd 分别表示第二个 IDE 通道（IDE2）的主设备与从设备。

6.1.2　磁盘分区简介

磁盘分区是对磁盘设备的逻辑划分。一个磁盘可以包含一个或多个分区，每个分区可看作一个独立磁盘，类似于 Windows 操作系统的 D 盘、E 盘。在 Linux 系统中，磁盘必须先分区，然后为分区创建文件系统（即格式化分区），才能够存储数据。

1. 分区表

分区表专门存放磁盘划分的每个分区信息，包括分区起始地址、结束地址及扇区数量等。目前，常见的分区表有 MBR（Master Boot Record，主引导记录）和 GPT（GUID Partition

Table,GUID 分区表)两种。

(1)MBR。MBR 也称为 MS-DOS,这种分区方式中主(Primary)分区加扩展(Extended)分区最多只能有 4 个。其中,扩展分区最多只能有 1 个。这样,一个磁盘最多可划分为 4 个主分区或者 3 个主分区和 1 个扩展分区。

在主分区和扩展分区中,主分区能够被格式化进行数据存取,扩展分区无法格式化,只能用于逻辑分区(逻辑分区可进行数据存取)的划分。为提高磁盘存储空间的利用率,可将扩展分区继续划分为若干个逻辑分区来记录分区信息,如图 6-1 所示。

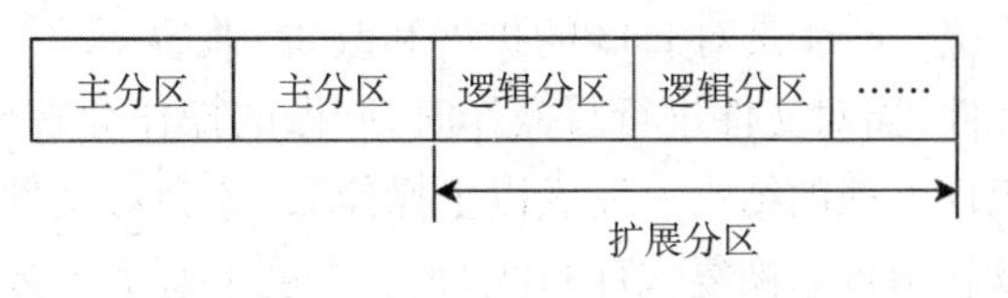

图 6-1　MBR 磁盘分区

(2)GPT。MBR 分区表不支持容量大于 2TB 的分区,而 GPT 分区表支持容量大于 2TB 的分区,还可创建 128 个主分区(GPT 分区表不再有扩展分区、逻辑分区的概念,所有的分区都是主分区),特别适合大容量的磁盘设备。

目前大多数情况下,还是采用传统的 MBR 分区表。

2. 磁盘分区命名

磁盘分区的命名方式是在磁盘设备名称后附加分区编号,即/dev/sdxy(或/dev/hdxy)。其中,x 表示设备的序号,为小写英文字母;y 表示分区编号,为阿拉伯数字。

在 MBR 分区表中,主分区(或扩展分区)占用 1~4 分区编号,逻辑分区从 5 开始编号。例如,第一块 SCSI 磁盘的主分区为/dev/sda1,扩展分区为/dev/sda2,扩展分区划分的第一个逻辑分区为/dev/sda5,第二个逻辑分区为/dev/sda6,以此类推。

3. 磁盘分区类型

Linux 分区类型决定了分区上所能创建的文件系统格式。Linux 特有的分区类型包括 Linux native 分区和 Linux swap 分区。

(1)Linux native 分区。Linux native 分区也就是根(/)分区,在安装操作系统时创建,用于启动操作系统。如果安装 Linux 操作系统时只指定了根分区,而没有其他的数据分区,那么操作系统中的所有文件将全部安装到根分区下。

(2)Linux swap 分区。swap 交换分区用来存放内存中暂时不用的数据。可以将 swap 分区理解为 Windows 操作系统中的虚拟内存,区别是 Linux 专门划出一个分区来存放内存数据,而 Windows 虚拟内存是将某个分区划出固定大小的空间作为虚拟内存。swap 分区的容量取决于物理内存大小和硬盘的容量,一般情况下,swap 分区的容量应大于物理内存的大小。

此外,为了提高系统的可靠性,可增加引导分区(/boot)来存储系统启动文件。若磁盘空间很大,可以按照用途划分多个分区,如划分/home 分区来存放个人数据及配置文件,划分/tmp 分区来存放临时文件等。

6.1.3　文件系统简介

磁盘在创建分区后,还需要为分区创建文件系统。

文件系统是操作系统在磁盘上进行文件组织的方法。在传统的磁盘中,一个分区只能格式化为一个文件系统，而目前通过 LVM(Logical Volume Manager，逻辑卷管理)与磁盘阵列技术，可以将一个分区格式化为多个文件系统，也可将多个分区合并为一个文件系统。

Linux 操作系统支持 ext2、ext3、ext4、XFS、NTFS、FAT16、FAT32 等多种不同类型的文件系统。Ubuntu 22.04 广泛使用 ext4(Fourth Extended Filesystem，第 4 代扩展文件系统)文件系统。ext4 是对 ext3 的扩展和改善，兼容 ext3。ext4 文件系统预留了专门的区域保存日志文件，当对文件进行写操作时，所做的操作会首先写入日志文件，随后再写入一条记录来标记日志项的结束。完成以上操作后，才会对文件系统进行实际的修改。当系统崩溃后，就可以利用日志恢复文件系统，很大程度上避免了数据的丢失，增强了文件系统的可靠性。

6.2 磁盘分区

Ubuntu 操作系统中提供了多种磁盘分区工具，如命令行分区工具 fdisk、基于文本窗口界面的分区工具 cfdisk、图形界面分区工具 Gnome Disks 及 Gparted 等。下面介绍 fdisk 和 Gparted 分区工具的用法。关于 cfdisk 和 Gnome Disks 分区工具的用法，请查阅相关资料。

6.2.1 fdisk

1. fdisk 简介

fdisk 命令可在交互式和非交互式两种模式下使用。其语法格式为：

fdisk [选项] 磁盘设备名

执行带选项的 fdisk 命令，会进入非交互式模式。fdisk 常用选项如表 6-2 所示。

表 6-2 fdisk 常用选项

选项	说明
-l, --list	显示分区并退出
-t, --type <类型>	识别指定的分区表类型
-C, --cylinders <数字>	指定磁盘的柱面数
-H, --heads <数字>	指定分区表使用的磁头数
-S, --sectors <数字>	指定每条磁道的扇区数

执行只有参数、不带任何选项的 fdisk 命令，会进入交互模式。在交互模式下，可通过 fdisk 提供的子命令对磁盘分区进行有效管理。常用的子命令如表 6-3 所示。

表 6-3 fdisk 常用子命令

命令	说明	命令	说明
d	删除分区	m	获取帮助菜单
n	添加新分区	F	列出未分区的空闲区
p	打印分区表	l	列出 Ubuntu 支持的分区类型
t	更改分区类型	w	将分区表写入磁盘并退出

（续）

命令	说明	命令	说明
v	检查分区表	q	退出而不保存更改
g	新建一份 GPT 分区表	o	新建一份空 DOS 分区表

无论磁盘采用 MBR 分区表，还是 GPT 分区表，查看磁盘分区、创建分区、修改分区类型、删除分区等操作步骤都是相同的。

为便于演示 fdisk 命令的使用方法，在 VirtualBox 虚拟机中添加一块 20GB 未使用的虚拟磁盘/dev/sdb，采用 MBR 分区表。VirtualBox 虚拟机中添加虚拟磁盘的方法："控制"→"设置"→"存储"→"控制器 SATA"→"添加虚拟硬盘"。

磁盘分区会造成数据丢失，请谨慎操作。

2. 查看磁盘分区

执行命令"fdisk -l [磁盘设备]"即可查看磁盘的分区信息。若没有指定磁盘设备，则可查看系统中所有设备的分区信息。若指定设备，则可查看指定磁盘设备的分区信息。

在 fdisk 交互模式下，使用子命令 p 也可查看指定磁盘的分区信息。下面举例说明如何查看磁盘分区信息。

查看系统中所有磁盘设备的分区信息，命令用法如下：

```
$ sudo fdisk -l
```

查看磁盘设备/dev/sda 的分区信息，命令用法如下：

```
$ sudo fdisk -l /dev/sda
```

交互模式下查看磁盘/dev/sda 的分区信息，命令用法及结果显示如下：

```
$ sudo fdisk /dev/sda
欢迎使用 fdisk(util-linux 2.37.2)
命令(输入 m 获取帮助)：p
Disk /dev/sda：25 GiB,26843545600 字节,52428800 个扇区
Disk model：VBOX HARDDISK
单元：扇区 / 1 * 512 = 512 字节
扇区大小(逻辑/物理)：512 字节 / 512 字节
I/O 大小(最小/最佳)：512 字节 / 512 字节
磁盘标签类型：gpt
磁盘标识符：DBF4F43C-59A7-411E-86C9-980B44B0FE33
设备              起点       末尾       扇区    大小          类型
/dev/sda1         2048       4095       2048      1M      BIOS 启动
/dev/sda2         4096    1054719    1050624    513M        EFI 系统
/dev/sda3      1054720   52426751   51372032   24.5G  Linux 文件系统
命令(输入 m 获取帮助)：
```

在磁盘分区信息中，设备表示磁盘分区名称，起点表示起始扇区，末尾表示结束扇区，扇区表示扇区个数，决定分区的容量（容量=扇区个数×512B），大小表示磁盘分区的容量，类型表示分区类型。

3. 创建分区

在 fdisk 交互模式下，使用子命令 n 即可为磁盘创建分区。分区创建后，执行子命令 w 使操作生效。

（1）创建主分区。下面示例为磁盘/dev/sdb 创建 1 个容量为 5GB 的主分区。命令用法及结果显示如下：

```
$ sudo fdisk /dev/sdb
欢迎使用 fdisk(util-linux 2.37.2)
命令(输入 m 获取帮助)：n
分区类型
   p   主分区(0 primary,0 extended,4 free)
   e   扩展分区(逻辑分区容器)
选择(默认 p)：p
分区号(1-4,默认 1)：1
第一个扇区(2048-41943039,默认 2048)：
Last sector,+/-sectors or +/-size{K,M,G,T,P}(2048-41943039,默认 41943039)：+5G
创建了一个新分区 1,类型为"Linux",大小为 5 GiB
命令(输入 m 获取帮助)：
```

（2）创建扩展分区。如果磁盘采用 MBR 分区表，其中主分区个数小于 4，且没有扩展分区，即可为磁盘创建扩展分区。

下面示例为磁盘/dev/sdb 创建容量为 5GB 的扩展分区。子命令用法及结果显示如下：

```
命令(输入 m 获取帮助)：n
分区类型
   p   主分区(1 primary,0 extended,3 free)
   e   扩展分区(逻辑分区容器)
选择(默认 p)：e
分区号(2-4,默认 2)：
第一个扇区(10487808-41943039,默认 10487808)：
Last sector,+/-sectors or +/-size{K,M,G,T,P}(10487808-41943039,默认 41943039)：+5G
创建了一个新分区 2,类型为"Extended",大小为 5 GiB
命令(输入 m 获取帮助)：
```

（3）创建逻辑分区。如果磁盘上已有扩展分区，就不能再创建扩展分区了，但可在扩展分区上添加逻辑分区。下面示例为磁盘/dev/sdb 创建一个容量为 3GB 的逻辑分区。子命令用法及结果显示如下：

```
命令(输入 m 获取帮助)：n
分区类型
   p   主分区(1 primary,1 extended,2 free)
   l   逻辑分区(从 5 开始编号)
选择(默认 p)：l
添加逻辑分区 5
第一个扇区(10489856-20973567,默认 10489856)：
Last sector,+/-sectors or +/-size{K,M,G,T,P}(10489856-20973567,默认 20973567)：+3G
```

```
创建了一个新分区 5,类型为"Linux",大小为 3 GiB
命令(输入 m 获取帮助):p
#省略部分结果
设备        启动      起点        末尾       扇区     大小  id  类型
/dev/sdb1            2048   10487807   10485760   5G   83  Linux
/dev/sdb2        10487808   20973567   10485760   5G    5  扩展
/dev/sdb5        10489856   16781311    6291456   3G   83  Linux
命令(输入 m 获取帮助):
```

4. 修改磁盘分区类型

系统新增主分区(或逻辑分区)的类型默认为 Linux,对应的 id 为 83。在 fdisk 命令的交互模式下,通过子命令 t 可修改分区类型。执行 t 子命令时,系统会要求用户输入修改后的分区编号(或分区类型)。通过子命令 l 可查询 Linux 所支持的分区类型及其对应的 id。表 6-4 列出部分 Linux 支持的分区编号及类型。

表 6-4 Linux 支持的部分分区编号及类型

id	分区类型	id	分区类型
00	空	0b	FAT32
05	扩展	82	Linux swap/Solaris
06	FAT16	83	Linux

下面示例将分区/dev/sdb1 的类型修改为 FAT16。命令用法及显示结果如下:

```
$ sudo fdisk /dev/sdb
欢迎使用 fdisk(util-linux 2.37.2)
命令(输入 m 获取帮助): t
分区号(1,2,5,默认 5): 1
Hex code or alias(type L to list all):06
已将分区"Linux"的类型更改为"FAT16"
命令(输入 m 获取帮助):
```

5. 删除磁盘分区

在 fdisk 命令的交互模式下,通过子命令 d 可删除指定编号的磁盘分区。

下面示例为删除分区/dev/sdb1。命令用法及显示结果如下:

```
$ sudo fdisk /dev/sdb
欢迎使用 fdisk(util-linux 2.37.2)
命令(输入 m 获取帮助): d
分区号(1,2,5,默认 5): 1
分区 1 已删除
命令(输入 m 获取帮助):
```

删除磁盘分区时需注意以下几点:

①不能删除正在使用的磁盘分区。

②如果删除扩展分区,则扩展分区上的所有逻辑分区都会被自动删除。

6. 退出交互模式

执行子命令 q 可退出 fdisk 交互模式,但是不会保存对分区进行的任何操作。要使创建分区、删除分区、更改分区类型等操作生效,必须执行子命令 w,且不可回退。

6.2.2 GParted

GParted 是一个图形化磁盘分区编辑器,其界面简洁,易于操作,但 Ubuntu 22.04 没有预装 GParted,可通过执行命令 sudo apt install gparted 来安装。安装好该工具后,在应用程序列表中双击 GParted,并通过用户认证获得 root 权限后,即可进入 GParted 主界面,如图 6-2 所示。

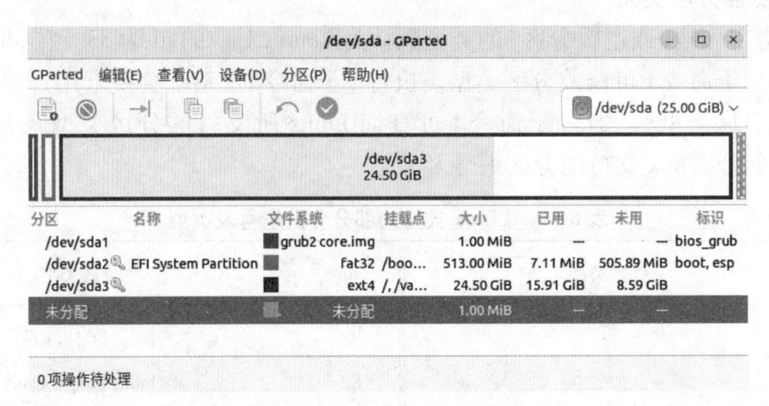

图 6-2 GParted 主界面

主界面的右上角为磁盘列表,可从列表中选择要管理的磁盘设备。选择好磁盘设备后,即可查看磁盘的分区情况,包括分区的大小、类型、挂载情况及分区的使用情况。此外,GParted 还可创建磁盘分区、删除磁盘分区、调整磁盘分区大小、为文件系统设置卷标等。下面通过未使用的磁盘/dev/sdb 来演示 GParted 分区工具的用法。

1. 创建磁盘分区

单击菜单栏中的"分区"→"新建",弹出"创建新分区"对话框,如图 6-3 所示。在对话框内设置分区大小、分区类型(主分区、扩展分区或逻辑分区)、文件系统格式(ext4、fat16 等)及卷标等,单击"添加"按钮开始创建新分区。但 GParted 并未立即执行任务,而是将该操作加入待处理队列中,如图 6-4 所示。要执行该任务,单击菜单栏中的"编辑"→"应用全部操作"或者单击工具栏中的"√",弹出"是否确定应用待处理的操作"对话框,单击"应用"按钮即完成磁盘分区的创建。

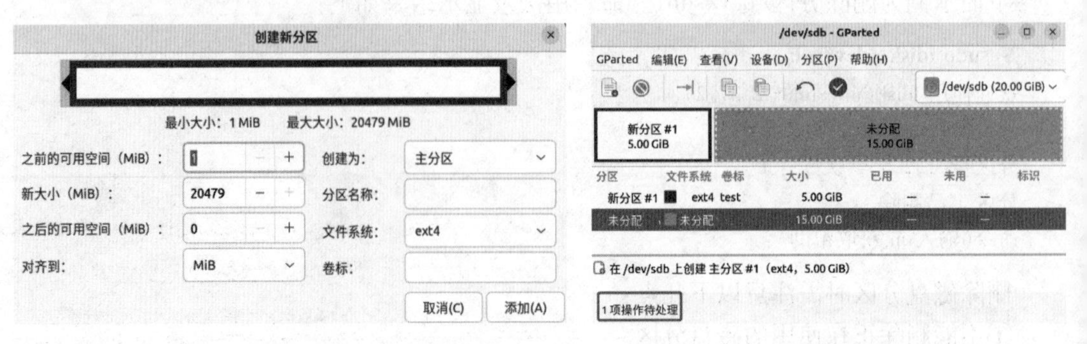

图 6-3 创建新分区　　　　图 6-4 待处理队列

2. 管理磁盘分区

选中一个分区，单击菜单栏的“分区”，在下拉列表中选择相应的命令，即可执行删除分区、调整分区大小、将分区格式化（即为分区创建文件系统）、管理分区标识、修改文件系统卷标等操作，如图6－5所示。执行这些操作时，都会将任务先加入待处理队列中，只有确认待处理操作后，才会使更改生效。

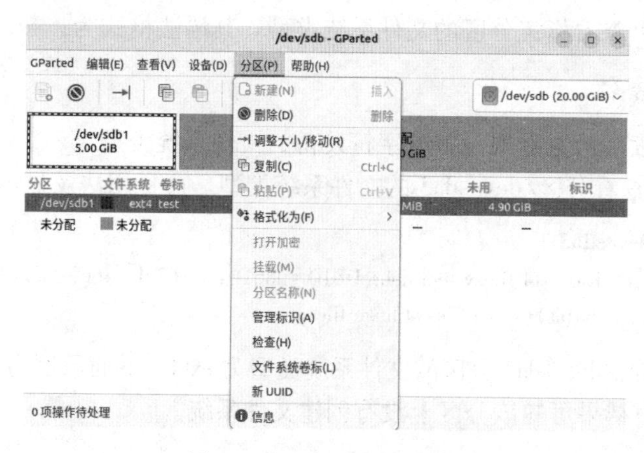

图6－5 “分区”菜单列表

3. 创建分区表

单击菜单栏的“设备”→“创建分区表”，即可为未使用的磁盘选择分区格式，如图6－6所示。容量不超过2TB的磁盘分区表的默认类型为msdos（即MBR），而容量超过2TB的磁盘分区表的默认类型为GPT。

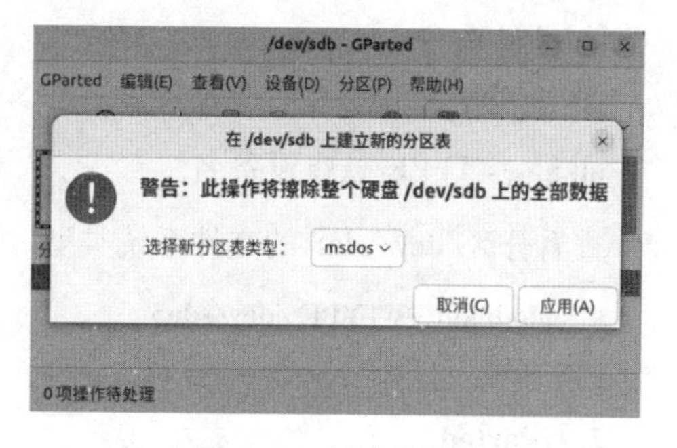

图6－6 创建分区表

4. 查看设备信息和文件系统支持

单击菜单栏的“查看”→“设备信息”，即可在主界面的左下方显示磁盘设备的名称、容量大小、分区表、柱面数以及总扇区个数等信息，如图6－7所示。

单击菜单栏的“查看”→“文件系统支持”，即可查看不同文件系统所支持的操作，如图6－8所示。

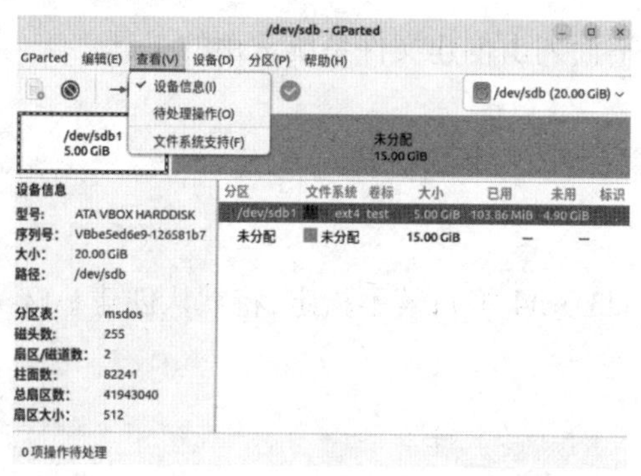

图6－7 查看设备信息

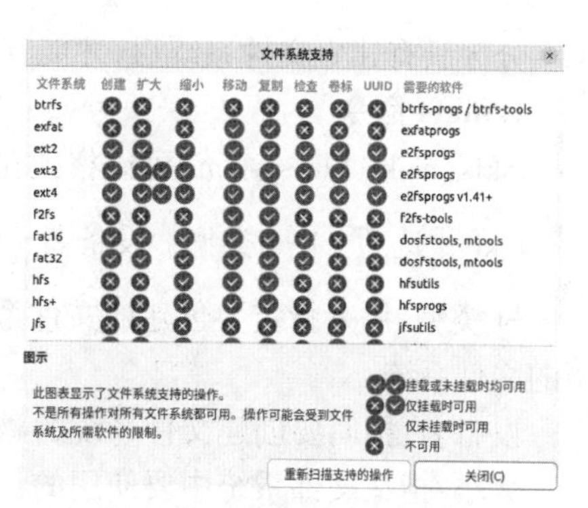

图6－8 查看文件系统支持

6.3 文件系统管理

6.3.1 文件系统的查看

1. file 命令

使用 file 命令可查看指定分区的文件系统类型。其语法格式为：

file -s 磁盘设备名

其中，选项-s 表示可查看块设备或字符设备的文件系统类型。

下面的示例为查看分区/dev/sda3 的文件系统类型。命令用法及显示结果如下：

```
$ sudo file -s /dev/sda3
/dev/sda3: Linux rev 1.0 ext4 filesystem data, UUID=a861646c-637b-4669-a2bc-7bb0d583daea (needs journal recovery) (extents) (64bit) (large files) (huge files)
```

由输出结果可知，/dev/sda3 分区的文件系统类型为 ext4。下面示例为查看分区/dev/sdb1 的文件系统类型，由结果可知该分区上没有创建文件系统。

```
$ sudo file -s /dev/sdb1
/dev/sdb1: data
```

2. blkid 命令

使用 blkid 命令也可查看指定分区的文件系统类型。其语法格式为：

blkid -s TYPE 磁盘设备名

查看分区/dev/sda3 的文件系统类型。命令用法及显示结果如下：

```
$ sudo blkid -s TYPE /dev/sda3
/dev/sda3: TYPE="ext4"
```

3. GParted

打开 GParted，在磁盘设备列表中选择要管理的磁盘设备，主界面就会显示该磁盘各个分区的文件系统类型。

6.3.2 文件系统的建立

分区只有建立文件系统后，才能存储数据。下面列出创建文件系统常用的工具。

1. mkfs 命令

mkfs(make file system)可以格式化指定的磁盘分区。其语法格式为：

mkfs [选项] [-t 类型] 设备名 [大小]

-t 类型：用来指定要创建的文件系统类型(ext3、ext4 等)；若不指定，将默认创建 ext2 类型的文件系统。

设备名：指明要创建文件系统的磁盘分区。

大小：指在文件系统中要使用的盘块数。

下面的示例演示了通过 mkfs 为分区/dev/sdb1 创建 ext4 文件系统的过程，以及创建完成后，通过 file 命令检查文件系统是否创建成功的过程。

（1）创建文件系统的命令用法及显示结果如下：

```
$ sudo mkfs -t ext4 /dev/sdb1
mke2fs 1.46.5(30-Dec-2021)
创建含有 1310720 个块(每块 4k)和 327680 个 inode 的文件系统
文件系统 UUID:9bf4bfe2-929f-48b1-85c7-dd1eeda488e3
超级块的备份存储于下列块：
32768,98304,163840,229376,294912,819200,884736
正在分配组表：完成
正在写入 inode 表：完成
创建日志(16384 个块)：完成
写入超级块和文件系统账户统计信息：已完成
```

（2）查看文件系统是否创建成功的命令用法及显示结果如下：

```
$ sudo file -s /dev/sdb1
/dev/sdb1: Linux rev 1.0 ext4 filesystem data,UUID=9bf4bfe2-929f-48b1-85c7-dd1eeda488e3(extents)
(64bit)(large files)(huge files)          # 表明文件系统成功创建
```

也可以使用 mkfs. fstype 工具为磁盘创建 fstype 类型的文件系统。

下面示例为使用 mkfs. ext4 为/dev/sdb1 分区创建 ext4 类型的文件系统。命令用法如下：

```
$ sudo mkfs.ext4 /dev/sdb1
```

2. GParted

打开 GParted，在磁盘列表中选择磁盘设备，主界面就会列出该磁盘的各个分区，在要格式化的分区上右击，选择“格式化为”，然后选择某一个文件系统类型即可，如图 6-9 所示。

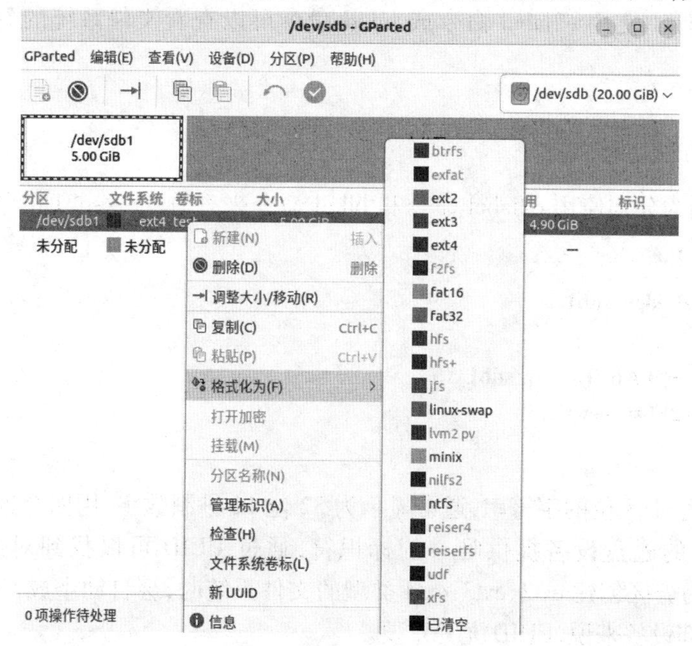

图 6-9 GParted 格式化分区

6.3.3 文件系统的表示

为磁盘分区创建文件系统后，可以通过卷标（Label）或 UUID（Universally Unique Identifier，全局唯一标识符）代替磁盘设备名来表示文件系统。

1. 卷标

Ubuntu 系统在对分区格式化后，可以通过卷标来表示文件系统。但 Ubuntu 在为分区创建文件系统时，不会自动生成卷标，需要用户自行设置。

（1）设置卷标。使用 e2label 命令或 tune2fs 命令可为文件系统设置卷标。其语法格式为：

```
e2label 设备名 卷标
tune2fs -L 卷标 设备名
```

下面的示例为使用 e2label 命令为/dev/sdb1 设置卷标为 new1，使用 tune2fs 命令为/dev/sdb2 设置卷标为 new2。命令用法如下：

```
$ sudo e2label /dev/sdb1 new1
$ sudo tune2fs -L new2 /dev/sdb2
```

此外，通过 mkfs 或 mkfs. fstype 工具对分区进行格式化时，可以通过-L 选项为分区指定卷标。

下面的示例为在对分区/dev/sdb3 进行格式化时，指定文件系统卷标为 new3。使用如下命令之一：

```
$ sudo mkfs -t ext4 -L new3 /dev/sdb3
$ sudo mkfs.ext4 -L new3 /dev/sdb3
```

（2）查看卷标。使用 e2label 命令或 blkid 命令可以查看文件系统的卷标。其语法格式为：

```
e2label 设备名
blkid -s LABEL 设备名
```

下面的示例为分别使用 e2label 命令和 blkid 命令来查看/dev/sdb1 的卷标。命令用法及结果显示如下：

```
$ sudo e2label /dev/sdb1
new1
$ sudo blkid -s LABEL /dev/sdb1
/dev/sdb1: LABEL="new1"
```

2. UUID

UUID 是一个 128 位的字符串，通常显示为 32 位 16 进制数字，用四个连字符“-”连接。UUID 为系统中的磁盘设备提供唯一的标识符，通过 UUID 可以找到对应的磁盘分区。Ubuntu 系统在为分区创建 ext2、ext3、ext4 类型的文件系统时，会自动生成 UUID。对于频繁插拔的 USB 外部设备来说，UUID 尤为重要。

（1）查看 UUID。通过 blkid 命令可查看文件系统的 UUID。其语法格式为：

blkid -s UUID 设备名

下面的示例为查看已格式化分区/dev/sdb1 的 UUID。命令用法及结果显示如下：

```
$ sudo blkid -s UUID /dev/sdb1
/dev/sdb1: UUID="9bf4bfe2-929f-48b1-85c7-dd1eeda488e3"
```

（2）设置 UUID。通过命令 tune2fs 可以为指定的磁盘设备设置 UUID。其语法格式为：

tune2fs -U UUID 号　设备名
tune2fs -U random　设备名
tune2fs -U clear　设备名

为磁盘设备设置指定的 UUID（第一种格式），为磁盘设备随机产生一个 UUID（第二种格式），清除指定磁盘设备的 UUID（第三种格式）。下面举例介绍 tune2fs 命令的使用方法。

为设备/dev/sdb1 设置指定的 UUID。命令用法如下：

```
$ sudo tune2fs -U 892797d5-ba3f-4f4d-8899-652c24a83bbc /dev/sdb1
```

为设备/dev/sdb1 随机产生一个 UUID，并查看新的 UUID 值。命令用法及结果显示如下：

```
$ sudo tune2fs -U random /dev/sdb1
$ sudo blkid -s UUID /dev/sdb1
/dev/sdb1: UUID="99ed5363-cf16-4e4f-84d4-a692dbcb4353"
```

清除设备/dev/sdb1 的 UUID。命令用法如下：

```
$ sudo tune2fs -U clear /dev/sdb1
```

6.3.4 文件系统的挂载

磁盘分区在创建文件系统后，还需将其挂接到 Linux 的某个目录下才能实现对分区的访问，这个过程称为挂载（Mount）。文件系统挂载到的目录称为挂载点，挂载点为进入该分区的入口点。

1. 手动挂载

通过 mount 命令可将文件系统手动挂载到指定的挂载点。其语法格式为：

mount [选项] 源 目录

mount 常用选项如表 6-5 所示。

表 6-5　mount 常用选项

选项	说明
-a, --all	挂载/etc/fstab 中的所有文件系统
-n, --no-mtab	挂载时不会将挂载信息写入/etc/mtab
-o, --options	指定挂载选项列表（常见选项见表 6-6），以英文逗号分隔
-t, --types	指定要挂载的文件系统类型。若不指定，mount 命令会自动检测磁盘设备的文件系统

表 6-6　-o 可指定的挂载选项

选项	说明
auto/noauto	当执行 mount -a 时,文件系统是否会开机自动挂载,默认为 auto
async/sync	设置磁盘是否以异步方式运行,默认为 async
user/nouser	是否允许任何用户都可以挂载,从安全角度考虑,应设置为 nouser,即只有 root 用户可以挂载
atime/noatime	是否修改文件的读取时间。考虑到性能,某些情况可使用 notime
ro/rw	文件系统是只读的,还是可读可写
suid/nosuid	是否允许文件系统含有 suid/sgid 的文件格式
exec/noexec	是否允许文件系统上含有可执行二进制文件
dev/nodev	是否允许文件系统可建立设备文件
defaults	默认值为 auto、async、nouser、rw、suid、exec、dev

源用来指定要挂载的文件系统,可以通过如下几种方法来指出:

①通过-L/--label 选项指出卷标名,或 LABEL=<卷标名>。

②通过-U/--uuid 选项指出 UUID,或 UUID=<UUID 号>。

③通过设备名指定。

目录用来指定挂载点。mount 命令不会自动创建挂载目录,如果挂载点不存在,需要先创建该目录。Ubuntu 中提供三个默认的挂载点:/mnt、/media、/cdrom,一般将外部存储设备挂载到/media 目录下,光盘挂载到/cdrom 目录下,/mnt 为临时挂载点。建议使用系统提供的默认挂载点。

下面示例为将文件系统/dev/sdb1 挂载到/mnt/test 目录下。命令用法如下:

```
$ sudo mkdir /mnt/test
$ sudo mount /dev/sdb1 /mnt/test
```

Ubuntu 使用/etc/mtab 文件来记录当前已挂载的文件系统信息。因此,磁盘挂载后,默认情况下,会将挂载信息写入/etc/mtab 文件中。只有执行带有-n 选项的 mount 命令时,才不会将挂载信息写入/etc/mtab 文件。

执行不带任何选项和参数的 mount 命令,将输出/etc/mtab 文件的内容。文件中的一行表示一个文件系统的挂载信息,由于该命令输出的结果较多,下面只列出了部分结果。

```
$ mount
sysfs on /sys type sysfs(rw,nosuid,nodev,noexec,relatime)
proc on /proc type proc(rw,nosuid,nodev,noexec,relatime)
devpts on /dev/pts type devpts(rw,nosuid,noexec,relatime,gid=5,mode=620,ptmxmode=000)
tmpfs on /run type tmpfs(rw,nosuid,nodev,noexec,relatime,size=202292k,mode=755,inode64)
/dev/sda3 on / type ext4(rw,relatime,errors=remount-ro)
```

文件系统挂载完成后,可执行"mount | grep 文件系统"命令来查看文件系统的挂载情况,从而判断是否成功挂载。下面示例为查看文件系统/dev/sdb1 是否成功挂载到/mnt/test。命令用法及结果显示如下:

```
$ mount | grep /dev/sdb1
/dev/sdb1 on /mnt/test type ext4(rw,relatime)        #表明文件系统成功挂载
```

手动挂载的文件系统在系统重启后需要重新挂载。因此,对于要长期使用的文件系统,建议在系统启动时能自动进行挂载。

2. 自动挂载

自动挂载,即在系统开机时自动挂载文件系统。

Ubuntu 使用/etc/fstab(file system table,文件系统数据表)来记录文件系统的配置信息,系统启动时会自动读取/etc/fstab 文件的内容,从而获知磁盘有哪些文件系统需要挂载,并将其进行挂载。因此,将需要自动挂载的文件系统和挂载点信息写入/etc/fstab 文件中,即可实现自动挂载。

以下示例为查看/etc/fstab 文件内容。命令及结果显示如下:

```
$ cat /etc/fstab
# /etc/fstab: static file system information.
#省略了部分注释内容
# <file system>  <mount point>  <type>  <options>  <dump>  <pass>
# / was on /dev/sda3 during installation
UUID=a861646c-637b-4669-a2bc-7bb0d583daea / ext4 errors=remount-ro  0  1
# /boot/efi was on /dev/sda2 during installation
UUID=03A1-1794      /boot/efi      vfat     umask=0077      0      1
/swapfile           none           swap     sw              0      0
```

在/etc/fstab 文件中,以"#"开头的为注释行,其余每一行对应一个系统启动时自动挂载的文件系统信息,共有 6 个字段,表示的含义分别为:

<file system>:表示文件系统的 UUID,用来指代设备名。

<mount point>:表示文件系统的挂载点。

<type>:表示文件系统的类型。

<options>:指定文件系统的挂载选项,见表 6-6。

<dump>:表示是否需要备份该文件系统。0 表示不备份,1 表示备份。

<pass>:表示系统重启时,是否检查该文件系统,以及检查的次序。0 表示不检查该文件系统,非 0 的正整数表示检查文件系统,检查时按照该字段的值从小到大依次进行。若挂载点为根目录(/),则该字段要设置为 1。

将要自动挂载的文件系统信息按照如上格式写入/etc/fstab 文件中,即可实现自动挂载。要使/dev/sdb1 在每次开机时都能自动挂载到/mnt/test 目录下,需在/etc/fstab 文件中增加如下一行:

```
/dev/sdb1        /mnt/test       ext4     defaults        0       0
```

保存/etc/fstab 文件后,可重启系统或通过执行"sudo mount -a"命令查看是否能够自动挂载。

在挂载文件系统时,不建议将同一个文件系统重复挂载到不同的 Linux 目录下;不建议在同一个 Linux 目录下重复挂载多个文件系统;挂载点理论上要为空目录,因为挂载文件系

统后该挂载点下的内容会暂时消失。

6.3.5 文件系统的卸载

使用 umount 命令可卸载不再使用的文件系统。其语法格式为：

umount [选项] 设备名称

umount [选项] 挂载点

卸载指定名称的文件系统(第一种格式),卸载指定挂载点下的文件系统(第二种格式)。umount 常用选项如表 6-7 所示。

表 6-7 umount 常用选项

选项	说明
-a,--all	卸载/etc/fstab 中的所有文件系统
-n,--no-mtab	卸载时不会将相关信息写入/etc/mtab 文件中
-f,--force	强制卸载(遇到不响应的 NFS 系统时)
-R,--recursive	递归卸载目录及其子对象
-r,--read-only	若卸载失败,尝试以只读方式重新挂载

下面举例说明 umount 命令的用法。

卸载文件系统/dev/sdb1。命令用法如下：

```
$ sudo umount /dev/sdb1
```

卸载挂载点/mnt/test 下的文件系统。命令用法如下：

```
$ sudo umount /mnt/test
```

默认情况下,文件系统卸载时会动态更新/etc/mtab 文件。只有执行带有-n 选项的 umount 命令时,才不会更新/etc/mtab 文件。

执行卸载文件系统时需注意:正在使用的文件系统不能卸载,若工作目录为挂载点不能卸载。

下面示例为在挂载目录/mnt/test 下卸载文件系统,提示“文件系统正忙”。

```
$ cd /mnt/test
$ sudo umount /dev/sdb1
umount: /mnt/test: target is busy.
```

6.3.6 文件系统相关工具

1. df

df(Disk Filesystem Space Usage)用于查看文件系统的空间使用情况。其语法格式为：

df [选项] [文件]

若没有指定文件名,则输出当前挂载的所有文件系统的可用空间。否则,输出指定文件所在文件系统的使用情况。

df 常用选项如表 6－8 所示。

表 6－8 df 常用选项

选项	说明
-a,--all	查看全部文件系统的使用情况
-h,--human-readable	以方便阅读的方式显示大小
-T,--print-type	显示文件系统类型
-t,--type <类型>	显示指定类型的文件系统的信息
-x,--exclude-type <类型>	不显示指定类型的文件系统的信息

下面举例说明 df 命令的用法。

查看系统中已挂载文件系统的空间使用情况。命令用法及部分结果显示如下：

```
$ df -hT
文件系统     类型     大小     已用     可用     已用%     挂载点
tmpfs        tmpfs    197M     1.6M     195M     1%        /run
/dev/sda3    ext4     24G      14G      9.2G     60%       /
```

查看文件/etc/passwd 所在文件系统的空间使用情况。命令用法如下：

```
$ df /etc/passwd
```

2. du

du(Disk Usage)用于查看文件和目录的磁盘占用情况。其语法格式为：

du［选项］［文件］

若没有指定文件名，则输出当前工作目录的磁盘占用情况。否则，输出指定文件所占用的磁盘情况。

du 常用选项如表 6－9 所示。

表 6－9 du 常用选项

选项	说明
-a,--all	列出所有文件(包含隐藏文件)和目录的磁盘用量
-h,--human-readable	以方便阅读的方式显示大小
-s,--summarize	仅显示总使用量

下面举例说明 du 命令的用法。

输出当前工作目录的磁盘占用情况。命令用法及结果显示如下：

```
$ du -sh
115M    .
```

输出文件/etc/passwd 的占用情况。命令用法及结果显示如下：

```
$ du -sh /etc/passwd
```

4. 0K /etc/passwd

3. dd

dd 命令用于复制文件,并且支持在复制文件的过程中进行指定的转换和格式化。其语法格式为:

dd [参数]

若没有指定参数,则从标准输入设备读取数据,将读取的数据再输出到标准输出设备。否则,从指定的输入文件读取数据,输出到指定的文件。

dd 常用参数如表 6-10 所示。

表 6-10　dd 常用参数

参数	说明
if=文件	从指定的文件输入,默认为标准输入
of=文件	写入指定文件,默认为标准输出
ibs=字节数	一次读取的字节数(默认为 512)
obs=字节数	一次写入的字节数(默认为 512)
bs=字节数	一次读取和写入的字节数,会覆盖 ibs 和 obs 的值
cbs=字节数	一次转换的字节数
count=N	只复制 N 个输入块
skip=块数	从输入文件的开头跳过指定的 ibs 大小的块后再开始复制
seek=块数	从输出文件的开头跳过指定的 obs 大小的块后再开始复制
conv=转换	按照以逗号分隔的符号列表指定的方式转换文件(常用的符号见表 6-11)

conv 参数的常用符号如表 6-11 所示。

表 6-11　conv 参数常用符号

符号	说明
lcase	将大写字符转换为小写
ucase	将小写字符转换为大写
ascii	将 EBCDIC 码转换为 ASCII 码
ebcdic	将 ASCII 码转换为 EBCDIC 码
noerror	发生读取错误后仍然继续

下面举例说明 dd 命令的用法。

将/dev/sdb 整盘备份到/dev/sdc。命令用法如下:

```
$ dd if=/dev/sdb of=/dev/sdc
```

将当前路径下的 file1 文件中的所有英文字母转换为大写,并保存为 file2 文件。命令用法如下:

```
$ dd if=file1 of=file2 conv=ucase
```

复制光盘数据到 cdrom. iso 文件。命令用法如下：

```
$ dd if=/dev/cdrom of=cdrom.iso
```

知识窗

本章小结

磁盘作为数据存储的重要载体，在 Linux 操作系统中扮演着十分重要的角色。磁盘使用之前，必须先分区，再建立文件系统，才能够存储数据。本章就 Ubuntu 操作系统中常用的磁盘分区管理命令 fdisk、分区格式化命令 mkfs 以及磁盘的挂载命令 mount、磁盘卸载命令 umount、文件系统常用工具等进行了介绍。

课后习题

1. 简述 Linux 磁盘设备的命名规则。
2. 简述 MBR 和 GPT 的区别。
3. 简述 Linux 磁盘分区的命名规则。
4. 使用命令行工具创建一个磁盘分区，建立文件系统，并将它挂载到某目录下。
5. 简述如何自动挂载文件系统。

第 7 章　软件管理

本章主要介绍 Ubuntu 操作系统中主流的几种软件安装方式，包括 Deb 软件包管理、APT 工具、源代码安装、Ubuntu 软件中心以及新立得软件包管理器。

7.1　Deb 软件包管理

软件包即软件安装包，是应用程序、配置文件以及数据等支持文件的集合。源代码经过编译之后生成的软件包即二进制包。二进制包的优缺点如下：

1. 优点

(1) 包管理系统简单，只通过几个命令就可以实现包的安装、升级、查询和卸载。

(2) 安装速度比源代码快。

2. 缺点

(1) 经过编译，无法看到软件源代码。

(2) 功能选择不如源代码包灵活。

(3) 存在软件依赖性。

软件依赖性是指当用户去安装某个软件时，系统提示缺少其他的软件或者文件。即某个软件能否正常运行，依赖于其他一些软件。

软件包中的可执行文件已经由软件发布者进行编译，用户只需使用相应的软件包管理器来执行软件的安装、卸载、升级和查询等操作即可。这种预编译的软件包重在考虑通用性，不会针对某个硬件平台优化，因此软件运行的性能没有源代码安装方式好。

目前主流的软件包格式有两种：rpm 和 deb。Ubuntu 系统使用的是 deb 格式的软件包，在本章中也简写为 Deb 包，对应的软件包管理器是 dpkg。本节将详细介绍 Deb 软件包管理的相关知识。

7.1.1　Deb 包命名规范

Deb 包的文件名命名格式如下：

<软件包名>_<版本号>-<Debian 修订版本号>_<Debian 架构>. deb

上述规范的 Deb 包文件的命名方式包含了 Deb 包的软件包名、版本号、Debian 修订版本号、Debian 架构四部分信息。软件包名指的是当前软件的名称；版本号是上游开发者指定的版本号，版本号没有固定的标准，所以可能出现诸如“19990513”和“1. 3. 8pre1”之类迥异的格式；Debian 修订版本号由 Debian 开发者指定（如果用户自己构建软件包，则由用户指

定)，这一数字对应了 Debian 软件包的修订级别，一个新的修订级别通常意味着对该软件包相关文件的修改；Debian 架构给出了该软件包适合的处理器架构，常见的是 amd64。例如，nano_1.3.10-2_i386.deb，其中 nano 表示软件包名，1.3.10 表示版本号，2 表示修订版本号，i386 表示该软件适合的硬件平台，deb 表示软件包的类型。

7.1.2 dpkg 工具

dpkg 是最早的 Deb 包管理工具，可用于安装、编译、卸载和查询 Deb 软件包。dpkg 不能从镜像站获取软件包，主要用于对已经下载到本地和已安装的软件包进行管理。其用法如下：

dpkg 选项 [参数]

dpkg 常用操作如下：

1. 安装 Deb 软件包

命令用法如下：

```
$ sudo dpkg -i 软件包名
```

dpkg 在安装软件时，需要 root 权限。另外只能接受安装与主机架构匹配的软件包，主机架构可通过 dpkg --print-architecture 命令来获得。在安装过程中需要用户自行解决依赖问题。

所有已安装软件包的配置脚本都存放在目录/var/lib/dpkg/info/下，每个软件包的.conffiles 文件记录了软件包的配置文件列表。此目录的每个软件包还包括一个扩展名为.list 的文件，该文件列出了软件包包含哪些文件以及安装的位置。

/var/lib/dpkg/status 文件包含了一些数据块，描述了每个软件包的状态。已安装软件包的 control 文件中的信息也会被复制到这里。

2. 卸载 Deb 软件包

命令用法如下：

```
$ sudo dpkg -r 软件包名
```

该操作将删除软件包安装到系统中的文件，而不去删除软件包的配置文件.conffiles。这可以避免在以后安装包时重新配置它(.confffiles 是 DEBIAN/conffiles 控制文件中列出的配置文件)。

3. 清除已安装或已移除的 Deb 软件包

命令用法如下：

```
$ sudo dpkg -P 软件包名
```

该操作将删除所有内容，包括配置文件。

7.2 APT 工具

在 Linux 系统中，所有开发的软件包存放在 Internet 上的镜像站点中，用户可以选择合适的镜像站点作为软件源,然后利用 APT 工具完成对软件包的管理维护工作,包括从软件镜像站点获取相关软件包、安装升级软件包、自动检测软件包依赖关系等。APT 主要进行 Deb 包的管理,是位于 dpkg 上层的工具,用于从远程获取软件包并处理复杂的软件包关系。当软件包更新时,能自动管理关联文件和维护已有的配置文件。

APT 工具在进行软件管理的过程中,可以用命令行进行管理,也可以用图形化界面新立得软件包管理器进行管理,新立得软件包管理器将在 7.4 中详细介绍。

APT(Advanced Package Tool)是 Debian 及其衍生的 Linux 发行版的高级软件包管理工具。APT 采用集中式的软件仓库机制,将各式各样的软件分门别类地放在软件仓库之中,从而进行有效的组织和管理。APT 能够自动从服务器端的软件仓库下载软件,该过程需要保证联网。APT 会自动检测和修复软件包之间的依赖关系,一次安装所有依赖的软件包,相较于使用 dpkg 命令安装 Deb 软件包,该工具解决了用户进行软件安装时复杂的软件依赖难题。

使用 APT 工具安装、卸载、升级软件,实际上是通过调用底层的 dpkg 工具来完成的。

作为高级软件包管理工具,APT 主要具备以下 3 项功能:

(1)从 Internet 上的软件源下载最新的软件包元数据、二进制包或源代码包。软件包元数据就是软件包的索引和摘要信息文件。

(2)利用下载到本地的软件包元数据,完成软件包的搜索和系统更新。

(3)安装和卸载软件包时自动寻找最新版本,并自动解决软件的依赖关系。

7.2.1 配置 APT 源

软件可从第三方来源以及默认的 Ubuntu 软件仓库获得。如果想要安装来自第三方软件库中的软件,用户必须将其添加到 Ubuntu 的可用软件仓库列表中。Ubuntu 使用/etc/apt/sources. list. d 目录提供添加源的方法。一般添加源时,会添加到该目录下一个扩展名为 . list 的文件中,使用 ONE-LINE-STYLE 格式,每行指定一个源。

1. 添加第三方源

(1)通过左上角活动搜索栏或者左下角显示的应用程序打开“软件和更新”窗口。

(2)切换到“其他软件”标签页。

(3)单击“添加”,然后输入软件仓库的 APT 行。该行从软件库的网站获得,例如:

```
deb [arch=amd64] https://dl.google.com/linux/chrome/deb/ stable main
```

(4)单击“添加软件源”并在认证窗口输入密码。

(5)关闭“软件和更新”窗口,Ubuntu 软件和更新将会为新软件检查软件源。

2. 添加 PPA 源

个人软件包档案(PPA)是为 Ubuntu 用户设计的软件存储库,比第三方存储库更易于安装。PPA 通常用于分发预发布的软件,以便可以对其进行测试。第三方软件库未经过 Ubuntu 开发者检查,缺乏安全性和可靠性。

(1)访问 Ubuntu PPA 的网页,进入 Launchpad 页面,在页面右上方的导航框中,单击“Personal Package Archives”。在“Show PPAs matching”的搜索框中输入想要安装的软件名称,然后单击右侧的“Search”按钮,执行搜索。搜索完成后,单击进入此 PPA 的页面,查看并记住此 PPA 的位置。

（2）通过左上角“活动”搜索栏或者左下角的显示“应用程序”打开“软件和更新”窗口。

（3）切换到“其他软件”标签页。

（4）单击“添加”，输入 PPA 的位置。

（5）单击“添加软件源”并在认证窗口输入密码。

（6）关闭“软件和更新”窗口，Ubuntu 软件和更新将会为新软件检查软件源。

7.2.2 APT 基本用法

1. apt 命令

apt 命令是基于 APT 的软件包管理工具，第一个版本于 2014 年发布。命令格式如下：

apt ［选项］［参数］［包名］

apt 命令提供更新元数据、升级、安装软件包、移除软件包、清除软件包等功能。使用 apt 命令对软件包管理的基本操作如表 7－1 所示。

表 7－1 apt 软件包管理操作

apt 语法	说明
apt update	更新软件包档案库元数据
apt install foo	安装“foo”软件包的候选版本以及它的依赖
apt upgrade	安装已安装软件包的候选版本，并且不移除任何其他的软件包
apt full-upgrade	安装已安装软件包的候选版本，并且需要的话会移除其他的软件包
apt remove foo	移除“foo”软件包，但保留配置文件
apt autoremove	移除不再需要的、自动安装的软件包
apt purge foo	清除“foo”软件包的配置文件
apt show foo	显示“foo”软件包的详细信息
apt search 正则表达式	搜索匹配正则表达式的软件包

apt 命令是用户友好的。它被设计为针对终端用户交互的界面，默认启用了某些适合交互式使用的选项。例如，APT 工具在用户使用 apt install 命令安装软件包时提供了下载百分比。在成功安装下载的软件包后，APT 将默认删除缓存的 .deb 软件包。

2. APT 安装软件包的步骤（以 python3-editor 为例）

（1）首先，更新软件源以获取最新的软件包信息。可以使用如下命令来更新软件源：

```
$ sudo apt update
```

（2）通过如下命令来搜索想要安装的软件包的完整名称。

```
$ apt search python3-editor
正在排序... 完成
全文搜索... 完成
python3-editor/jammy,jammy 1.0.3-3 all
programmatically open an editor,capture the result - Python 3.x
python3-editorconfig/jammy,jammy 0.12.2-2.1 all
library for working with EditorConfig — Python 3
```

（3）安装软件包，命令如下：

```
$ sudo apt install python3-editor
下列【新】软件包将被安装：
  python3-distutils python3-editor
需要下载 144kB 的归档。
解压缩后会消耗 797kB 的额外空间。
您希望继续执行吗？［Y/n］y
已下载 144kB，耗时 4 秒(36.8 kB/s)
准备解 .../python3-editor_1.0.3-3_all.deb...
正在解压 python3-editor(1.0.3-3)...
正在设置 python3-editor(1.0.3-3)...
```

在安装过程中，APT 将显示软件包的相关信息，包括将占用的磁盘空间和其他依赖关系。输入 y 或 Y 确认安装。

7.3 源代码安装

源代码包指的是开发人员按照特定的语法和格式编写好的程序源代码。源代码包中一般包含程序源代码文件、配置文件、安装使用说明（INSTALL、HOWTO、README）。所有人都可以通过源代码文件查看该软件的实现方法，但是在具体安装的时候，需要将源代码通过编译转为计算机可执行的文件，才能进行安装。源代码包在安装的过程中具有如下优缺点：

1. 优点

（1）开源，如果有足够的能力，可以修改源代码。

（2）可以自由选择所需的功能。

（3）软件是编译安装，所以更加适合自己的系统，更加稳定，效率也更高。

（4）卸载方便（直接删除安装目录即可，基本上没有残余文件）。

2. 缺点

（1）安装过程步骤较多，尤其当安装较大的软件集合时，容易出现拼写错误。

（2）编译过程时间较长，所以源代码包安装比二进制安装时间长。

（3）因为是编译安装，所以安装过程中一旦报错新手很难解决。

7.3.1 安装步骤

1. 解压缩

源代码包通常是以 .tar.gz、.tar.bz2 或 .tar.xz 为后缀的压缩包格式发布，下载好的源代码包需要先进行解压缩，上述三种压缩格式的软件源代码包文件都可以使用如下命令进行解压缩：

```
tar -xf 源代码包文件
```

一般将源代码包复制到主目录再进行解压缩，这样访问权限不会受太多影响。

2. 查阅帮助文档

源代码包解压缩后,通常会生成一个目录。该目录的名称与源代码包文件名相同,其内部包含一些目录和文件。其中,文件名为 INSTALL 的是软件安装指南;文件名为 README 的是软件说明文档,包括了对软件的描述及注意事项。

用户需要认真阅读 INSTALL、README 文档和目录中其他的帮助文档,来了解软件的基本信息、安装步骤、安装注意事项等内容。阅读帮助文档时,尤其需要注意软件安装需要的编译工具和软件依赖信息。安装的基本步骤:先进行配置生成 Makefile 文件,然后进行编译,最后安装。

3. 执行 configure 脚本生成 Makefile

解压后的目录中包含一个名为 configure 的文本文件,该文件是一个 Shell 脚本。该脚本会测试编译期间使用的各种系统的相关变量值是否正确,并且使用这些值在软件包的目录中创建一个 Makefile 文件。Makefile 文件用来指示 make 命令如何编译源代码以及如何处理安装或卸载软件等。

生成 Makefile 文件需要执行如下命令:

```
$ ./configure
```

configure 会提供若干选项,不同源代码包中的 configure 命令选项不完全相同,具体可以通过执行命令 ./configure -help 来查看帮助。

4. 编译和安装

make 命令语法格式为:

make [选项] [参数]

make 命令会根据当前工作目录下 Makefile 文件中的定义,在目标/动作依赖满足的情况下,运行其后设置的一些命令。在目标缺省的情况下,默认执行第一个目标/动作。编译命令如下:

```
$ make
```

编译完成后进行安装。命令如下:

```
$ make install
```

5. 源代码包卸载

源代码包的卸载,只需要找到软件的安装位置,直接删除所在目录即可,不会遗留任何垃圾文件。需要读者注意的是,在删除软件之前,应先将软件停止运行。也可以使用 make uninstall 命令进行卸载。

7.3.2 安装示例

在本小节中,将通过源代码包安装方式安装 Web 服务器 Apache。Apache 是一款由 Apache 基金会提供的开放源代码的 Web 服务器软件,由于其跨平台和安全性高等特点被广泛使用。

1. 下载源代码包

可以在 Ubuntu 桌面中打开火狐浏览器,输入 Apache 的下载地址,单击 gsl-1.1.tar.gz 将自动下载到浏览器默认的下载位置,也可以使用如下命令下载 Apache 压缩包到当前工作目录。

```
$ wget https://archive.apache.org/dist/httpd/httpd-2.4.48.tar.gz
```

2. 解压缩源代码包

通过 tar 命令进行解压缩,命令如下:

```
$ tar -zxvf httpd-2.4.48.tar.gz
```

3. 切换工作目录

为了方便后续配置、编译、安装等操作,需要对当前工作目录进行切换,切换命令如下:

```
$ cd httpd-2.4.48
```

4. 执行 configure 脚本

命令如下:

```
$ ./configure --prefix=/usr/local/httpd --with-pcre=/usr/local/pcre --with-apr=/usr/local/apr --with-apr-util=/usr/local/apr-util
configure:
configure:Configuring Apache Portable Runtime library...
configure:
checking for APR... no
configure:error:APR not found. Plaese read the documentation.
```

这说明缺少 APR 依赖包,需要去官网下载安装。安装 APR 的命令如下:

```
$ tar -zxf apr-1.6.5.tar.gz
$ cd apr-1.6.5
$ ./configure --prefix=/usr/local/apr
$ make
$ sudo make install
```

依次输入命令,等待完成即可。

此外,还需要安装 apr-util 依赖包。安装命令如下:

```
$ tar -zxf apr-util-1.6.3.tar.gz
$ cd apr-util-1.6.3
$ ./configure --prefix=/usr/local/apr-util -with-apr=/usr/local/apr/bin/apr-1-config
$ make
xml/apr_xml.c:35:10: fatal error: expat.h: 没有那个文件或目录
  35 | #include <expat.h>
compilation terminated.
make[1]: *** [/home/linux/apr-util-1.6.3/build/rules.mk:206:xml/apr_xml.lo] 错误 1
```

若在编译的过程中提示如上信息,这是由于缺少 expat 包,因此需要先安装 expat 包,可以直接使用 APT 工具进行安装,命令如下:

```
$ sudo apt install libexpatl-dev
```

接着重新执行编译命令,并安装 apr-util 依赖包,命令如下:

```
$ make
$ sudo make install
```

另外,还需要安装 pcre 依赖包,具体安装命令如下:

```
$ tar -zxf pcre-8.42.tar.gz
$ cd /root/pcre-8.42
$ ./configure --prefix=/usr/local/pcre --with-apr=/usr/local/apr/bin
/apr-1-config
$ make
$ sudo make install
```

所有依赖包安装完成后,切换到 httpd-2.4.48 目录,重新执行 configure 脚本,然后进行编译和安装。

5. 编译

命令如下:

```
$ make
```

6. 安装

命令如下:

```
$ sudo make install
```

7. 安装成功验证

命令如下:

```
$ /usr/local/httpd/bin/apachectl -v
Server version: Apache/2.4.48(Unix)
Server built:   Aug 22 2023 15:23:12
```

这表明 Apache 服务器已经安装成功。

8. 启动 Apache 服务器

```
$ sudo /usr/local/httpd/bin/apachectl start
```

用户可以通过在浏览器中输入服务器的 IP 地址或 http://localhost 来访问 Apache。通过浏览器访问 Apache 服务器时,若出现如图 7-1 所示界面,则表明 Apache 服务器正常启动。

如果在启动 Apache 时报错,则可能是由于 80 端口被占用,截取部分错误描述如下:

```
Address already in use: AH00072: make_sock: could not bind to address [::]:80
Address already in use: AH00072: make_sock: could not bind to address 0.0.0.0:80
no listening sockets available, shutting down
AH00015: Unable to open logs
```

此时,可通过以下命令查看该端口是否被占用:

```
$ sudo lsof -i :80
```

如果被占用,则可通过以下命令解除占用:

```
$ sudo kill -9 61468 61469    #61468、61469 为当前 httpd 进程 ID 值
```

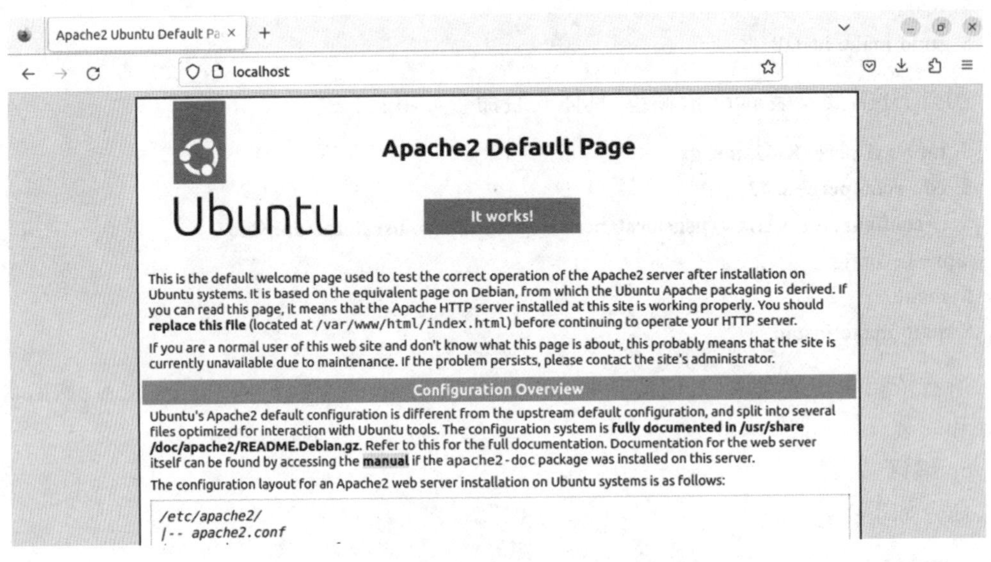

图 7-1　浏览器访问 Apache 的结果

7.4　其他安装方式

前文中介绍的 dpkg 工具、apt 工具以及源代码包的安装均以命令行的方式对软件进行管理，接下来将介绍 Ubuntu 系统中两种图形化界面的软件包管理器。

7.4.1　Ubuntu 软件中心

Ubuntu 软件中心会自动从 Ubuntu 官方仓库软件源中下载和安装软件。在 Ubuntu 桌面 Dash 面板中单击可以进入 Ubuntu 软件中心，也可以单击按钮搜索 Ubuntu Software。启动后初始界面如图 7-2 所示。

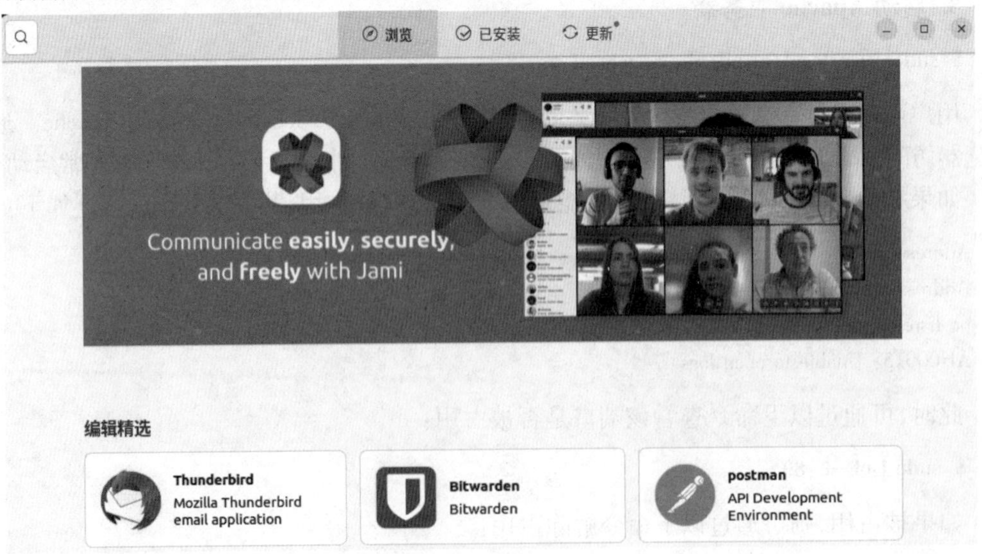

图 7-2　Ubuntu 软件中心

用户可以直接在搜索框输入自己想要安装的软件,这里以 Emacs 为例进行搜索,结果如图 7-3 所示。

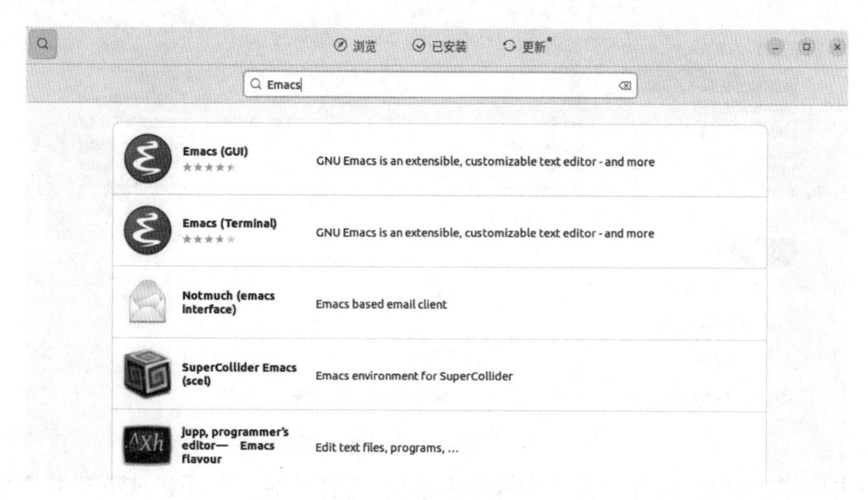

图 7-3　搜索结果

单击想要安装的软件包,即可进入该软件包的详细信息显示界面。确认无误后,单击“安装”按钮,弹出如图 7-4 所示的认证窗口,输入密码后开始安装软件。

图 7-4　认证窗口

Ubuntu 软件中心也可以查看当前已经安装的软件、可更新的软件,也可以通过“卸载”按钮直接卸载软件,使用方便快捷,简单直观。

7.4.2　新立得软件包管理器

新立得软件包管理器(Synaptic Package Manager)是一种图形化的软件包管理工具。它的功能较 Ubuntu 软件中心更为强大,可以完成 Ubuntu 软件中心无法完成的一些软件包管理任务。它和 apt 命令本质上一样,所以两者不能同时使用。Ubuntu 系统默认没有安装 Synaptic,可以使用软件中心安装,也可以使用命令 sudo apt install synaptic 进行安装。

(1)新立得包管理器的主界面如图 7-5 所示。

(2)新立得安装软件的步骤。

①从左侧 Dash 面板中打开显示应用程序,如图 7-6 所示,然后单击搜索,输入 synaptic,搜索结果如图 7-7 所示。单击新立得软件包管理器,进入管理界面。用户需要在认证窗口中输入用户密码,如图 7-8 所示。

②打开新立得后单击搜索,搜索应用程序,也可以单击组别、浏览类别来查找。

③右键单击想要安装的应用程序,选择标记以便安装。

④如果询问是否要标记其他更改,单击标记。

图 7－5　新立得包管理器主界面

⑤单击应用，然后在出现的窗口中再单击应用，选择的应用程序将被下载并安装。

知识窗

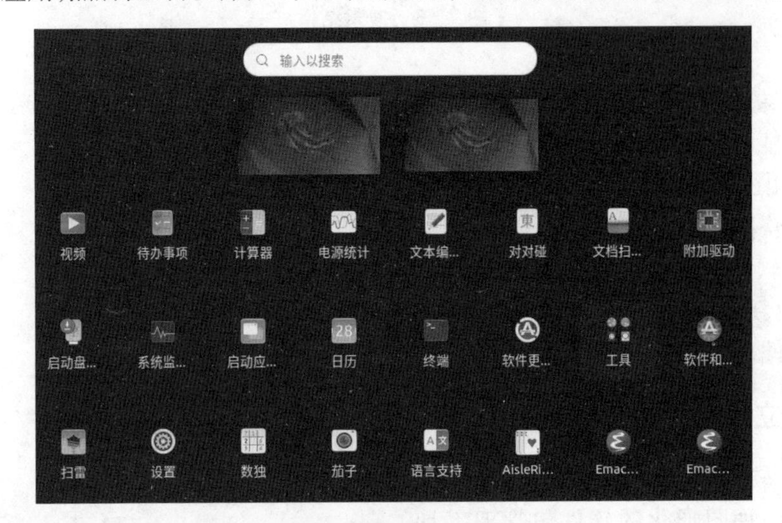

图 7－6　在显示应用程序中进行搜索

图 7－7　搜索结果

图 7－8　进入时需要用户认证

本章小结

本章首先介绍了 Ubuntu 系统中软件包的命名格式,然后介绍了 dpkg 工具、apt 工具、源代码包安装等命令行方式进行软件管理,最后介绍了图形化软件管理工具 Ubuntu 软件中心和新立得软件包管理器。

课后习题

1. Ubuntu 操作系统下的软件包格式是什么?用什么样的工具进行管理?
2. Ubuntu 操作系统下软件安装的主要方式有哪些?
3. 简述用源代码方式进行软件安装的步骤。
4. 练习使用 apt 命令安装搜狗输入法。
5. 练习使用源代码方式进行 Apache 服务器的安装。

第 8 章 系统高级管理

本章将从进程管理、任务调度管理、网络管理及系统日志管理 4 个方面，介绍 Ubuntu 的一些高级管理。

8.1 进程管理

进程是指正在运行的程序实例，它是操作系统进行资源分配的基本单位。Linux 系统是一个典型的多进程操作系统，为了更好地管理系统，管理员需要经常查看系统运行的进程，了解进程的类型与特性，为进程设置优先级，启动需要的进程，挂起暂时不用的进程，结束异常的和不需要的进程，让系统更加稳定地运行。

8.1.1 进程的分类

进程可以根据不同的特征和用途进行分类。以下是一些常见的进程分类：

1. 父进程与子进程

知识窗

在 Linux 系统中，允许一个进程创建另一个进程，通常把创建进程的进程称为父进程，而把被创建的进程称为子进程。子进程可继续创建其他进程，由此便形成了一个进程层次结构。子进程可以继承父进程所拥有的资源，同时也拥有自己的运行环境。当子进程被撤销时，应将其从父进程那里获得的资源归还给父进程。此外，在撤销父进程时，也必须同时撤销其所有的子进程。

2. 前台进程与后台进程

前台进程(Foreground Process)是指正在当前终端执行的进程，它们可以同用户进行交互。通常情况下，用户在终端输入的指令都是前台进程。比如在 Shell 终端输入 vi filename，将在终端打开 filename 文件。此时，vi 编辑器会占据终端，只有用户保存退出才可以回到终端继续输入命令。这个在终端启动的 vi 进程就是前台进程。

同前台进程对应，后台运行的进程叫作后台进程(Background Process)或者后台任务，它不直接和用户交互，也不占用终端的运行，因此用户一般感觉不到后台进程的运行。

3. 交互进程、批处理进程和守护进程

关于进程的分类，更普遍的分类方法是根据进程的服务类型将进程分为交互进程、批处理进程和守护进程三类。

(1)交互进程。指在 Shell 下通过执行程序所产生的进程。一般运行在前台，此类进程有大量的人机交互，进程需不断地处于休眠状态，等待用户输入。当然用户也可以根据需要在 Shell 下将进程运行在后台，使其变为后台进程。

(2)批处理进程。是一个进程集合,负责按顺序启动其他进程,可以简单理解为该进程能够批量处理其他进程。

(3)守护进程。英文名称为 Daemon,又称监控进程。是指那些总是在后台活跃运行等待用户或其他应用程序调用的进程。它们没有控制终端,因此守护进程属于后台进程,但后台进程不全是守护进程。守护进程通常可以随着操作系统的启动而运行,也可将其称为服务(Service)。通常服务名称首字母要大写,而守护进程的名称全小写,且会加上字符 d 作为后缀。守护进程是服务的具体实现,例如 httpd 是 Http 服务的守护进程,crond 是 Cron 服务的守护进程。

8.1.2 进程的查看

用户要对进程进行监测和控制,就需要查看进程相关信息。查看方式有图形界面和命令行两种方式。

1. 图形界面查看进程

单击桌面左下角的显示应用程序找到系统监视器。打开系统监视器后,可以看到如图 8-1所示结果,其中列出了所有进程的相关信息。

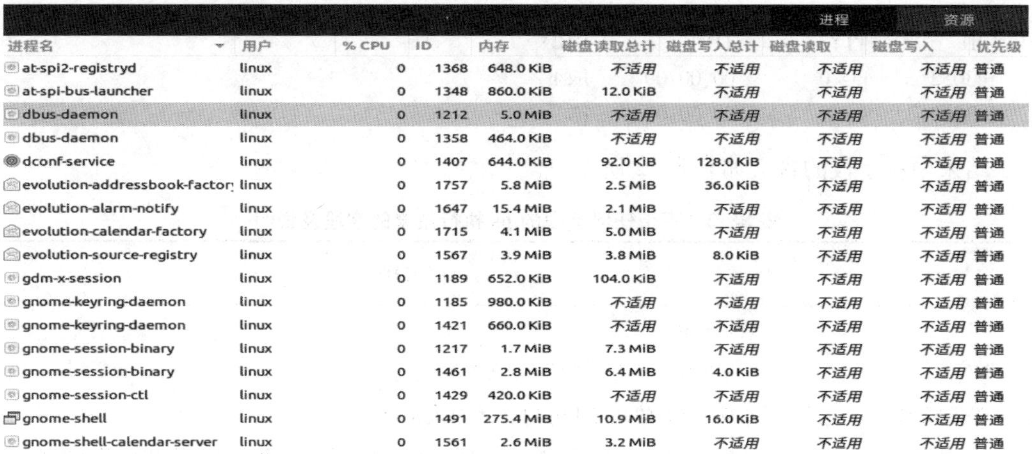

进程　资源

进程名	用户	% CPU	ID	内存	磁盘读取总计	磁盘写入总计	磁盘读取	磁盘写入	优先级
at-spi2-registryd	linux	0	1368	648.0 KiB	不适用	不适用	不适用	不适用	普通
at-spi-bus-launcher	linux	0	1348	860.0 KiB	12.0 KiB	不适用	不适用	不适用	普通
dbus-daemon	linux	0	1212	5.0 MiB	不适用	不适用	不适用	不适用	普通
dbus-daemon	linux	0	1358	464.0 KiB	不适用	不适用	不适用	不适用	普通
dconf-service	linux	0	1407	644.0 KiB	92.0 KiB	128.0 KiB	不适用	不适用	普通
evolution-addressbook-factor	linux	0	1757	5.8 MiB	2.5 MiB	36.0 KiB	不适用	不适用	普通
evolution-alarm-notify	linux	0	1647	15.4 MiB	2.1 MiB	不适用	不适用	不适用	普通
evolution-calendar-factory	linux	0	1715	4.1 MiB	5.0 MiB	不适用	不适用	不适用	普通
evolution-source-registry	linux	0	1567	3.9 MiB	3.8 MiB	8.0 KiB	不适用	不适用	普通
gdm-x-session	linux	0	1189	652.0 KiB	104.0 KiB	不适用	不适用	不适用	普通
gnome-keyring-daemon	linux	0	1185	980.0 KiB	不适用	不适用	不适用	不适用	普通
gnome-keyring-daemon	linux	0	1421	660.0 KiB	不适用	不适用	不适用	不适用	普通
gnome-session-binary	linux	0	1217	1.7 MiB	7.3 MiB	不适用	不适用	不适用	普通
gnome-session-binary	linux	0	1461	2.8 MiB	6.4 MiB	4.0 KiB	不适用	不适用	普通
gnome-session-ctl	linux	0	1429	420.0 KiB	不适用	不适用	不适用	不适用	普通
gnome-shell	linux	0	1491	275.4 MiB	10.9 MiB	16.0 KiB	不适用	不适用	普通
gnome-shell-calendar-server	linux	0	1561	2.6 MiB	3.2 MiB	不适用	不适用	不适用	普通

图 8-1　进程信息

2. 命令行查看进程

进程的查看命令主要有 ps 命令和 top 命令。

(1)ps 命令。ps(Process Status)进程状态,用于显示本地系统运行的进程状态信息,其语法格式如下:

```
ps [选项]
```

ps 命令常用选项如表 8-1 所示。

表 8-1　ps 常用选项

选项	说明
-a	显示终端上的所有进程,包括其他用户的进程

（续）

选项	说明
-A	显示所有(all)进程,也可以使用-e
-e	显示所有(everything)进程,也可以使用-A
-f	显示具有更多列信息的列表
--forest	显示进程树
-l	显示每个进程的更多信息的长(long)列表
-r	只显示正在运行的进程
-u	增加显示运行进程的用户名、启动的时间、占用 CPU 和内存的百分数等其他信息
-x	显示没有控制终端的进程
-w	该选项可以将屏幕扩展,以便需要时显示更多的行。默认情况下,ps 将在屏幕的右端截断输出的行

不带任何选项的 ps 将显示终端控制的所有活跃进程的状态。命令用法如下：

```
$ ps
PID       TTY      TIME       CMD
143052    pts/0    00:00:00   bash
143060    pts/0    00:00:00   ps
```

结果中各字段的含义如表 8-2 所示。

表 8-2　不带任何选项的 ps 执行结果的字段及说明

字段名	说明
PID	进程的 ID 号
TTY	控制进程的终端名,“?”表示无控制台
TIME 或 TIME+	进程已运行的时间,用小时、分和秒来表示
CMD 或 COMMAND	调用进程的命令行,仅用一行来显示命令,长的命令可能会被截断,用户可以使用-w选项查看更多的命令行,该列总是显示在行的最后

从上述结果可以看出,ps 命令只列出了两个前台进程,分别是 Shell 进程本身,还有执行 ps 命令产生的进程。

为了查看更全面、更详细的进程信息,最常用的选项组合是 aux。如下所示：

```
$ ps -aux
USER  PID  %CPU  %MEM  VSZ     RSS    TTY  STAT  START  TIME  COMMAND
root  1    0.8   0.2   166732  12012  ?    Ss    20:00  0:01  /sbin/init sp
root  2    0.0   0.0   0       0      ?    S     20:00  0:00  [kthreadd]
root  3    0.0   0.0   0       0      ?    <     20:00  0:00  [rcu_gp]
root  4    0.0   0.0   0       0      ?    I<    20:00  0:00  [rcu_par_gp]
root  5    0.0   0.0   0       0      ?    I<    20:00  0:00  [slub_flushwq]
```

该命令可以输出系统中所有用户的前台和后台进程信息,包括进程的所有者信息、进程编号、资源占用情况、进程状态、开始时间、执行时间、程序名称与运行参数等。具体的字段说明如表 8-3 所示。

表 8-3　带选项的 ps 执行结果的字段及说明

字段名	说明
%CPU 或 C	进程运行时间占整个 CPU 的百分比
%MEM	进程使用物理内存的百分比
RSS	以 KB 为单位的进程所用物理内存(未被交换)量
VSZ 或 VIRT	以 KB 为单位的进程所用虚拟内存量
STIME 或 START	启动进程的日期或时间
STAT 或 S	表示进程的状态。使用下面的字符说明进程的状态:< 表示高优先级;N 表示低优先级;D 表示休眠状态但不能被中断;R 表示运行态;S 表示睡眠状态,等待某个事件的发生;s 表示包含子进程;+表示前台显示;I 表示进程是一个内核线程;Z 表示僵尸进程,该进程在终止前等待其子进程终止;l 表示多线程进程
USER 或 UID	进程所有者的用户名或 UID

为了查看进程间的父子关系,最常用的选项组合是 ef。命令用法及部分结果如下:

```
$ ps -ef
UID    PID   PPID  C   STIME   TTY   TIME       CMD
root   1     0     0   20:00   ?     00:00:01   /sbin/init splash
root   2     0     0   20:00   ?     00:00:00   [kthreadd]
root   3     2     0   20:00   ?     00:00:00   [rcu_gp]
root   4     2     0   20:00   ?     00:00:00   [rcu_par_gp]
root   5     2     0   20:00   ?     00:00:00   [slub_flushwq]
... 此处省略
root   630   1     0   20:01   ?     00:00:05   /usr/libexec/accounts-daemon
root   631   1     0   20:01   ?     00:00:00   /usr/sbin/acpid
```

结果中多了 PPID 这样一项表示父进程 ID。可以观察到 1 号进程是 init 进程,是所有用户态进程(如 630、631 进程)的父进程。2 号进程是守护进程 kthreadd,负责管理和创建其他内核线程(如 3、4、5 号线程,内核线程会出现在系统进程列表中,但是在 ps 的输出中,command 由方括号包围,以便与普通进程区分)。1、2 号进程又是 0 号进程的子进程,分别负责 Linux 系统的用户态和内核态。

单独使用 ps 命令时,显示系统中的进程数太多。因此在实际使用中,ps 常通过管道与 grep 或 less 配合使用,实现精准查找和分页显示。

(2)top 命令。top 命令用于动态显示当前系统状态(包括进程状态)的信息。top 与 ps 类似,但 ps 只能静态输出进程信息,而 top 可以周期性地刷新显示信息,以允许持续地观察本地系统的行为。基本用法为:

```
top [选项]
```

top 命令常用选项说明如表 8-4 所示。

表 8-4 top 常用选项

选项	说明
-d n	间隔 n 秒刷新
-p	查看具体 pid 的进程信息
-u	查看某个用户的进程信息
-s	top 命令在安全模式中运行,不能使用交互命令

在命令行中输入 top,部分运行结果如下:

```
$ top
top  - 22:10:00 up  2:09,  1 user,load average:0.03,0.05,0.01
任务:193 total,  2 running,  191 sleeping,  0 stopped,  0 zombie
%Cpu(s):10.1 us,  0.7 sy,  0.0 ni,89.2 id,  0.0 wa,  0.0 hi,  0.0 si,  0.0 st
MiB Mem:  3911.7 total,  1699.3 free,  848.8 used,  1363.6 buff/cache
MiB Swap:  2048.0 total,  2048.0 free,  0.0 used.  2787.2 avail Mem
进程号  USER   PR  NI  VIRT     RES     SHR     S  %CPU  %MEM  TIME+    COMMAND
1546    linux  20  0   4137628  426256  158992  S  9.0   10.6  1:34.97  gnome-shell
2113    linux  20  0   650908   70072   54456   S  2.0   1.7   0:15.28  gnome-terminal
```

该结果将独占前台,直到用户终止该程序为止。其中,top 显示的前 5 行信息概述了本地系统的状态,用户可以通过使用切换开关来打开或关闭对这些行的显示。第 1 行显示当前时间、登录系统的用户数及过去 1min、5min 和 15min 的平均负载(切换开关为 l)。第 2 行为当前运行的进程总数、休眠(Sleeping)的进程数、正在运行(Running)的进程数、没有父进程(Zombie)的进程数、停止(Stopped)的进程数(切换开关为 t)。接下来的 3 行分别显示 CPU(切换开关为 t)、内存(切换开关为 m)、交换区(切换开关为 m)的使用情况。其他行显示每个进程的状况,这些进程以 CPU 占用率降序排列。

该结果中的部分字段及其说明如表 8-5 所示。

表 8-5 top 执行结果的字段及说明

字段名	说明
RES	以 KB 为单位的进程所用物理内存(未被交换)量
SHR	以 KB 为单位的进程所用共享内存量
PR	进程的优先级值,默认为 20
NI	进程的优先级调整值,可以改变 PR 的值,较低的 Nice 值表示更高的优先级

top 在运行时,可通过交互方式改变其行为,如击 k 键可以终止进程,top 将提示用户输入进程的 PID 值或名称,击空格键可以立即刷新信息,击 q 键可以退出 top。

8.1.3 进程相关操作

关于进程的操作包括进程的启动、进程的挂起与恢复、进程的终止以及优先级管理。

1. 进程的启动

启动进程有两个主要途径,即手动启动和调度启动。

（1）手动启动。所谓手动启动进程，就是由用户在Shell命令行下输入要执行的程序来启动一个进程。其启动方式又分为前台启动和后台启动，默认为前台启动。例如在终端中输入firefox，将会打开火狐浏览器，此时火狐浏览器在前台运行，Shell无法继续运行和处理其他程序。

如果不想占用终端，想要后台启动一个进程，只需要在执行的命令后加一个"&"符号。例如，在终端输入firefox &，此时火狐浏览器进程在后台运行，Shell可以继续运行和处理其他程序。

无论是前台启动还是后台启动，Shell下启动的进程都是Shell进程的子进程，所以当关闭终端窗口时，子进程都会被关闭。为了避免这种情况发生，可以在后台启动的时候添加nohup命令。用法如下：

```
$ nohup firefox &
```

这样即使关闭了终端，火狐浏览器也不会退出。

（2）调度启动。调度启动是事先设置好程序要运行的时间，到了预定时间后，系统自动启动程序。调度启动主要依靠Cron、at和batch等自动化任务工具完成自动化任务配置，这些内容将在8.2中详细介绍。

2. 进程的挂起与恢复

进程的挂起就是将进程从内存放到外存，此时进程默认停止运行。通常将正在执行的一个或多个相关进程称为一个作业（Job）。一个作业可以包含一个或多个进程。在运行作业的过程中使用【Ctrl+Z】组合键可挂起当前的前台作业，将对应进程停止并转到外存。

进程的恢复就是将进程从外存放回内存，继续从中止处开始执行。如果要恢复进程执行，有两种选择，一种是用fg命令将挂起的作业放回前台执行；另一种是用bg命令将挂起的作业放到后台执行。

下面给出完整示例，并注释说明（"#"后内容为注释）。

```
$ firefox                #前台打开火狐浏览器
^Z                       #按下【Ctrl+Z】组合键
[2]+  已停止       firefox      #firefox程序停止，即挂起状态，作业号为2
$ fg 2                   #将挂起的2号作业放到前台运行
firefox                  #firefox程序已在前台启动
^Z                       #按下【Ctrl+Z】组合键
[2]+  已停止             firefox
$ bg 2                   #将挂起的2号作业放到后台运行
[2]+ firefox &           #firefox程序成功在后台运行，作业号为2
```

3. 进程的终止

进程一般有两种终止方式，分别为自行终止和强制终止。

（1）自行终止。有的进程执行完一段任务后，就自行退出了。比如上面的ps命令，它执行完查看进程信息的任务后，就会自动结束。有的进程需要用户手动结束。比如在Shell进程中运行exit命令后，该Shell进程就会退出。有部分进程是异常退出，如程序有个bug（比如代码里面有除0指令），该程序无法执行下去，也会终止。

（2）强制终止。当某些进程占用太多资源或者进程已经挂死，再或者一些异常进程无法自行终止时，就需要用户强行终止。当要强制终止一个前台进程时，用户可使用【Ctrl+C】组合键，但对于后台进程，一般需要使用 kill 或 killall 命令来强行终止。

①kill 命令。kill 命令通过向进程发送信号来终止进程。kill 的语法格式如下：

kill [-s] 进程号 …

s 为信号编号或名称，当未给出 s 选项时，kill 发送软中断信号（信号 15，SIGTERM）。用户可使用 kill -l 命令显示信号列表，常用的信号如表 8-6 所示。

表 8-6 常用信号

信号名称	信号编号	说明
SIGINT	2	由【Ctrl+C】键产生，用于请求进程终止
SIGKILL	9	无条件终止进程，不能被捕获或忽略
SIGTERM	15	请求进程正常终止
SIGTSTP	20	用于暂停（挂起）进程。当用户在终端中按下【Ctrl+Z】时，会发送 SIGTSTP 信号给前台运行的进程

如果软中断不能终止进程，用户可使用 kill -9 PID 终止进程，该方法适合于已经挂死而没有能力自动结束的进程。在使用 kill 终止进程时，应首先使用 ps 命令查看要终止进程的 PID，然后再使用 kill 将该进程终止。

②killall 命令。killall 的语法格式如下：

killall name

name 为要终止的进程名称。killall 使用进程的名称来终止进程，而 kill 使用进程的 PID 来终止进程。当使用 killall 终止进程时，可能将父进程和子进程一并终止，但使用 kill 可以只终止父进程中的某一个子进程。在实际操作中，用户应灵活使用 kill 或 killall。

4. 进程的优先级管理

每个进程都有一个优先级参数用于表示 CPU 占用的等级，优先级高的进程更容易获取 CPU 的使用权，更早地执行。进程优先级可以用 nice 值表示，范围一般为-20～19，-20 为最高优先级，19 为最低优先级，系统进程默认的优先级值为 0。

(1) nice 命令。命令 nice 可用于设置进程的优先级，用法如下：

nice [-n] [命令 [参数]…]

n 表示优先级值，默认值为 10；命令表示进程名，参数是该命令所带的参数。例如，以 19 优先级执行火狐浏览器的命令如下：

```
$ nice -19 firefox
```

以 19 优先级解压 xxx. tar 文件的命令如下：

```
$ nice -19 tar vxf xxx. tar
```

(2) renice 命令。命令 renice 用于调整进程的优先级，范围也是-20～19，基本用法如下：

renice[优先级][PID或进程组或用户名称或UID]

该命令可以修改指定进程号进程的优先级,或者修改某进程组下所有进程的优先级,还可以按照用户名或UID修改该用户所有进程的优先级。例如:

```
$ firefox &                    #后台启动火狐浏览器
[2] 14419                      #获取当前火狐浏览器的进程号为14419
[1] 已完成                     firefox
$ sudo renice -19 14419        #将该进程的优先级设置为-19
[sudo] linux 的密码:           #输入密码,renice命令需要sudo权限
14419(process ID) 旧优先级为0,新优先级为-19    #输出优先级修改成功信息
```

8.2 自动化任务配置

Linux系统中会有许多例行的或突发的任务,这些任务在特定条件下将自动运行,实际上是一种进程的调度启动,也称为自动化任务管理。自动化任务分为两种:一种是周期性任务,即重复执行的例行任务,一种是突发性任务,即只执行一次的任务。

8.2.1 周期性自动化任务配置

对于周期性的任务调度,可以使用Cron或anacron工具完成。周期性任务调度根据任务制定者可以分为两类:

系统级周期性任务:有些重要的工作必须周而复始地执行,如病毒扫描等。一般由系统自行设置,root用户也可以设置。

用户级周期性任务:个别用户可能希望执行某些程序,比如对mysql数据库的备份。一般由普通用户设置。

1. Cron

使用Cron既可以完成系统级周期性任务调度,也可以完成用户级周期性任务调度。

(1)使用Cron完成系统级周期性任务调度。Cron主要使用配置文件/etc/crontab和/etc/cron.d目录管理系统级周期性任务。

①使用配置文件/etc/crontab。在配置文件/etc/crontab中可以设置在什么时候执行什么任务。在终端输入命令sudo vi /etc/crontab,可以看到配置文件内容如下:

```
# /etc/crontab: system-wide crontab
... 此处省略
17 *   * * *   root   cd / && run-parts --report /etc/cron.hourly
25 6   * * *   root   test -x /usr/sbin/anacron ||(cd / && run-parts --report /etc/cron.daily)
47 6   * * 7   root   test -x /usr/sbin/anacron ||(cd / && run-parts --report /etc/cron.weekly)
52 6   1 * *   root   test -x /usr/sbin/anacron ||(cd / && run-parts --report /etc/cron.monthly)
```

该配置文件最后共有4行任务定义,每行格式为:

分钟(m)小时(h)日期(dom)月份(mon)星期(dow)用户身份(user)要执行的命令(command)

前5个字段用于表示计划时间,数字取值范围:分钟(0~59)、小时(0~24)、日期(1~

31)、月份(1~12)、星期(0~7,0或7代表星期日)。尤其要注意以下几个特殊符号的用途:星号“*”为通配符,表示取值范围中的任意值;连字符“-”表示数值区间;逗号“,”用于多个数值列表;正斜线“/”用来指定间隔频率。在某范围后面加上“/整数值”表示在该范围内每跳过该整数值执行一次任务。例如“*/3”或者“1-12/3”用在“月份”字段表示每3个月,“*/5”或者“0-59/5”用在“分钟”字段表示每5分钟。

第6个字段表示执行任务的用户,例如root。

最后1个字段是要执行的命令。Cron调用run-parts命令,定时运行相应目录下的所有脚本。在Ubuntu中,该命令对应的文件为/bin/run-parts,用于一次性运行整个目录的可执行程序。在上述配置文件内容中4项任务调度的作用说明如下:

第1项任务每小时执行1次,在每小时的17分时运行/etc/cron. hourly目录下的所有脚本。

第2项任务每天执行1次,在每天6时25分执行。

第3项任务每周执行1次,在每周第7天的6时47分执行。

第4项任务每月执行1次,在每月1日的6时52分执行。

第2、第3、第4项任务为判断anacron是否可执行,如果可以执行就通过anacron分别执行/etc/cron. daily、/etc/cron. weekly、/etc/cron. monthly中的脚本,如果anacron不可执行就通过/bin/run-parts直接执行。关于anacron将在后面详细介绍。

②在/etc/cron. d目录中定义个别性周期任务。/etc/crontab配置文件中有4个全局性任务,分别是每小时、每天、每周和每月,但其中的时间点只能有一个。当要增加全局性的计划任务时,一般不会直接修改/etc/crontab配置文件,而是需要用到/etc/cron. d目录。例如,增加一项定时的备份任务时,可以这样处理:在/etc/cron. d目录下新建自己的配置文件,文件名自定义,在其中添加和/etc/crontab格式类似的内容。例如,在每天5时20分执行自定义脚本,配置文件/etc/cron. d/crontest的内容如下:

```
#  m   h   dom   mon   dow   user   command
   20  5   *     *     *     root   /sbin/mon_zetc_logtar. sh
```

(2)使用Cron完成用户级周期性任务调度。上述配置是系统级的,只有root用户能够通过/etc/crontab文件和/etc/cron. d/目录来定制Cron任务调度。而普通用户只能使用crontab命令创建和维护自己的Cron配置文件。该命令的基本用法为:

crontab [-u 用户名] [-e | -l | -r]

其中各选项的说明如表8-7所示。

表8-7 crontab命令各选项说明

选项	说明
-u	指定要定义任务调度的用户名,没有此选项则为当前用户
-e	用于编辑用户的Cron调度文件
-l	用于显示Cron调度文件的内容
-r	用于删除用户的Cron调度文件

crontab 命令生成的 Cron 调度文件位于/var/spool/cron/crontabs 目录下，以用户账户名命名，本书中用户账户名为 linux，所以 crontab 命令生成的 Cron 调度文件就是/var/spool/cron/crontabs/linux。该文件中语法格式基本同/etc/crontab 文件，只是少了一个使用者身份字段。例如：

```
$ crontab -e
```

执行该命令后将进入配置文件/var/spool/cron/crontabs/linux 编辑界面，输入以下语句：

```
* * * * * echo "hello" >> /home/linux/bb.txt
```

保存配置文件，5 分钟之后查看/home/linux/bb.txt 的内容，结果如图 8－2 所示。

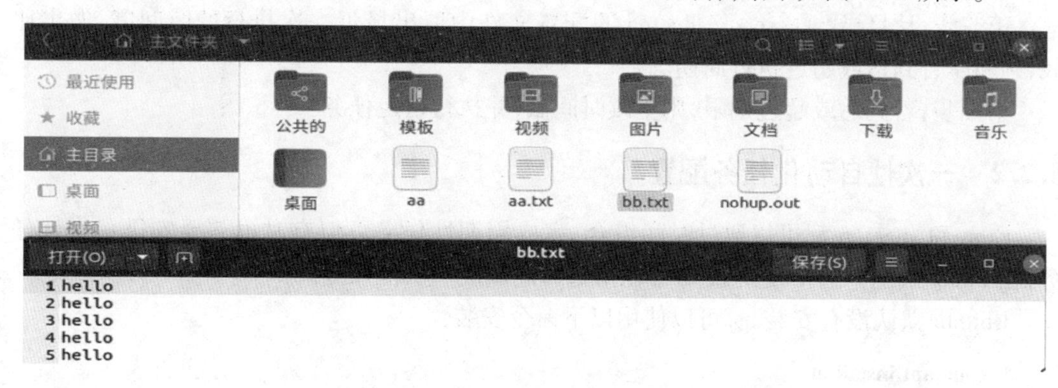

图 8－2　执行结果

Cron 每分钟都会检查/etc/crontab 文件、/etc/cron.d/目录和/var/spool/cron 目录中的变化。如果发现有变化，就将其载入内存。这样更改 Cron 调度配置后，不必重新启动 Cron 服务。

2. anacron

Cron 可以很好地完成周期性任务调度，但是当遇到停机问题时，不能定期运行 Cron 任务调度，可能会耽误本应执行的系统维护任务。使用 anacron 就可以解决这个问题。

anacron 并非 Cron 的替代品，而是 Cron 的补充，它能够扫除 Cron 存在的盲区。anacron 只是一个程序而非守护进程，可以在启动计算机时运行，也可以通过 Cron 服务运行。默认 anacron 每小时执行一次，anacron 会检测相关的任务调度有没有被执行，如果有超期未执行的任务，就直接执行，如果执行完毕或没有需要执行的任务时，anacron 就停止运行。

anacron 根据/etc/anacrontab 配置文件执行每天、每周和每月的任务调度。配置文件内容如下：

```
# /etc/anacrontab: configuration file for anacron
... 此处省略
1          5     cron.daily      run-parts --report /etc/cron.daily
7          10    cron.weekly     run-parts --report /etc/cron.weekly
@monthly   15    cron.monthly    run-parts --report /etc/cron.monthly
```

配置文件内容中最后 3 行设置了 3 个 anacron 任务，每个任务的定义包括 4 个字段，格式如下：

周期(天)　延迟时间(分钟)　任务标识　要执行的命令

第1个任务标识为cron. daily,每天执行一次;第2个任务标识为cron. weekly,每7天执行一次;第3个任务标识为cron. monthly,每月执行一次。第2列为任务延迟时间,以分钟为单位,比如在第1个任务中,当anacron启动后,等待5分钟才会执行。设置延迟时间是为了当anacron启动时不会因为执行很多anacron任务而导致过载。这三个任务和配置文件/etc/corontab中的第2、第3、第4项任务形成了对应。anacron不可以定义频率在一天以下的任务调度。

这里总结一下anacron的工作流程:

第一步:anacron开机时运行一次,每小时的整点会运行一次。

第二步:读取/etc/anacrontab配置并获取相应的执行周期。

第三步:从目录/var/spool/anacron的配置文件中取出最近一次执行的时间戳,做出比较,判断是否到达或超过执行周期。

第四步:若到达或超过期限,则更改时间戳,并执行指定任务。

8.2.2 一次性自动化任务配置

Cron和anacron都可以通过时间组合,完成周期性任务。但有时也需要安排一次性任务,在Linux系统中通常使用at命令在指定时间调度一次性任务。

Ubuntu默认没有安装at,可以使用以下命令安装:

```
$ sudo apt install at
```

安装完成后,at服务已经启动。下面给出一个简单的at配置示例,如下所示:

```
$ at now + 5minutes        #设置执行时间为5分钟后,该时间参数可以是某一具体日期或时刻
warning: commands will be executed using /bin/sh      #给出警告
at Fri Jul 28 00:53:00 2023              #给出执行时间,在当前时间基础上加5分钟
at> ls                                   #输入要执行的命令或脚本,回车换行
at> ps                                   #可指定多条命令,回车换行
at> <EOT>                                #结束编辑按【Ctrl+D】组合键退出
job 1 at Fri Jul 28 00:53:00 2023        #作业1将在指定时间执行
$ atq                                    #atq就是at query,查询未执行的at作业
1    Fri Jul 28 00:53:00 2023 a linux         #给出了作业详细信息,作业号为1
$ atrm 1                                 #atrm就是at remove,删除作业号为1的作业
$ atq                                    #再次查询是否有未执行的at作业,无任何结果
```

8.3 网络管理

Linux系统中提供了很多网络命令及与网络管理相关的配置文件。用户熟练掌握这些命令与配置文件对于在Linux系统中进行网络配置、解决系统中的网络故障及进行网络管理非常重要。

8.3.1 网络命令

网络管理相关的命令有很多,这里主要介绍ifconfig、hostname、ping、route 4个命令。在

执行网络命令之前，需要先安装网络工具包。执行命令如下：

```
$ sudo apt install net-tools
```

1. ifconfig

ifconfig 命令用于显示或配置网络接口信息。该命令的语法格式如下：

```
ifconfig [interface]                #显示网络接口信息
ifconfig interface [options]        #配置网络接口信息
```

interface 为网络接口设备。若 ifconfig 不带任何参数时，则显示系统中所有网络接口的信息；若指定网络接口设备时，则仅显示该网络接口的信息。

ifconfig 除了可以显示网络接口设备的信息外，还可以设置网络接口信息以及启用和禁用网络接口设备。ifconfig 常用选项如表 8－8 所示。

表 8－8　ifconfig 常用选项

选项	说明
add	配置指定网络接口设备的 IP 地址，一般要与 netmask 成对使用
del	删除指定网络接口设备的 IP 地址
netmask	配置指定网络接口设备的子网掩码，一般要与 add 成对使用
up	启用指定的网络接口设备
down	禁用指定的网络接口设备

查看系统中所有的网络接口信息，使用命令及执行结果如下：

```
$ ifconfig
enp0s3:flags=4163<UP,BROADCAST,RUNNING,MULTICAST>  mtu 1500  #描述接口的状态标志，接口已经打开，支持广播，正在工作，支持多播。每个数据分组的最大传输单元是 1500 字节。
    inet 10.0.2.15  netmask 255.255.255.0  broadcast 10.0.2.255  #显示网卡的 ip 地址，子网掩码，广播地址
    inet6 fe80::f415:1078:37d9:c8de  prefixlen 64  scopeid 0x20<link>
    ether 08:00:27:ff:bd:26  txqueuelen 1000  (以太网) #显示网卡的 MAC 地址
    RX packets 228  bytes 223052(223.0 KB)  #显示已接收数据包总数
    RX errors 0  dropped 0  overruns 0  frame 0  #显示数据包被丢弃或发生冲突等状况
    TX packets 263  bytes 22203(22.2 KB)  #显示已发送数据包总数
    TX errors 0  dropped 0 overruns 0  carrier 0  collisions
    lo:  flags=73<UP,LOOPBACK,RUNNING>  mtu 65536  #本地环路接口
    inet 127.0.0.1  netmask 255.0.0.0
    ... 此处省略
```

2. hostname

每台计算机都应该有个计算机名，用户可以使用 hostname 命令来获取和设置当前计算机的名字。如设置计算机的名称为 sxau，使用命令如下：

```
$ hostname sxau
```

在实际操作时，hostname 命令只作为查看当前计算机的名称使用，而不使用它设置计算

机的名称。因为 hostname 命令更改后只在当前会话有效,在系统重新启动后恢复为原始主机名。要使更改永久生效,需要修改/etc/hostname 文件并更新/etc/hosts 文件中对应的内容。

3. ping

ping 命令是最常用的网络测试命令,用户可以使用 ping 命令测试网络的连通性和网络的性能等。该命令通过向被测试的目的主机发送 ICMP 报文并接收应答报文来测试当前主机与目的主机的网络连接状况。在 Linux 系统中,ping 命令会默认不断地发送 ICMP 报文直到用户按【Ctrl+C】组合键为止。该命令的语法格式如下:

```
ping [-c count] destination
```

使用-c 参数可以指定发送 ICMP 的报文数。destination 为目的主机地址,目的主机地址可以是 IP 地址,也可以是域名。当目的主机地址为域名时,ping 会在几秒内回显域名所对应的 IP 地址。例如,向 www. baidu. com 主机发送 3 次 ICMP 报文。使用命令和执行结果如下:

```
$ ping -c 3 www.baidu.com
PING www.a.shifen.com(39.156.66.14) 56(84) bytes of data.
64 bytes from 39.156.66.14(39.156.66.14): icmp_seq=1 ttl=49 time=36.1 ms
64 bytes from 39.156.66.14(39.156.66.14): icmp_seq=2 ttl=49 time=28.9 ms
64 bytes from 39.156.66.14(39.156.66.14): icmp_seq=3 ttl=49 time=38.6 ms
--- www.a.shifen.com ping statistics ---
3 packets transmitted,3 received,0% packet loss,time 2004ms
rtt min/avg/max/mdev = 28.912/34.544/38.583/4.105 ms
```

从 ping 的执行结果可知,www. baidu. com 的 IP 地址为 39. 156. 66. 14,所用的最短、平均、最长和平均偏差时间为(28. 912/34. 544/38. 583/4. 105 ms)及 TTL 值为 49。其中,TTL 是生存时间,指这个 ICMP 报文在网络上存在多长时间。当数据包经过一个路由器后,TTL 的值就自动减 1,如果减到 0 还没有传送到目的主机上,则将该数据包丢弃。默认情况下,Linux 系统的 TTL 值为 64。由此可知,从本机到 www. baidu. com 共经过了 16 个路由器。

4. route

数据包在传输过程中,会经过路由到达目的地。路由指定了将数据包从源地址发送到目标地址的路径选择。用户的路由信息存放在/proc/net/route 文件中,该文件主要存储的是路由分配表。如想查看本机的路由信息,可使用不带任何参数的 route 命令。该命令的执行结果如下:

```
$ sudo route
内核 IP 路由表
目标          网关        子网掩码          标志   跃点   引用   使用   接口
default      _gateway    0.0.0.0          UG     100    0      0      enp0s3
10.0.2.0     0.0.0.0     255.255.255.0    U      100    0      0      enp0s3
link-local   0.0.0.0     255.255.0.0      U      1000   0      0      enp0s3
```

该路由表中列出了 3 条路由项,目的地分别为默认路由(default)、本地子网(10. 0. 2. 0)、链路本地(link-local)。可用的标志及其意义是:U 表示路由在启动,H 表示目的地是一台主机,G 表示使用网关。

route 命令除可以查看路由信息外,还可以设置路由。详细操作说明可以参阅 man 在线手册(运行命令 man route)。

8.3.2 网络相关配置文件

在 Linux 系统中,TCP/IP 网络通过若干个文本文件进行配置。用户可以通过编辑这些文件进行网络管理。系统中与网络管理相关的配置文件主要有/etc/netplan/01-network-manager-all.yaml、/etc/hosts、/etc/services、/etc/resolv.conf、/etc/host.conf 和/proc/sys/net/ipv4/ip_forward。下面对它们进行简单介绍。

1. /etc/netplan/01-network-manager-all.yaml

使用 ifconfig 命令配置网卡的 IP 地址、子网掩码信息后,若重新启动计算机,网卡的信息将丢失。为了保证永久生效,可以直接修改网卡的配置文件/etc/netplan/01-network-manager-all.yaml。

在该配置文件中,可以编写网卡名称、IP 地址、网关等信息,保存退出后,在控制台输入如下命令来使新的配置立即生效:

```
$ sudo netpan apply
```

2. /etc/hosts

/etc/hosts 文件用于映射主机名和 IP 地址。当计算机进行网络通信时,首先会检查本地的 hosts 文件,以确定特定主机名对应的 IP 地址。用户可以编辑/etc/hosts 文件,手动指定特定主机名与其 IP 地址的对应关系。该配置文件中部分内容如下:

```
127.0.0.1        localhost
127.0.1.1        linux-VirtualBox
```

第一列为主机名对应的 IP 地址,第二列为主机名。

3. /etc/services

/etc/services 是关于 TCP/UDP 服务名与端口号映射的配置文件。默认情况下许多端口都是开放的,这给系统留下了很多漏洞,特别是当系统作为服务器使用时,将存在很大的隐患。用户可通过修改该文件将一些不必要的服务与端口关闭。

/etc/services 文件的每一行定义一个服务,每行由四部分组成:service-name(服务名)、port/protocol(端口号)、aliases(别名)和 comment(注释)。其中,service-name 和 port/protocol 为定义服务和端口号的必选部分,aliases 和 comment 为可选部分。该文件的部分内容如下:

```
# service-name    port/protocol    [aliases ...]    [# comment]
tcpmux            1/tcp                             # TCP port service multiplexer
echo              7/tcp
echo              7/udp
...
qotd              17/tcp           quote
fsp               21/udp           fspd
ssh               22/tcp                            # SSH Remote Login Protocol
```

/etc/services 文件列出了 TCP/UDP 所有的服务和端口，如果要关闭某个端口，只需在指定服务的行首加个“#”即可。

4. /etc/resolv. conf

/etc/resolv. conf 文件用于配置客户机的 DNS，该文件包含了主机的域名搜索顺序和 DNS 服务器的地址，文件的每一行包含一个关键字和一个或多个空格隔开的参数。该文件的示例内容如下所示：

```
domain sxau. edu. cn          #设置计算机的本地域名
search sxau. edu. cn          #设置 DNS 的搜索路径
nameserver 127. 0. 0. 53      #设置 DNS 服务器的 IP 地址
nameserver 211. 82. 8. 6      #可以设置多个 DNS 服务器的 IP 地址
```

配置该文件后，客户机就可以通过域名访问 Internet 上的资源了。

5. /etc/host. conf

/etc/host. conf 文件用于指定主机名解析的顺序和其他相关设置。该文件的内容如下所示：

```
# The "order" line is only used by old versions of the C library.
order hosts,bind      #指定系统解析域名时所使用的解析器的顺序，先查找本地 hosts 文件
multi on   #启用多个 IP 地址解析功能，有多个 IP 地址与该主机名关联，允许系统返回所有 IP 地址
```

6. /proc/sys/net/ipv4/ip_forward

/proc/sys/net/ipv4/ip_forward 文件为配置路由器和防火墙时必须要修改的一个文件。该文件的内容默认值为 0，意为不转发 IP 数据包。当使用 Linux 系统搭建一台路由器或防火墙时，必须将该文件的内容改为 1，即允许 IP 数据包的转发。

8.4 系统日志管理

日志文件不仅可以让管理员了解系统状态，如系统的运行状况、设备状态等，而且在系统出现问题时也可以方便管理员分析原因，因为它记录着系统运行的详细信息。如常驻服务程序发生问题或用户登录错误及系统受到攻击时的信息都可以被记录下来，因此，管理日志文件对于系统管理员来说是一项非常重要的任务。

8.4.1 日志文件

日志文件是一种记录系统、应用程序或服务在运行过程中所产生的事件、操作和状态的文件，不同的日志文件记录了系统不同的信息。日志文件在系统管理中起着十分重要的作用。

1. 日志文件分类

从宏观上可以将日志分为两种，即系统日志和应用程序日志。系统日志比较重要，它记录了系统的基本操作，诸如系统崩溃、错误消息、警告和系统级别的活动信息。而应用程序日志随应用程序的不同而不同，通常包含与应用程序相关的详细信息。

系统日志通常由操作系统自身管理和存储，位于特定目录下，并由管理员或授权用户访

问。一般由日志记录工具 rsyslog 写入,它在计算机中表现为一个运行在后台的守护进程 rsyslogd,可以在命令行输入以下命令查看其详细信息:

```
$ ps axu | grep rsyslogd
```

应用程序日志由特定应用程序生成,记录了该应用程序的运行状态、用户操作、异常情况、性能指标、调试信息等。可以由应用程序本身管理和存储,也可以存储在集中式日志管理系统中。通常位于应用程序安装目录、用户目录或专门指定的日志目录中。

总体而言,系统日志更关注整个系统的状态和运行情况,而应用程序日志更专注于特定应用程序的内部工作和异常情况。两者都是重要的日志来源,对于故障排查、监控和性能优化都起着关键作用。

2. 查看日志文件

多数的日志文件被存放于/var/log 目录中,如图 8-3 所示为/var/log 目录中的内容。

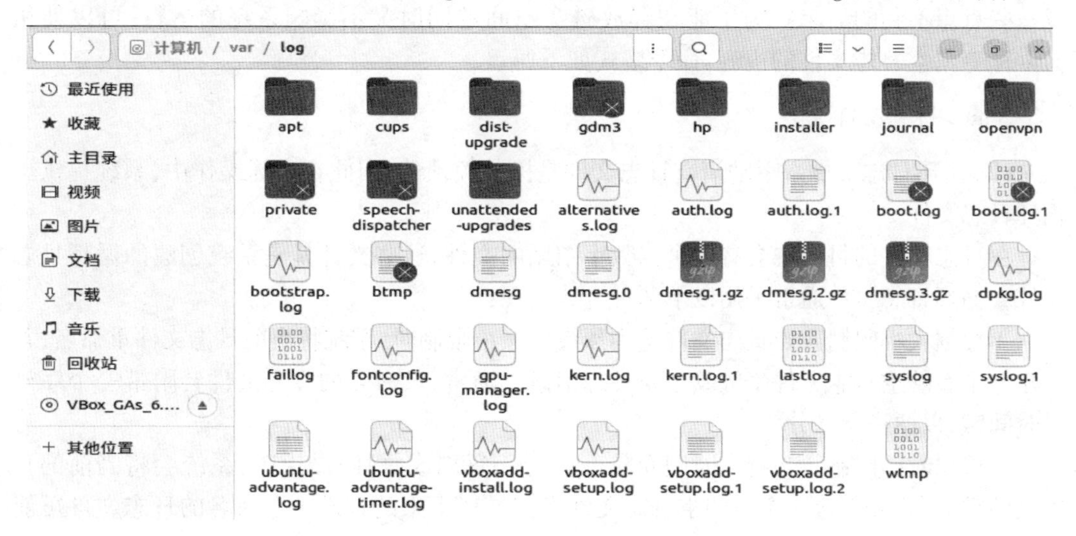

图 8-3 /var/log 目录中的内容

下面对图中一些常见的日志文件进行解释:

/var/log/syslog:系统日志,记录系统级别的事件和错误信息。

/var/log/auth. log:认证日志,包含用户登录和认证相关的信息。

/var/log/kern. log:内核日志,记录与内核相关的信息和错误。

/var/log/dmesg:启动日志,包含系统启动期间的内核消息。

/var/log/dpkg. log:记录使用 dpkg 命令进行软件包管理的操作日志。

/var/log/btmp:记录所有失败启动的信息。

/var/log/boot. log:启动日志,记录系统启动期间的各项服务和进程启动情况。

/var/log/faillog:包含用户登录失败信息,错误登录命令也会记录在本文件中。

/var/log/wtmp:记录每个用户登录、注销及系统启动和停机事件。

/var/log/lastlog:记录所有用户的最近信息。

/var/log/vboxadd-install. log:是 VirtualBox Guest Additions 安装过程日志文件。

多数日志文件使用纯文本格式。用户可以使用任何文本编辑器软件或查看命令如 more、less、cat、tail 等工具查看其内容。

日志文件中的每一行包含的字段主要有:信息发生的日期、时间、主机、产生信息的软件名称、软件或者软件组件的名称(可以省略)、PID(进程标识符,可以省略)、信息内容。这里给出/var/log/auth. log 中的部分信息:

```
Jul 24 22:30:01 linux-VirtualBox CRON[120661]: pam_unix(cron:session): session closed for user root
Jul 24 23:17:01 linux-VirtualBox CRON[120689]: pam_unix(cron:session): session opened for user root (uid=0) by(uid=0)
```

3. 管理日志文件

随着系统运行时间越来越长,日志文件的大小也会随之变得越来越大。如果长期让这些历史日志保存在系统中,将会占用大量的磁盘空间。可以采用清空日志文件和循环日志文件两种方式解决该问题。

(1)清空日志文件。用户可以直接把积累的日志文件删除,但删除日志文件可能会造成一些意想不到的后果。为了能在释放磁盘空间的同时又不影响系统的运行,可以使用 echo 命令清空日志文件的内容,命令格式如下所示:

```
echo >日志文件
```

(2)循环日志文件。手动清空日志文件是极其烦琐的,因此在实际操作中,系统提供了循环日志文件。

在日志文件的目录中会有多个以数字结尾的文件,这些文件就是系统创建的循环日志文件。循环日志文件通常采用以下两种方式实现:

①根据大小限制。当日志文件达到预设的大小限制时,系统将当前日志文件重命名,并创建一个新的空日志文件来继续记录日志信息。通常,重命名的日志文件会附带一个序号或时间戳,以便进行区分。

②根据时间限制。当特定时间间隔(如每天、每周或每月)结束时,系统会将当前的日志文件重命名,并创建一个新的空日志文件来记录接下来的日志。重命名的日志文件可能会根据日期或时间戳进行标识。

用户可以根据/etc/logrotate. conf 配置文件和/etc/logrotate. d 目录中的配置文件来设置日志文件的循环规则。默认配置为日志每周被循环,并被保留四周。

8.4.2 日志配置文件

从上述内容中可知,rsyslog 程序相当于一个记录员在记录系统日志文件,那么它怎么知道什么时候该记录日志,正在记录什么日志,日志应该存放在什么地方呢?答案是系统日志配置文件,它是用来定义和配置操作系统的日志记录行为的文件。这里从主配置文件和子配置文件两个方面进行讲解。

1. 主配置文件/etc/rsyslogd. conf

Ubuntu 的系统日志配置文件为/etc/rsyslogd. conf,可以打开该配置文件进行查看,这里给出部分内容(中文为注释):

```
# /etc/rsyslog. conf configuration file for rsyslog
# Default logging rules can be found in /etc/rsyslog. d/50-default. conf(默认的日志规则在子配置文件50-default. conf 中定义)
```

```
... 此处省略
# Include all config files in /etc/rsyslog.d/(/etc/rsyslog.d 目录中包含了所有子配置文件)
$ IncludeConfig /etc/rsyslog.d/*.conf
```

从该配置文件的内容可以看到,执行该配置文件时会加载/etc/rsyslog.d/下的所有.conf 文件,其中,默认的子配置文件为 50-default.conf。

2. 子配置文件 50-default.conf

子配置文件 50-default.conf 中配置了生成日志的规则,所谓规则就是一套生成日志和存储日志的策略。下面打开该配置文件查看其主要内容(中文为注释):

```
#Default rules for rsyslog.
# First some standard log files.    Log by facility.(首先是一些标准的日志文件,按设备记录)
auth,authpriv.*                     /var/log/auth.log
*.*;auth,authpriv.none              -/var/log/syslog
#cron.*                             /var/log/cron.log
#daemon.*                           -/var/log/daemon.log
kern.*                              -/var/log/kern.log
#lpr.*                              -/var/log/lpr.log
mail.*                              -/var/log/mail.log
#user.*                             -/var/log/user.log
#Logging for the mail system.   Split it up so that  (记录邮件系统日志)
#it is easy to write scripts to parse these files.(分别记录,便于编写脚本分析日志文件)
#mail.info                          -/var/log/mail.info
#mail.warn                          -/var/log/mail.warn
mail.err                            /var/log/mail.err
... 此处省略
#Emergencies are sent to everybody logged in.(紧急日志文件会发送给每个登录的用户)
*.emerg                             :omusrmsg:*
... 此处省略
```

可以看到,配置文件中除"#"开头的行外每一行都代表一条规则,规则由三部分构成,格式如下:

设备类别　优先级　处理方式

(1)设备类别。所谓设备就是同一类程序的统一名称,如 SSH 程序和 telenet 程序都是远程登录程序,因此它们都属于 authpriv 设备。设备类别描述了对哪种类型设备产生的信息进行日志记录,常用的设备类别如表 8-9 所示。

表 8-9　设备类别

设备类别	说明	设备类别	说明
authpriv	所有认证设备产生的验证信息,包括登录系统的信息,如 root 用户和普通用户	mail	邮件驻留程序产生的信息
cron	调度设备产生的信息	news	新闻服务器的信息
daemon	各种守护进程产生的信息	user	用户相关的信息
kern	内核的紧急信息	uucp	Unix-to-Unix Copy Protocol 的信息
lpr	打印命令的信息	local7	启动时系统的引导信息

(2)优先级。每种设备类别产生的消息又可根据其重要性来区分为不同的优先级。优先级表示了消息的重要性,其范围从7(最低)到0(最高)。信息类别的优先级如表8-10所示。

表8-10 信息类别的优先级

优先级	优先级值	说明
emerg	0	紧急(Emergency):导致主机系统不可用,如系统崩溃
alert	1	警报:需要立刻采取措施并解决,如数据库被破坏
crit	2	严重(Critical):比较严重,会影响系统的部分功能,如硬盘错误
err	3	错误(Error):运行出现错误,需修复
warning	4	警告:可能影响系统功能,需提醒用户,如磁盘空间使用太多
notice	5	提醒:不会影响正常功能,但需要注意,无需处理
info	6	一般(Information):正常的系统信息,可以忽略
debug	7	调试:程序或系统调试等,调试程序时使用
*		记录全部的信息
none		不记录任何信息

(3)处理方式。rsyslog进程接收到设备产生的信息后,主要有以下几种处理方式:

①将信息存储到指定日志文件。用文件名表示,必须使用绝对路径,如/var/log/syslog。路径名前加符号"-"表示不将日志信息同步刷新到磁盘(只写入缓存),这样可以提高日志写入性能,但是增加了系统崩溃后丢失日志的风险。

②将信息发送到指定设备。用设备名表示,例如指定到/dev/lpl,就是将信息发送到打印机进行打印;指定到/dev/console,就是将信息发送到本地主机的终端。

③将信息发给某个用户。用用户名表示,将信息发送到指定用户的终端上,多个用户需要使用逗号隔开,而通配符"*"表示所有用户。

④将信息发送到命名管道。用"| 程序"形式表示,将信息重定向到指定程序。

⑤将信息发送到远程主机。远程主机的名称前必须加"@"。

按照上述规则,可以根据实际需要来定制系统日志配置文件,一般编辑/efc/rsyslog.d/50-default.conf文件即可,保存该配置文件后重启日志服务即可生效。例如,在该配置文件中添加一行日志定义,如下所示:

```
*.info /var/log/test.log
```

保存该文件后在控制台输入以下命令重启rsyslog服务,使修改后的配置立即生效。

```
$ sudo systemctl restart rsyslog.service
```

这样就可以将所有info优先级的日志信息记录到/var/log/test.log中。

本章小结

掌握系统的高级管理可以更好地帮助用户监测和管理Ubuntu系统。本章主要讲解了进程的相关概念及操作、自动化任务调度的方式、网络管理常用命令和相关文件以及系统日志文件与日志配置文件的相关内容。

课后习题

1. Linux进程有哪几种类型?
2. 简述查看Linux进程的方式并比较它们的区别。
3. 简述进程的手动启动和调度启动方法。
4. 通过Cron服务安排每周一到周五凌晨2点向文件/home/hello中输入hello,该如何操作?
5. 简述至少3种网络管理命令的含义及使用方法。
6. 简述系统日志文件和应用程序日志文件的区别。
7. 简述循环日志文件的基本思想。
8. 将所有info优先级的日志信息记录到/var/log/test.log中,该如何操作?

第9章 服务管理

操作系统启动后会有很多在后台持续运行的特殊进程，这类进程即服务，也称为守护进程(daemon)，每个服务都支撑着系统某个特定的功能。systemd 作为系统级守护进程，是目前大多数 Linux 系统上主要的系统和守护进程管理工具。本章讲解 systemd 的系统和服务管理，内容主要包括 Linux 操作系统的 3 种初始化方式、systemd 单元和目标的基本概念、systemctl 管理服务和目标的相关命令以及 systemd 其他相关工具的使用。

9.1 系统初始化

Linux 操作系统启动时，首先从 BIOS(Basic Input/Output System，基本输入/输出系统)加电自检开始，然后从磁盘加载 MBR(Master Boot Record，主引导记录)，接下来 Boot Loader(引导程序或启动加载器)将内核映像文件加载到内存中进行内核初始化，当内核初始化完成之后，它会调用/sbin/init 创建第一个用户空间进程——init 进程(PID 为 1)。接下来的工作由 init 进程接管，它根据系统配置文件中的信息，启动一系列用户空间程序和服务完成系统的初始化，从而让系统进入某种用户预定义的运行模式，比如命令行模式或图形界面模式。在 Linux 系统中，init 进程也称为 init 系统，任何服务的启动、停止、重启等操作都离不开它。

随着计算机系统软硬件的发展，init 系统也在不断地发展变化之中。演进路线大致为 SysV init → upstart init → systemd。从历史发展的角度观察 init 系统的演进，可以更好地理解和使用系统服务管理。

9.1.1 SysV init

Linux 早期发行版的 init 系统源于 Unix 的 System V 系统，被称为 SysV init。内核在完成核内引导之后运行 SysV init 进程，该进程读取/etc/inittab 文件，分析文件内容，根据其配置来初始化系统。完整的系统初始化流程如图 9-1 所示。

inittab 是 initialization table 的缩写，即初始化表，该文件设定了系统运行级别 runlevel 及进入各 runlevel 对应要执行的命令。以下命令查看/etc/inittab 文件的内容，为了节省篇幅，只显示部分输出结果。

```
$ cat /etc/inittab
# Default runlevel. The runlevels used by RHS are:
# 0 - halt(Do NOT set initdefault to this)
# 1 - Single user mode
```

```
# 2 - Multiuser,without NFS(The same as 3,if you do not have networking)
# 3 - Full multiuser mode
# 4 - unused
# 5 - X11
# 6 - reboot(Do NOT set initdefault to this)
id:5:initdefault:
# System initialization.
si::sysinit:/etc/rc.d/rc.sysinit
l0:0:wait:/etc/rc.d/rc 0
l1:1:wait:/etc/rc.d/rc 1
l2:2:wait:/etc/rc.d/rc 2
l3:3:wait:/etc/rc.d/rc 3
l4:4:wait:/etc/rc.d/rc 4
l5:5:wait:/etc/rc.d/rc 5
l6:6:wait:/etc/rc.d/rc 6
……
```

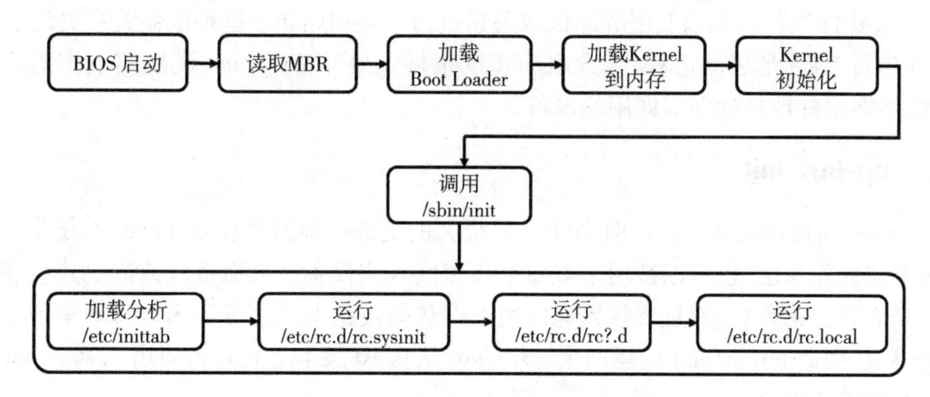

图 9-1　SysV init 系统初始化流程

配置文件/etc/inittab 中显示 Linux 操作系统一共有 7 个运行级别,分别是 0~6。Linux 允许为不同的应用场景分配不同的开机启动程序,这些程序对应系统不同的运行级别(runlevel)。SysV init 进程读取/etc/inittab 文件的过程如图 9-2 所示。

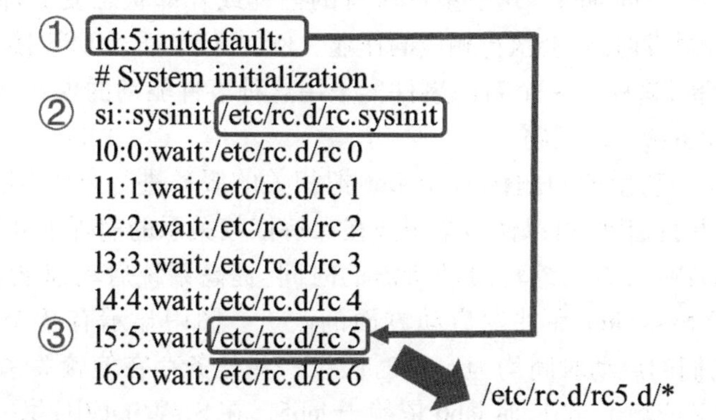

图 9-2　SysV init 进程读取/etc/inittab 文件的过程

(1)init 查找/etc/inittab 的默认运行级别。id:5:initdefault:这一行表示当前系统默认的运行级别是5,即系统初始化完成之后会进入X11(X Windows模式,即图形界面)。

(2) init进程根据配置文件si::sysinit:/etc/rc.d/rc.sysinit中的内容,执行/etc/rc.d/rc.sysinit脚本程序来进行初始化。rc.sysinit是每一个运行级别都要运行的重要脚本,它主要完成的工作有:激活交换分区、检查磁盘、加载硬件模块及其他一些需要优先执行的任务。

(3)在执行rc.sysinit后,init进程将根据默认的运行级别来执行/etc/rc.d/rc?.d/(其中"?"表示运行级别,取值范围为0~6)目录中的所有脚本,当前系统默认运行级别为5,init进程将5作为参数传给/etc/rc.d/rc程序,即找到l5:5:wait:/etc/rc.d/rc 5这一行,然后执行/etc/rc.d/rc5.d/目录下的所有脚本来停用和启用相关的服务。进入rc5.d目录后可以发现里面的脚本都是到/etc/init.d/下对应的可执行程序(即服务)的软链接。脚本的命名都是以S或K开头,其中S表示系统启动时调用,K表示系统终止时调用,S/K后面的两位数字决定了脚本运行的顺序即服务的启动顺序(由服务依赖关系决定)。数字越小,表示优先级越高。

SysV init概念简单易懂,运行流程十分清晰,但是它以运行级别为核心,根据/etc/inittab配置文件执行脚本以及服务间依赖关系进行系统初始化。这种依赖关系决定了SysV init只能串行、顺序地启动进程,导致启动速度很慢。另外,SysV init无法实现按需启动服务,比如不能很好地处理即插即用的设备。

9.1.2 upstart init

当Linux内核进入2.6时代时功能有了很大的更新。新特性使得Linux不仅是一款优秀的服务器操作系统,也可以被用于桌面系统和嵌入式设备。桌面系统或嵌入式设备的一个特点是需要经常重启,而且要频繁地使用硬件热插拔技术。这对于SysV init来说是一个极大的挑战,因此upstart init应运而生。Ubuntu从6.10版本之后开始使用upstart init机制来进行系统的初始化。

upstart init基于事件驱动机制,主要涉及的概念是作业(Job)和事件(Event),作业是SysV init里面的一个脚本或者可执行文件,事件则控制着作业的启动和关闭。作业配置文件位于/etc/init目录之下,以.conf作为后缀,每个文件定义一个作业,比如cron服务对应的配置文件为/etc/init/cron.conf。几乎系统所有的内部或外部状态变更都可以触发一个事件。当一个事件被触发时,才会执行相应的作业。例如,U盘插入USB接口后,udev接收内核通知,发现该设备,这就是一个新的事件。采用这种事件驱动的模式,upstart init完美地解决了即插即用设备带来的问题。

针对服务顺序启动慢的问题,upstart init把相关的服务进行分组,组内的服务顺序启动,组之间的服务并行启动,可以使多个服务在保持依赖关系的前提下并发启动,并且充分利用计算机多核的特点,大大缩短启动所需的时间,提高系统启动速度。图9-3演示了upstart init相对于SysV init在并发启动方面的改进。图中显示有7个不同的启动任务job1~job7,假设它们的启动时间均为t,同时假设一些任务存在依赖关系比如job3和job4依赖于job2,job2又依赖于job1,而job6依赖于job5。在SysV init中,每一个启动项目都由一个独立的脚本负责,它们由SysV init顺序、串行地调用,总的启动时间为7t。在upstart init中可以将任务分为3组{(1,2,3,4),(5,6),7},让它们并发执行,有依赖关系的服务还是串行启动，使得总的启动时间缩短为3t。这无疑增加了系统启动的并发性，从而提高了系统启动速度。

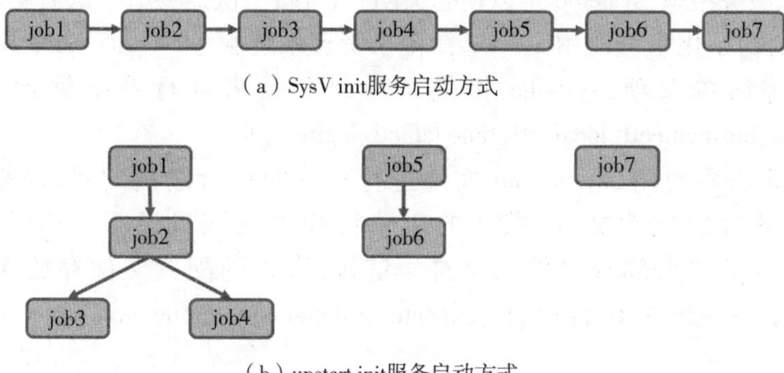

（a）SysV init服务启动方式

（b）upstart init服务启动方式

图9-3　SysV init和upstart init服务启动方式

9.1.3　systemd

前两种系统初始化方式都需要由一个内核启动的用户级进程init来启动其他用户级进程或服务，最终完成系统启动的全部过程。Ubuntu从15.04版本开始，使用systemd取代之前的init进程来实现系统初始化。内核在完成核内引导之后，调用/sbin/init后启动的是systemd。现在systemd已成为大多数Linux发行版的标准配置。

```
$ ls -l /sbin/init
lrwxrwxrwx 1 root root 20  3月 20 22:32 /sbin/init -> /lib/systemd/systemd
```

执行pstree命令可以以树形结构显示系统中所有进程以及它们之间的层级关系，从中可以很明显地发现systemd为系统第一个进程（PID为1），它是系统所有其他进程的父进程。

```
$ pstree -p
```

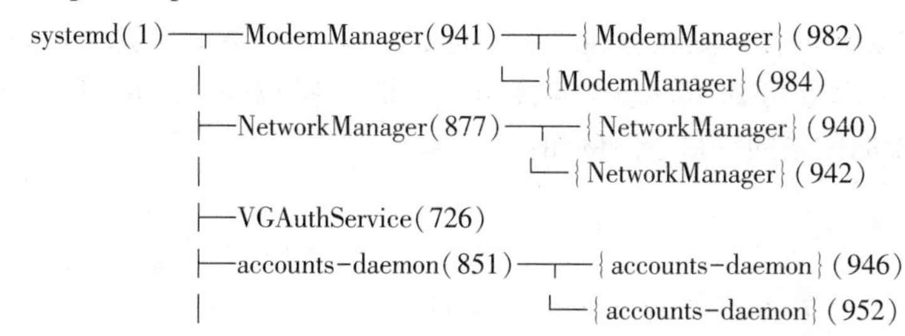

```
systemd(1)─┬─ModemManager(941)─┬─{ModemManager}(982)
           │                   └─{ModemManager}(984)
           ├─NetworkManager(877)─┬─{NetworkManager}(940)
           │                     └─{NetworkManager}(942)
           ├─VGAuthService(726)
           ├─accounts-daemon(851)─┬─{accounts-daemon}(946)
           │                      └─{accounts-daemon}(952)
```

相比传统的系统初始化方式，systemd有如下特点：

（1）systemd使用启动目标代替运行级别。systemd将系统初始化的每一项任务抽象为单元，将不同的单元组合成不同的启动目标，可以更为灵活地配置系统初始化所需要启动的任务。

（2）systemd在系统启动时采用了并行启动机制。并行启动最大的难点是解决服务之间的依赖性。systemd使用Socket、DBus缓冲机制和建立临时挂载点等方法解决依赖，即便对于upstart init这种被认为存在依赖关系而必须串行启动的服务也可以并行启动，从而大大加快了系统的启动过程。

(3) systemd 提供了按需启动服务的功能。systemd 只有在某个服务被真正请求的时候才启动它,当该服务结束,systemd 可以动态关闭它,等待下次需要时再次启动。

(4)传统的初始化系统使用 service 命令来管理系统服务,service 命令只有 start、stop、restart、reload 等简单选项,systemd 提供了一组命令来进行系统管理,有 systemctl、systemd-analyze、hostnamectl、localectl、timedatectl、loginctl 等。

(5) systemd 不再使用/etc/inittab 文件进行默认的运行级别配置,而是从目录/etc/systemd/system 中读取配置文件,默认的启动目标也在该目录下。实际上,目录/etc/systemd/system 存放的大部分文件都是符号链接,真正的配置文件存放在/lib/systemd/system 目录下。系统的默认启动目标由/etc/systemd/system/default. target 来指向。命令如下:

知识窗

```
$ ls -l /etc/systemd/system/default.target
lrwxrwxrwx 1 root root 36   6 月 27 10:18 /etc/systemd/system/default.target -> /lib/systemd/system/graphical.target
```

9.2 systemd 的单元

对于 systemd 而言,有一个核心概念称为单元,systemd 的系统管理功能主要就是通过各种单元来实现的。systemd 将系统启动过程中的每一步(比如一个服务、一个挂载点)都抽象为一个单元,每个单元都有一个对应的配置文件对其进行标识和配置,告诉 systemd 如何启动这个单元。

9.2.1 单元的位置

按照 systemd 约定,单元文件一般被放置在如下 3 个目录中:

1. /lib/systemd/system

当安装新软件包时,在安装过程中默认会在/lib/systemd/system 目录中生成单元配置文件。在"/"目录下执行 ll 命令可知 lib 符号链接至 usr/lib/,所以/lib/systemd/system 及/usr/lib/systemd/system 指向的是同一目录。例如:

```
$ cd /
$ ll
lrwxrwxrwx   1 root root          7  6 月  2 16:52 lib -> usr/lib/
```

2. /run/systemd/system

该目录一般存放的是进程在运行时动态创建的单元文件,运行结束自动删除。

3. /etc/systemd/system

该目录存放的是由系统管理员创建和管理的单元,同时设置为开机自启的单元会在该目录下建立符号链接,指向/lib/systemd/system 目录。

以上 3 个目录的配置文件优先级依次从低到高,当对系统服务和程序的状态(例如,start、stop、enable 或 disable)进行更改时,systemd 会按照优先级由高到低的顺序检查并执行单元文件。

9.2.2 单元的类型

在 systemd 中,单元文件统一了过去各种不同系统资源配置格式,例如服务的启动/停止、定时任务、设备自动挂载、虚拟内存配置等。systemd 的单元根据文件扩展名可以分为多种类型,具体的单元类型见表 9-1。

表 9-1 systemd 的单元类型

单元类型	配置文件扩展名	说明
service(服务)	.service	定义系统后台服务
mount(挂载)	.mount	定义文件系统挂载点,类似于过去的/etc/fstab 配置文件
swap(交换空间)	.swap	定义用户做虚拟内存的交换分区
socket(套接字)	.socket	定义系统和互联网中的一个套接字,标识进程间通信用到的 socket 文件
target(目标)	.target	组合 unit,主要用于模拟实现运行级别的概念
device(设备)	.device	定义内核需要识别的设备。每一个使用 udev 规则标记的设备都会在 systemd 中作为一个设备单元出现
automount(自动挂载)	.automount	定义文件系统自动挂载点,相当于 SysV init 的 autofs 服务
timer(定时器)	.timer	用来定时触发用户定义的操作,以取代 atd、crond 等传统的定时服务
path(路径)	.path	用于监控指定目录或文件的变化,并触发其他 unit 运行
slice(切片)	.slice	用于描述内核的 cgroup 的一些信息
scope(范围)	.scope	systemd 运行时产生的,描述一些系统服务的分组信息

可以使用 systemctl -t help 来查看可用单元的种类,结果显示与表 9-1 相对应。

```
$ systemctl -t help
Available unit types:
service        mount        swap         socket
target         device       automount    timer
path           slice        scope
```

以上单元类型中最重要的是服务单元,这类单元文件通常都以".service"作为后缀,系统中的每一种服务都会有一个与之相对应的服务单元来实现对服务的管理。

9.2.3 单元的运行状态

单元通常有 3 种状态,分别是:active 表示活动的、正在运行的,inactive 表示不活动的、没有运行的,failed 表示执行失败的。而各种单元状态还可以划分为多种子状态,其中,inactive 的子状态为 dead,表示没有运行;failed 的子状态为 failed,表示运行失败;active 对应的子状态有 5 种,分别是:

①running:表示一次或多次持续地运行。

②exited:表示成功完成一次性配置,仅运行一次就正常结束,目前已没有该进程运行。

③waiting:表示正在运行中,不过还需再等待其他事件才能继续处理。

④mounted:表示成功挂载文件系统。

⑤plugged:表示已接入设备。

systemd 中提供了一组 systemctl list-units 命令,不仅可以查看系统中存在哪些单元,还可以显示每个单元文件当前的状态信息。具体命令和说明见表 9-2。

表 9-2 systemctl list-units 命令

命令	说明
systemctl list-units	列出正在运行的单元
systemctl list-units --all	列出所有单元,包括没有发现的或者加载失败的单元
systemctl list-units --failed	列出所有加载失败的单元
systemctl list-units --all --state=inactive	列出所有没有运行的单元
systemctl list-units --type=service systemctl list-units -t service	列出所有正在运行的、类型为 service 的单元

通过 systemctl list-units 查看所有运行的单元,摘取不同类型的部分结果如下:

```
$ systemctl list-units
UNIT                LOAD     ACTIVE    SUB       DESCRIPTION
dev-sda. device     loaded   active    plugged   VBOX_HARDDISK
boot-efi. mount     loaded   active    mounted   /boot/efi
openvpn. service    loaded   active    exited    OpenVPN service
packagekit. service loaded   active    running   PackageKit Daemon
cups. socket        loaded   active    running   CUPS Scheduler
basic. target       loaded   active    active    Basic System
anacron. timer      loaded   active    waiting   Trigger anacron every hour
```

输出结果由 5 部分构成,各部分含义如下:

①UNIT:单元名称。

②LOAD:指示单元是否正确装载,即是否加入 systemcl 可管理的列表中。LOAD 有两个取值:loaded 表示已装载,not-found 表示未发现。使用 systemctl list-units --all 命令可以将未发现的或者加载失败的单元显示出来。

③ACTIVE:该列表示单元的活动状态,取值为 active、inactive 或者 failed。

④SUB:该列表示各单元的子状态。

⑤DESCRIPTION:单元的描述或说明信息。

9.2.4 单元的启动状态

上述单元的状态指系统启动后单元的运行状态,而单元能否自动启动由单元文件的启动状态决定,通过 systemctl list-unit-files 命令可以查看系统中所有已安装单元文件的启动状态。命令与显示结果如下:

```
$ systemctl list-unit-files
UNIT FILE                                STATE          VENDOR PRESET
```

```
proc-sys-fs-binfmt_misc. automount        static          -
-. mount                                  generated       -
boot-efi. mount                           generated       -
dev-hugepages. mount                      static          -
dev-mqueue. mount                         static          -
proc-sys-fs-binfmt_misc. mount            disabled        disabled
run-vmblock\x2dfuse. mount                enabled         enabled
```

执行结果有 3 列,分别表示文件名(UNIT FILE)、状态(STATE)、厂商预设(VENDOR PRESET)。其中,状态即单元文件的启动状态,主要的状态值有:

①enabled:已建立启动链接,设置某单元开机时自动启动,即系统启动后该单元也启动,若启动成功为 active 状态,若不成功为 failed 状态。

②disabled:没有建立启动链接,开机时不会自动启动,即系统启动后该单元不启动,为 inactive 状态。

③static:该单元的配置文件中没有[Install]部分,即无法启动,只能作为其他单元文件的依赖。

④masked:被禁止建立启动链接,即不允许设置为开机自启,比 disabled 更严格。

⑤generated:单元文件由单元生成器动态生成。

给命令添加选项--type 或者-t 可以查看具体类型的所有单元的启动设置。命令与显示结果如下:

```
$ systemctl list-unit-files --type=service
$ systemctl list-unit-files -t service
UNIT FILE                        STATE        VENDOR PRESET
accounts-daemon. service         enabled      enabled
acpid. service                   disabled     enabled
alsa-restore. service            static       -
```

给命令添加--state 可以查看指定状态的单元文件。命令与显示结果如下:

```
$ systemctl list-unit-files --state=enabled
UNIT FILE                        STATE        VENDOR PRESET
run-vmblock\x2dfuse. mount       enabled      enabled
snap-bare-5. mount               enabled      enabled
snap-core20-1822. mount          enabled      enabled
```

9.2.5 单元的内容

在每个单元中都定义了一些对该单元进行配置管理的设置项,所以单元文件也称为单元配置文件。单元配置文件就是普通的文本文件,可以通过 cat 命令进行查看其配置的内容。

下面以 apache2. service 为例查看其内容。apache2. service 是 Ubuntu 系统上的 apache 服务(也称为 httpd),默认没有安装,可以使用 apt-get 命令进行安装,该方式安装完成之后会自动在/lib/systemd/system 中添加 apache2. service 并且创建符号链接。命令与显示结果如下：

```
$ sudo apt-get install apache2
Created symlink /etc/systemd/system/multi-user.target.wants/apache2.service → /lib/system/system/apache2.service.
Created symlink /etc/systemd/system/multi-user.target.wants/apache-htcacheclean.service → /lib/systemd/system/apache-htcacheclean.service.
```

安装之后输入命令 cat /lib/systemd/system/apache2.service（或 systemctl cat apache2.service）查看 apache2.service 配置文件的信息。命令与显示结果如下：

```
$ cat /lib/systemd/system/apache2.service
[Unit]
Description=The Apache HTTP Server
After=network.target remote-fs.target nss-lookup.target
Documentation=https://httpd.apache.org/docs/2.4/
[Service]
Type=forking
Environment=APACHE_STARTED_BY_SYSTEMD=true
ExecStart=/usr/sbin/apachectl start
ExecStop=/usr/sbin/apachectl graceful-stop
ExecReload=/usr/sbin/apachectl graceful
KillMode=mixed
PrivateTmp=true
Restart=on-abort
[Install]
WantedBy=multi-user.target
```

可以看到，配置文件主要分为 3 个区块，每个区块包含若干条键值对。每个区块第一行使用方括号括起来的内容表示区块名，分别为[Unit]、[Service]和[Install]，其中[Unit]和[Install]每个配置文件都有，用于配置服务或其他系统资源的描述、依赖和随系统的启动方式。[Service]是后缀为 service 类型的单元文件特有的，用于定义服务的具体管理和操作方法。其他类型的配置文件也都会有一个与类型相关的配置段。配置文件的区块名和键值对语句都是区分大小写的，键值对等号两侧不能有空格。下面依次解释每个区块的内容。

1. [Unit]

[Unit]区块通常是配置文件的第一块，用来定义单元的通用选项，配置与其他单元的启动顺序和依赖关系。常用的字段见表 9－3。

表 9－3 [Unit]区块的主要字段

字段	说明
Description	给出当前单元的简单描述
Documentation	给出当前单元配置文件的位置
Requires	指定当前单元所依赖的其他单元。这是强依赖，被依赖的单元启动失败或异常退出时，当前单元也必须退出

（续）

字段	说明
Wants	指定与当前单元配合的其他单元。这是弱依赖，被依赖的单元启动失败或停止运行时，不影响当前单元启动或者继续运行
Before	定义当前单元应该在哪些单元之前启动
After	定义当前单元应该在哪些单元之后启动
Conflicts	指定的单元不能与当前单元同时运行
ConditionXXX	当前单元运行必须满足的条件

注意：After 与 Before 字段只涉及启动顺序，不涉及依赖关系；而 Requires 与 Wants 字段只涉及依赖关系，与启动顺序无关，默认情况下是同时启动的。本例中 After = network. target remote - fs. target nss - lookup. target 表示如果 network. target、remote - fs. target 或者 nss - lookup. target 需要启动，那么 apache2. service 应该在它们之后启动。

2. [Service]

第二区块往往与单元类型有关。例如，只有 Mount 类型的单元有[Mount]区块，只有 Service 类型的单元有[Service]区块。[Service]区块用来定义服务的启动行为，常用的字段见表 9 - 4。需要注意的是，[Service]区块中关于服务启动、重启、停止的命令需要使用绝对路径，否则会出现无法识别的情况。

表 9 - 4 [Service]区块的常用字段

字段	说明
Type	定义启动类型，可设置的值包括：simple（默认，执行 ExecStart 字段指定的命令，启动主进程）、forking［以 fork（）方式从父进程创建子进程，创建后父进程将会退出，子进程将成为主进程］、oneshot（类似于 simple，但只执行一次，Systemd 会等它执行完才启动其他服务）、dbus（类似于 simple，但会等待 D-Bus 信号后启动）、notify（类似于 simple，启动结束后会发出通知信号，然后 Systemd 再启动其他服务）
Environment	为当前服务指定环境变量
EnvironmentFile	指定加载一个包含服务所需环境变量的列表文件
ExecStartPre	启动当前服务之前执行的命令
ExecStart	启动当前服务时执行的命令
ExecStartPost	启动当前服务之后执行的命令
ExecReload	重启当前服务时执行的命令
ExecStop	停止当前服务时执行的命令
KillMode	定义如何停止当前服务，可设的值有：control-group（默认，当前控制组里的所有子进程都会被杀掉）、process（只杀主进程）、mixed（主进程将收到 SIGTERM 信号，子进程收到 SIGKILL 信号）、none（没有进程会被杀掉，只是执行服务的 stop 命令）
Restart	定义何种情况下 Systemd 会自动重启当前服务，可能的值有：no（默认，退出后不重启）、on-success（正常退出时）、on-failure（非正常退出时）、always（总是重启）

3. [Install]

[Install]区块通常是配置文件的最后一个区块，用来定义是否开机启动，如何开机启

动。常用的字段见表 9－5。

表 9－5 [**Install**]区块的常用字段

字段	说明
Alias	当前单元的别名
AISO	与当前单元一起安装或者被协助的单元
RequiredBy	其值是一个或多个 target，从 Require 获得依赖信息
WantedBy	其值是一个或多个 target，从 Wants 获得依赖信息

AISO 描述了当前单元激活(enable)时，会被同时激活的其他 Unit。RequiredBy 字段和 WantedBy 字段分别表示当前单元激活时，符号链接会放入/etc/systemd/system 目录下面以 target 名+. required 后缀或者 . wants 后缀构成的子目录中。

在上述命令运行结果中，WantedBy 字段实际上表示该服务所在的 target，WantedBy = multi-user. target 指的是 apache2. service 所在的 target 是 multi－user. target，对应的路径在/etc/systemd/system/multi-user. target. wants 下，在这个组里的所有服务，都将开机启动。这个设置非常重要，如果执行 apache2. service 开机自启时，apache2. service 的符号链接就会放在/etc/systemd/system 目录下面的 multi-user. target. wants 子目录中。

列出/etc/systemd/system 目录下的内容，可以看到许多以 . wants 结尾的目录，这些目录下存放的都是依据各单元的 WantedBy 属性生成的符号链接。命令及显示结果如下：

```
$ ls /etc/systemd/system
bluetooth.target.wants          cloud-final.service.wants
display-manager.service.wants   emergency.target.wants
final.target.wants              getty.target.wants
graphical.target.wants          multi-user.target.wants
network-online.target.wants     oem-config.service.wants
```

9.3 systemd 的目标

systemd 的目标是一种特殊类型的单元，扩展名为 . target，其作用是为其他类型的配置单元进行逻辑分组，每组由多个单元构成，可以对配置单元统一控制，从而实现传统的运行级别的概念。比如想让系统进入图形化界面，需要运行许多服务和配置命令，这些操作都由一个个单元来表示，将这些单元组合成一个启动目标，就表示将所有的单元执行一遍然后进入目标所代表的系统运行状态。

9.3.1 目标和运行级别

Linux 系统在启动过程中所要运行的服务或程序都是由初始化进程来负责启动的，但是当有不同的工作需求时，可能需要启动的服务也会有所区别。比如对于 Windows 系统，启动模式有正常模式、安全模式、命令模式等。在正常启动模式下，所有被设为开机自动运行的服务或程序都会被自动启动，但如果是进入安全模式，那么就只会启动系统最基本的程序以及微软官方的服务，其他非必要的程序以及非微软的服务都将不被运行。

在 Linux 系统中也采用了类似的机制，它将在系统运行时需要启动的各种服务程序相互组合构成不同的搭配关系，以满足不同的系统需求。对于传统的 init 初始化进程，将这种服务搭配关系称为“运行级别(Runlevel)”，而对于 systemd 初始化进程，则将这种关系称为“目标(Target)”。无论是“运行级别”还是“目标”，它们所要实现的功能都是类似的。传统的 init 定义了 0~6 共 7 种标准 runlevel，在 systemd 中使用相应的目标来对应 init 中的 7 种 runlevel，它们的对应关系和说明见表 9-6。

表 9-6　运行级别和目标的对应关系

传统运行级别	systemd 目标	说明
0	runlevel0. target, poweroff. target	停机状态。系统默认运行级别不能设为 0，否则不能正常启动
1	runlevel1. target, rescue. target	单用户状态。以 root 身份登录，主要用于系统维护，类似于 Windows 的安全模式
2	runlevel2. target, multi-user. target	多用户字符界面，登录后进入控制台命令行模式
3	runlevel3. target, multi-user. target	
4	runlevel4. target, multi-user. target	
5	runlevel5. target, graphical. target	多用户图形界面，登录后进入图形化界面
6	runlevel6. target, reboot. target	重启系统。默认运行级别不能设置为 6，否则系统会不断重启

每个运行级别都有对应的 target 文件，这些 target 文件都是软链接文件，保存在/lib/systemd/system 目录中，target 文件的后缀名为 . target。可以通过 ls 命令查看 Ubuntu 系统下的 target 文件：

```
$ ls -l  /lib/systemd/system/runlevel *
lrwxrwxrwx 1 root root  15 3 月 2 20:58 /lib/systemd/system/runlevel0. target -> poweroff. target
lrwxrwxrwx 1 root root  13 3 月 2 20:58 /lib/systemd/system/runlevel1. target -> rescue. target
lrwxrwxrwx 1 root root  17 3 月 2 20:58 /lib/systemd/system/runlevel2. target -> multi-user. target
lrwxrwxrwx 1 root root  17 3 月 2 20:58 /lib/systemd/system/runlevel3. target -> multi-user. target
lrwxrwxrwx 1 root root  17 3 月 2 20:58 /lib/systemd/system/runlevel4. target -> multi-user. target
lrwxrwxrwx 1 root root  16 3 月 2 20:58 /lib/systemd/system/runlevel5. target -> graphical. target
lrwxrwxrwx 1 root root  13 3 月 2 20:58 /lib/systemd/system/runlevel6. target -> reboot. target
```

不同的运行级别代表了系统不同的运行状态，每种运行级别下所运行的服务或程序会有所区别，明确当前所处的运行级别将有助于管理员排除一些应用故障。在这 7 种运行级别中，最常用的是级别 3 和 5，即“multi-user. target”和“graphical. target”，分别代表了字符界面和图形界面。如果将系统默认运行级别设为 3，那么系统启动时将自动进入字符界面，如果将系统默认运行级别设为 5，则系统启动时将自动进入图形界面。

9.3.2 目标的配置文件

目标单元也有自己的配置文件，查看 multi-user. target 的内容如下：

```
$ cat /lib/systemd/system/multi-user.target
[Unit]
Description=Multi-User System
Documentation=man:systemd.special(7)
Requires=basic.target
Conflicts=rescue.service rescue.target
After=basic.target rescue.service rescue.target
AllowIsolate=yes
```

注意：目标配置文件里面没有启动命令。在上面的输出结果中，主要字段及其含义如下：

Requires 字段：要求 basic. target 一起运行。

Conflicts 字段：冲突字段。如果 rescue. service 或 rescue. target 正在运行，multi-user. target 就不能运行，反之亦然。

After：表示如果 basic. target、rescue. service、rescue. target 已经启动，则 multi-user. target 在它们之后启动。

AllowIsolate：允许使用 systemctl isolate 命令切换到 multi-user. target。

9.4 systemctl 管理特定的服务

服务作为最重要的一类单元，经常需要查看某个特定的服务在当前运行级别是否启动，并进行调整。使用 systemctl 进行服务管理的基本语法如下：

systemctl 命令［服务名 . service］

服务名的扩展名可以省略。

9.4.1 查看服务运行状态

如果要查看某个具体单元的状态，可以使用 systemctl status 服务名，比如查看前面安装的 apache2 服务：

```
$ systemctl status apache2
apache2.service - The Apache HTTP Server
     Loaded: loaded(/lib/systemd/system/apache2.service; enabled; vendor preset: enabled)
    Active: active(running) since: Mon 2023-06-19 17:13:37 CST; 1h 20min ago
     Docs: https://httpd.apache.org/docs/2.4/
     Process: 778 ExecStart=/usr/sbin/apachectl start(code=exited,status=0/SUCCESS)
     Process: 887 ExecReload=/usr/sbin/apachectl graceful(code=exited,status=0/SUCCESS)
     Main PID: 815(apache2)
     Tasks: 55(limit: 2262)
     Memory: 7.3M
     CPU: 956ms
```

```
CGroup: /system.slice/apache2.service
        ├─815 /usr/sbin/apache2 -k start
        ├─902 /usr/sbin/apache2 -k start
        └─903 /usr/sbin/apache2 -k start
6月 19 18:57:24 linux-VitualBox systemd[1]: Starting The Apache HTTP Server.
6月 19 18:57:24 linux-VitualBox apachectl[799]: AH00558: apache2: Could not reliably determine the server's fully qualified domain name, using ::1. Set the 'ServerName' directive globally to suppress this message
6月 19 18:57:24 linux-VitualBox systemd[1]: Started The Apache HTTP Server.
```

该结果的 Loaded 行表示配置文件的位置,是否设为开机启动;Active 行表示正在运行,可以看到当前 apache2.service 服务处于正在运行的状态。

执行不带参数的 systemctl status 命令将显示系统当前状态:

```
$ systemctl status
linux-VirtualBox
    State: running
     Jobs: 0 queued
   Failed: 0 units
    Since: Mon 2023-06-19 17:20:57 CST; 1h 27min ago
   CGroup: /
           ├─user.slice
           │ └─user-1000.slice
           │   ├─user@1000.service
           │   │ ├─session.slice
           │   │ │ ├─org.gnome.SettingsDaemon.MediaKeys.service
```

除了 status 命令,systemctl 还提供了 2 个查询状态的简单方法。

(1)显示某个 unit 是否正在运行,命令格式为"systemctl is-active 服务名"。例如:

```
$ systemctl is-active apache2
active
```

(2)显示某个 unit 是否处于启动失败状态,命令格式为"systemctl is-failed 服务名"。例如:

```
$ systemctl is-failed apache2
active
```

9.4.2 管理服务运行状态

利用 systemcl 命令管理服务运行状态的语法格式见表 9-7。用户在任何路径下均可通过该命令实现服务状态的转换,如启动、停止服务等。

表 9-7 管理服务运行状态的命令

命令	说明
systemctl start 服务名	启动服务
systemctl stop 服务名	停止服务运行

（续）

命令	说明
systemctl restart 服务名	重新启动服务
systemctl try-restart 服务名	只重启正在运行中的服务
systemctl reload 服务名	重新加载服务而不重启服务
systemctl kill 服务名	杀死服务

例如，停止 apache2 服务运行并查看其状态是否转换：

```
$ systemctl stop apache2
$ systemctl status apache2
apache2.service - The Apache HTTP Server
     Loaded: loaded(/lib/systemd/system/apache2.service; enabled; vendor preset: enabled)
    Active: inactive(dead) since Mon 2023-06-19 17:33:19 CST; 14s ago
     Docs: https://httpd.apache.org/docs/2.4/
     Process: 640 ExecStart=/usr/sbin/apachectl start(code=exited,status=0/SUCCESS)
     Process: 5768 ExecStop=/usr/sbin/apachectl graceful-stop(code=exited,status=0/SUCCESS)
     Main PID: 682(code=exited,status=0/SUCCESS)
     CPU: 218ms
```

9.4.3 查看服务启动状态

通过命令"systemctl is-enabled 服务名"，可以查看服务是否被设置为开机自启。例如：

```
$ systemctl is-enabled apache2
enabled
$ systemctl is-enabled acpid
disabled
```

以上两条命令可以看到 apache2.service 服务被设置为开机自启，acpid.service 禁止开机自启。

9.4.4 管理服务启动状态

（1）创建链接，设置服务开机自启，命令格式：

sudo systemctl enable 服务名

（2）删除链接，禁止服务开机自启，命令格式：

sudo systemctl disable 服务名

（3）禁止创建链接，禁止将服务设定为开机自启，命令格式：

sudo systemctl mask 服务名

（4）允许创建链接，允许将服务设定为开机自启，命令格式：

sudo systemctl unmask 服务名

例如,使用 sudo systemctl disable 命令禁止 apache2 开机自启:

```
$ sudo systemctl disable apache2
Synchronizing state of apache2. service with SysV service script with /lib/systemd/systemd-sysv-install.
Executing: /lib/systemd/systemd-sysv-install disable apache2
Removed /etc/systemd/system/multi-user. target. wants/apache2. service.
```

结果显示禁止 apache2 开机自启就是移除启动目标下的符号链接,此时使用 systemctl is-enabled 命令查看 apache2 的开机自启状态已为 disabled。例如:

```
$ systemctl is-enabled apache2
disabled
```

再将 apache2 设置为开机自启,可见符号链接又被创建。例如:

```
$ sudo systemctl enable apache2
Synchronizing state of apache2. service with SysV service script with /lib/systemd/systemd-sysv-install.
Executing: /lib/systemd/systemd-sysv-install enable apache2
Created symlink /etc/systemd/system/multi - user. target. wants/apache2. service → /lib/systemd/system/apache2. service.
```

9.4.5 配置自定义服务

如果自己写好一个程序,想要它实现开机自动启动的功能,可以通过创建一个 systemd 服务来实现。创建自定义服务,就是将编写好的服务配置文件存放在/lib/systemd/system/或/etc/systemd/system 目录下,一般系统管理员手工创建的单元文件建议存放在/etc/systemd/system/目录下。编写服务配置文件实际上就是定义服务 3 个区段的内容。下面以创建一个简单的 hello. service 服务为例介绍配置自定义服务的步骤。

第一步,在/etc/systemd/system 目录下新建一个服务,名称为 hello. service,编辑内容如下(假设启动该服务后会执行一个位于当前用户目录下名为 test. sh 的脚本文件):

```
$ sudo vi hello. service
[Unit]
#描述信息
Description=my service
[Service]
#定义服务运行的具体命令,给出执行脚本的绝对路径
ExecStart=/home/linux/test. sh
[Install]
#定义服务所在的启动目标
WantedBy=multi-user. target
```

第二步,在/home/linux 下创建 Shell 脚本 test. sh,该脚本文件的功能是输出 hello,并且每隔 5s 进行一次计数。编辑脚本文件内容如下:

```
$ vi test. sh
```

```
#!/bin/bash
echo hello
count=1
while [ true ]
do
echo $count
sleep 5
count=`expr $count + 1`
done
```

脚本文件创建好之后需要赋予可执行权限,关于 Shell 脚本的内容详见后续章节介绍。

```
$ chmod +x test.sh
```

第三步,设置服务开机自启。命令及显示结果如下:

```
$ sudo systemctl enable hello
Created symlink /etc/systemd/system/multi-user.target.wants/hello.service →/etc/systemd/system/hello.service.
```

通过 systemctl enable 命令设置开机自启,相当于在两个目录之间建立符号链接。与之对应的,systemctl disable 命令用于在两个目录之间撤销符号链接。

设置了开机自启后,会在下次启动时起作用,此时查看 hello.service 仍然处于未启动状态。命令及显示结果如下:

```
$ systemctl status hello
hello.service - my service
     Loaded: loaded(/etc/systemd/system/hello.service; enabled; vendor preset: enabled)
     Active: inactive(dead)
```

第四步,重启系统。命令及显示结果如下:

```
$ reboot
$ systemctl status hello
hello.service - my service
     Loaded: loaded(/etc/systemd/system/hello.service; enabled; vendor preset: enabled)
     Active: active(running) since Thu 2023-06-29 15:05:25 CST; 37s ago
   Main PID: 587(test.sh)
      Tasks: 2(limit: 2262)
     Memory: 2.3M
        CPU: 20ms
     CGroup: /system.slice/hello.service
             ├─ 587 /bin/bash /home/linux/test.sh
             └─2348 sleep 5
6月 29 15:05:25 linux-VitualBox systemd[1]: Started my service.
6月 29 15:05:25 linux-VitualBox test.sh[587]: hello
6月 29 15:05:25 linux-VitualBox test.sh[587]: 1
6月 29 15:05:30 linux-VitualBox test.sh[587]: 2
6月 29 15:05:35 linux-VitualBox test.sh[587]: 3
```

```
6月 29 15:05:40 linux-VitualBox test.sh[587]: 4
6月 29 15:05:45 linux-VitualBox test.sh[587]: 5
6月 29 15:05:50 linux-VitualBox test.sh[587]: 6
```

重新启动之后查看 hello 服务的状态，发现其已经运行并成功输出 hello 以及 count 的计数值。

注意：如果修改了服务配置文件，需要重新加载配置。例如：

```
$ sudo systemctl daemon-reload
```

9.5 systemctl 管理启动目标

正如表 9-6 所示，systemd 使用启动目标来代替运行级别，与运行级别 2~4 对应的启动目标是 multi-user.target，与运行级别 5 对应的启动目标是 graphical.target，目前 Ubuntu 默认的开机运行级别为 5，对应的启动目标是 graphical.target。可以使用如下命令查看或修改启动目标。

1. 查看当前系统的启动目标

```
$ systemctl get-default
graphical.target
```

2. 查看当前系统的运行级别

使用 runlevel 命令可以查看系统当前所处的运行级别，在命令的输出结果中分别包含切换前的运行级别和当前的运行级别。

```
$ runlevel
N 5
```

结果中的"5"表示系统当前所处的级别是 5。"N"表示之前未切换过运行级别，即系统的默认运行级别就是 5。

3. 临时切换到其他目标

可以使用"systemctl isolate 目标名.target"命令来临时切换系统的启动目标，此时的切换只是临时生效，当系统重启之后，还是会进入默认的启动目标。例如，将启动目标切换为 multi-user.target：

```
$ sudo systemctl isolate multi-user.target
```

该命令执行后切换到 tty1，需要输入用户名和密码重新进入。进入之后查看运行级别。

```
$ runlevel
5 3
```

结果中的 5 和 3 表示切换启动目标前的运行级别为 5，切换后的运行级别为 3。

```
$ systemctl get-default
graphical.target
```

尽管已经切换到 multi-user.target，但是默认的启动目标仍然是 graphical.target。

4. 更改默认启动目标

如果要改变系统默认启动目标，可以通过“systemctl set-default 目标名 . target”命令来设置。修改系统默认启动目标后，需要重启系统才能生效。例如，在图形界面下，输入命令：

```
$ sudo systemctl set-default runlevel2. target
Created symlink /etc/systemd/system/default. target →/lib/systemd/system/multi-user. target.
Note: "multi-user. target" is the default unit(possibly a runtime override).
```

该命令将/etc/systemd/system/default. target 重新链接到/lib/systemd /system/multi-user. target。设置完毕后，重新启动系统。例如：

```
$ reboot
```

此时会进入文本模式，输入用户名和密码。

```
Ubuntu 22. 04. 2 LTS linux-VirtualBox tty1
linux-VirtualBox login: linux
Password:
Welcome to Ubuntu 22. 04. 2 LTS(GNU/Linux 5. 19. 0-41-generic x86-64)
```

重启之后查看默认的启动目标，已变为 multi-user. target。

```
$ systemctl get-default
multi-user. target
$ runlevel
N  3
```

无论是设置默认启动目标为 runlevel2. target、runlevel3. target、runlevel4. target，还是 multi-user. target，都会指向 multi-user. target，而且输出的运行级别都为 3。

5. 进入系统救援模式（单用户模式）

```
$ sudo systemctl rescue
```

该命令将进入最小的系统环境，以便于修复系统。根目录以只读方式挂载，不激活网络，只启动很少的服务，进入这种模式需要 root 密码。

6. 进入系统紧急模式

如果连救援模式都进入不了，可以执行以下命令进入系统紧急模式：

```
$ sudo systemctl emergency
```

这种模式也需要 root 密码登录，不会执行系统初始化，以只读方式挂载根目录，不装载/etc/fstab，非常适合进行文件系统故障处理。

9.6 systemd 相关工具

9.6.1 systemd-analyze 检测分析启动过程

systemd 提供了一个系统工具 systemd-analyze 用来检测和分析启动的过程，可以找出在启动过程中出错的单元，然后跟踪并改正引导组件的问题。下面列出一些常用的命令：

(1)查看启动耗时,即内核空间和用户空间启动时所花的时间。

```
$ systemd-analyze time
Startup finished in 4.195s(kernel) + 27.741s(userspace) = 31.936s
```

(2)查看正在运行的每个单元的启动耗时,并按照时长逆序排序。

```
$ systemd-analyze blame
20.446s plymouth-quit-wait.service
7.084s snapd.service
5.943s vboxadd.service
4.300s snapd.seeded.service
2.345s networkd-dispatcher.service
2.323s dev-sda3.device
1.980s NetworkManager-wait-online.service
…
```

(3)检查指定的单元文件以及被指定的单元文件引用的其他单元文件的语法错误。

```
$ systemd-analyze verify 单元文件
```

没有任何输出则表示没有错误。

(4)分析启动时的关键链,查看耗时比较严重的单元列表。

```
$ systemd-analyze critical-chain
The time when unit became active or started is printed after the "@" character.
The time the unit took to start is printed after the "+" character.
graphical.target @27.683s
└─multi-user.target @27.682s
  └─plymouth-quit-wait.service @7.232s +20.446s
    └─systemd-user-sessions.service @7.025s +145ms
      └─network.target @6.757s
        └─wpa_supplicant.service @6.311s +444ms
          └─dbus.service @5.591s
            └─basic.target @5.505s
              └─sockets.target @5.505s
                └─snapd.socket @5.491s +13ms
```

结果按照单元启动耗时进行排序,以瀑布状显示当前启动目标(graphical.target)的启动过程流。“@”之后是单元启动的时刻(从系统引导到单元启动的时间),“+”之后是单元启动消耗的时间。

(5)添加参数来显示指定单元的关键链。

```
$ systemd-analyze critical-chain cups.service
The time when unit became active or started is printed after the "@" character.
The time the unit took to start is printed after the "+" character.
cups.service +594ms
└─network.target @6.757s
  └─wpa_supplicant.service @6.311s +444ms
```

```
└─dbus.service @5.591s
  └─basic.target @5.505s
```

9.6.2 journalctl 日志管理命令

systemd 提供了自己的日志系统 systemd-journald 来统一管理所有 Unit 的启动日志，这样带来的好处就是可以只用一个 journalctl 命令，查看所有内核和应用的日志。日志的配置文件是/etc/systemd/journald.conf。

journalctl 的语法格式为：

journalctl [选项…] [匹配…]

下面给出一些常用的日志管理命令：

1. 查看所有日志(默认显示本次启动的所有日志，按时间正序排列)

```
$ journalctl
5月21  00:02:25  linux-VirtualBox  kernel: Linux version 5.19.0-41-generic(build>
5月21  00:02:25  linux-VirtualBox  kernel: Command line:BOOT_IMAGE=/boot/vmlinuz>
5月21  00:02:25  linux-VirtualBox  kernel: KERNEL supported cpus:
5月21  00:02:25  linux-VirtualBox  kernel: Intel GenuineIntel
5月21  00:02:25  linux-VirtualBox  kernel: AMD AuthenticAMD
```

日志文件的格式包含以下4列：

(1)事件产生的时间。

(2)产生事件的服务器的主机名。

(3)产生事件的服务名或程序名加[PID]。

(4)事件的具体信息。

2. 反向输出所有日志(按时间倒序)

```
$ journalctl -r
```

3. 显示全部日志

日志默认是分页输出，使用--no-pager 可以完整显示。

```
$ journalctl --no-pager
```

4. 只查看内核日志

```
$ journalctl -k
```

5. 输出指定行数的日志

```
$ journalctl -n [数字]
```

若不带数字参数，则输出10行。

6. 实时输出最新日志(默认输出10条)

```
$ journalctl -f
```

此时进入实时视图模式，可以通过快捷键【Ctrl+C】退出。

7. 查看指定时间范围的日志

通过--since(开始时间)和--until(结束时间)选项,可以过滤任意时间限制,显示指定条件之前、之后或之间的日志。时间参数可以使用自然语言比如 yesterday、today 和 tomorrow 来过滤日志,还可以指定日期或日期时间组合,或者还可以使用-1h15min 等相对时间来指定过去的 1h15min。带空格的参数要用""包起来。示例如下:

```
$ journalctl --since today
$ journalctl --since "2023-4-27 12:00:00" --until "2023-5-27 14:30:00"
$ journalctl --since "2023-5-15"
$ journalctl --since "50 min ago"
$ journalctl --since 09:00 --until "3 hour ago"
```

8. 根据进程 ID 查询

如果进程使用了 systemd 托管日志,则可以通过以下命令查找进程对应的日志。

```
$ journalctl _PID=1
```

9. 显示指定优先级(及以上级别)的日志

Linux 操作系统提供了从 0(emerg)到 7(debug)一共 8 个级别的日志,可以配合-p 参数分别查看对应级别及以上级别的日志。

```
$ journalctl -p 级别(或序号)
$ journalctl -p 5
$ journalctl -p err
```

10. 查看日志占用的磁盘空间

```
$ journalctl --disk-usage
```

本章小结

本章主要讲解了 systemd 的系统和服务管理功能,具体内容包含 systemd 初始化方式,systemd 中单元和目标的相关概念,systemctl 系统管理和 journalctl 日志管理的主要命令,并用大量示例进行验证说明。

课后习题

1. 什么是守护进程?
2. 简述 Linux 的启动过程。
3. 简述 Linux 系统 3 种初始化方式的特点。
4. 比较 systemd 的目标和 SysV init 的运行级别。
5. 假设系统中安装了 mysqld 服务,请给出开启该服务并查看服务运行状态,然后关闭服务的命令。
6. 如何自定义服务实现开机自启?

第 10 章　Shell 编程

Shell 是一种命令行解释器,是用户和操作系统之间通信的接口,它首先接收来自用户输入的命令,并将其转换为一系列的系统调用,然后送到内核执行,最后将结果输出给用户。Shell 脚本是使用 Shell 提供的语句所编写的文件,可以包含任意 Linux 命令。编写 Shell 脚本的过程称为 Shell 编程。

10.1　Shell 基础

Shell 是操作系统的外壳,它是用户和 Linux 内核之间的接口,Linux Shell 示意图如图 10－1 所示。Shell 是一种程序设计语言,也是一种命令语言。用户通过 Shell 访问操作系统内核的服务,管理计算机资源。

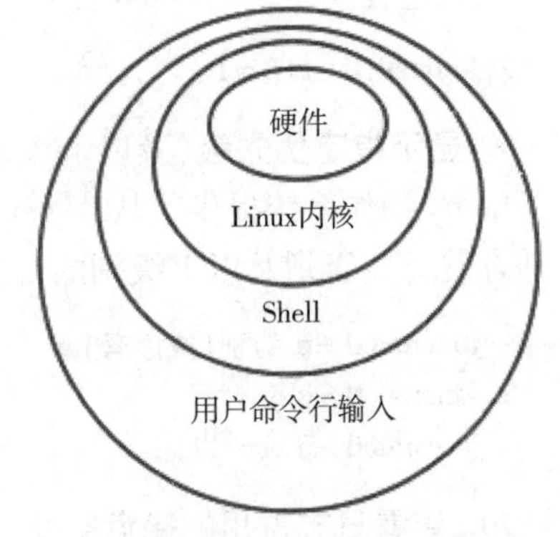

图 10－1　Linux Shell 示意图

10.1.1　Shell 的功能

Shell 主要提供 3 种功能:

(1)解释命令行中输入的命令。它是 Linux Shell 最主要的功能,Shell 是一个命令语言解释器,它有自己的 Shell 命令集。命令提示符下输入的命令由 Shell 进行解释后传给 Linux 内核,内核将结果返回 Shell。

(2)初始化配置文件(如 . profile、. login 等文件),实现个性化的用户环境。

(3)编写 Shell 脚本,实现高级管理功能。Shell 也是一种程序设计语言,它定义了变量和运算符,提供了各种控制结构。用户可以编写由 Shell 命令组成的程序,这种程序称为 Shell 脚本或命令文件。

10.1.2　Shell 的类型

Shell 有多种不同的版本。主要可分为以下几种:

(1)bash。Bourne Again Shell 的缩写,是 GNU 操作系统上默认的 Shell。

(2)Bourne Shell。由贝尔实验室开发。

(3)Korn Shell。是在 Bourne Shell 的基础上发展来的,在大部分内容上与 Bourne Shell 兼容。

(4)C Shell。是 SUN 公司 Shell 的 BSD 版本。

(5)Z Shell。集成了 bash、ksh 的重要特性,同时又增强了自己独有的特性。

当用户打开命令行终端或者切换到文本界面时,Ubuntu 会默认打开一个 Shell 程序。

若安装有多种 Shell 程序,在命令行中输入 Shell 名称即可改变当前使用的 Shell 类型。执行 exit 命令可以退出 Shell 程序。用户可以嵌套进入多个 Shell,然后使用 exit 命令逐个退出。使用 echo $SHELL 命令可查看当前使用的 Shell 类型,也可以使用命令 cat /etc/shells 查看系统可用的 Shell 类型。Ubuntu 默认使用的 Shell 程序是/bin/bash。

10.2 Shell 脚本

Shell 是用户与 Linux 系统进行交互的基本工具。有两种执行 Shell 命令的方式:一种是交互式,即用户每输入一条命令 Shell 就进行解释执行;另一种是批处理,事先编写一个包含若干条命令的 Shell 脚本,让 Shell 一次执行完这些命令。编写 Shell 脚本的过程称为 Shell 编程。Shell 编程最基本的功能是将一些命令写入脚本中,通过直接执行脚本来启动一连串的指令,如用脚本定义防火墙规则或者执行批处理任务。如果经常用到相同执行顺序的命令,就可以将这些命令写成脚本文件,以后要进行同样的操作时,只需在命令行输入脚本文件名即可。

10.2.1 Shell 脚本的编写

Shell 脚本是使用 Shell 提供的语句所编写的命令文件,可以包含任意 Linux 命令。Shell 脚本不需要集成开发环境,使用文本编辑器即可,如 vi、Emacs 或者图形化编辑器 gedit。

Linux 中常用的 Shell 脚本解释器有 bash、sh、csh、ksh 等,其中 Linux 默认的 Shell 是 bash。在 Ubuntu 中,默认还安装有 sh,其他类型的 Shell 默认没有安装,需要时可以自行安装。

下面是一个简单的 Shell 脚本文件。第一行以"#!/bin/bash"开头指明运行该脚本时使用的 Shell 类型,如果没有指定,则使用当前正在执行的 Shell。除第一行之外,所有以"#"开头的行都是注释行,Shell 在执行时会直接忽略"#"之后的内容。echo 命令用来显示提示信息,选项"-n"表示在显示信息时不自动换行。若不加该选项,默认会在命令的最后自动加上一个换行符。

```
#!/bin/bash
#第一个简单的 Shell 脚本文件。
echo "这是我的第一个 Shell 脚本文件"
echo -n "Hello"
```

10.2.2 Shell 脚本的运行

Shell 是一种解释型语言,Shell 从脚本中一行一行地读取数据,并执行读取到的内容,整个执行过程相当于用户把脚本中的内容一行一行地输入命令行中执行。下面介绍 Shell 脚本运行的四种方式。假设已经编写好一个文件名为 ch10_1.sh 的 Shell 脚本,文件存放在/home/linux 目录中,文件内容如下:

```
#!/bin/bash
echo "Hello World!"
```

(1)首先将 ch10_1. sh 脚本文件的权限设置为可执行权限(直接编辑生成的脚本文件没有执行权限,需要使用 chmod u+x /home/linux/ch10_1. sh 命令或者用图形界面中的文件管理器添加执行权限),然后切换到 Shell 脚本所在的目录执行脚本,执行过程和结果如下所示:

```
$ chmod u+x /home/linux/ch10_1. sh
$ cd /home/linux
$ ./ch10_1. sh
Hello World!
```

其中"./"表示在当前工作目录下执行 ch10_1. sh。如果不加"./",直接写 ch10_1. sh,bash 可能提示"ch10_1. sh:未找到命令"的错误信息。如果 Shell 脚本前不加路径信息,则 Linux 系统默认只会到命令搜索路径 PATH 中去查找,由于/home/linux 不在环境变量 PATH 中,所以要明确指定脚本文件的所在位置。如果想要直接写 ch10_1. sh,可以将 ch10_1. sh 文件所在目录/home/linux 添加到环境变量 PATH 中。

(2)以绝对路径的方式执行 Shell 脚本,脚本需要赋予执行权限,执行过程如下所示:

```
$ /home/linux/ch10_1. sh
Hello World!
$ cd /usr/bin
/usr/bin $ /home/linux/ch10_1. sh
Hello World!
```

(3)切换到工作目录下(/home/linux),直接使用 bash 或 sh 来执行 Shell 脚本,脚本无需执行权限,执行过程如下所示:

```
/usr/bin $ cd ~
$ bash ch10_1. sh
Hello World!
$ sh ch10_1. sh
Hello World!
```

注意:以该方式执行 Shell 脚本文件时,不必给脚本赋予执行权限,也不用在 Shell 脚本的第一行指定 Shell 解释器,即使指定了,也会忽略。因为该方法是直接运行 Shell 解释器,其参数就是 Shell 脚本文件名。

(4)将外部脚本的内容合并到当前脚本,以包含外部脚本的方式来执行,被包含的外部脚本不需要执行权限。包含外部脚本文件的语法格式为". 脚本文件名"或者"source 脚本文件名",两种方式的作用一样。注意:点号和脚本文件名之间一定要有空格。

例如,可以通过包含外部脚本的方式将两个 Shell 脚本的内容合并在一起。ch10_1. sh 作为主脚本,login. sh 作为要嵌入的脚本。将主脚本的内容修改如下,加入语句 . login. sh 或 source login. sh。

```
#! /bin/bash
echo " Hello World !"
. ./login. sh
```

注意:第 2 个点号表示当前目录。

10.3 Shell 变量

10.3.1 变量的类型

Shell 变量类型可分为三种,分别为用户变量、环境变量和内部变量。

1. 用户变量

在编写 Shell 脚本时定义,用户变量仅在当前 Shell 实例中有效,可任意使用和修改,可将其看作局部变量,其他 Shell 启动的程序不能访问它。

2. 环境变量

环境变量是系统环境的一部分,无需用户自己定义,用户可以在 Shell 程序中直接使用它们,可将其看作全局变量。在 Shell 中可以修改某些变量(如 PATH)。命令 echo $PATH 可以输出 PATH 的值。

3. 内部变量

内部变量是 Linux 提供的一种特殊类型的变量,这些变量的值在 Shell 程序内不能改变。内部变量通常在 Shell 脚本中使用,常见的有 $n、$0、$#、$?、$$、$!、$*、$@ 等,具体含义如表 10-1 所示。

表 10-1 Shell 中常见的内部变量

变量	说明
$n	传递给脚本或函数的位置参数,n 是一个数字,表示第几个参数。例如,$1 是第 1 参数、$2 是第 2 参数,当参数超过 10 个时,用花括号括起来,如 ${12}
$0	Shell 脚本名
$#	位置参数个数
$?	上一条命令执行后的返回结果。多数情况下,若执行成功返回 0,若失败返回 1;有一些命令返回其他数字,表示不同类型的错误
$$	当前进程的 PID,对于 Shell 脚本,指这个脚本所在进程的 PID
$!	上一条后台运行进程的 PID
$*	以"$1 $2 $3… $n"的形式输出所有参数,所有位置参数看成一个字符串
$@	每个位置参数被看成单独的字符串,输出所有参数

下面举例说明常见的内部变量使用方法。例如,Shell 脚本文件 ch10_2.sh,文件存放在/home/linux 目录中,文件内容如下:

```
#!/bin/bash
echo "Shell 脚本文件名: $0"
echo "当前进程 PID: $$"
echo "位置参数总数: $#"
echo "所有的参数: $*"
echo "所有的参数: $@"
echo "第一个位置参数: $1"
echo "第二个位置参数: $2"
echo "第三个位置参数: $3"
```

```
echo "上一步执行是否成功: $?"
```

运行指令 bash ch10_2. sh aa bb cc 执行该脚本,并传入参数。执行效果如下:

```
Shell 脚本文件名:ch10_2. sh
当前进程 PID:30102
位置参数总数:3
所有的参数:aa bb cc
所有的参数:aa bb cc
第一个位置参数:aa
第二个位置参数:bb
第三个位置参数:cc
上一步执行是否成功:0
```

10.3.2 变量的定义与访问

1. 变量的定义

Shell 变量在定义时不需要指明类型,直接赋值即可。默认不区分变量类型,使用 declare 关键字可显式声明变量类型。使用 readonly 命令可将变量定义为只读变量,只读变量的值不能被改变。使用 unset 命令可以删除变量,但不能删除只读变量,变量被删除后不能再次使用。

变量定义的格式为:

变量名=变量值

注意:等号两边不能有空格。

Shell 变量名由字母、数字、下划线组成,必须以字母或下划线开头,不能使用 Shell 关键字。在给变量赋值时,变量值无论是否使用引号,都会以字符串的形式存储。如果变量值中包含空白符(如空格、Tab 等),则要用引号括起来。已定义的变量可以被重新赋值,同一变量可以第一次存放整型值,下一次存放字符型值。在对变量重新赋值时,不能在变量名前加“$”符号。

2. 变量的访问

在变量名前加一个“$”符号即可访问变量的值。通常使用 echo 命令来显示变量的值。下面举例说明变量的具体用法。

```
$ temp=6          #定义变量,等号两边不应有空格,将一个整型值赋值给变量 temp
$ temp = 6        #定义变量,若等号两边有空格,则提示“未找到命令”错误信息
temp:未找到命令
$ echo $temp     #在变量名前面加符号 $ 来引用变量
6
$ num=$temp     #用一个已存在的变量给另一个变量赋值
$ sum=`expr $temp + 5`  #表达式赋值给变量用反引号括起来,运算符和操作数间有空格
$ unset sum      #unset 命令删除变量
$ temp="Chinese male"   #已经赋值的变量可以重新赋值。将一个包含空格的字符串
                        #赋给变量 temp,故必须使用引号
$ readonly temp   #使用 readonly 将变量定义为只读
```

```
$ echo "I am a $temp student"
I am a Chinese male student
$ echo "I am a ${temp} student"
I am a Chinese male student
```

给变量名加花括号帮助解释器识别变量边界,此处如果不加{},写成 $tempstudent 无结果输出,但是写成 $temp student 可以正确输出。

```
$ echo "I am a ${temp}student"
I am a Chinese malestudent
$ echo "I am a $tempstudent"
I am a
```

10.3.3 变量值输入

read 命令可以从键盘读入变量值,键盘输入的内容到换行符前的所有字符都会被读取,并赋值给变量。read 命令可以一次读入多个变量的值,多个变量名用空格分开,键盘输入的多个值也用空格分开,默认以回车符代表输入结束,第一个数据给第一个变量,第二个数据给第二个变量,如果输入数据的个数多于变量个数,则多余的值都赋值给最后一个变量。read 命令如果没有指定变量名,则读取的数据被放在环境变量 $REPLY 中。read 命令常用选项如表 10-2 所示。

语法格式为:

read [选项] [参数]

表 10-2 read 命令常用选项

选项	说明
-d	写上选项-d,它后面跟一个标志符作为结束标志,不写选项-d,默认以回车符代表输入结束。例如,read -d $ var,表示输入"$"符号时结束键盘输入
-p	在键盘输入字符前打印提示信息。例如,read -p "输入姓名:" name
-n	后跟一个数字,限制输入字符的长度,当输入的字符数目达到预定长度时,自动终止输入,并将输入的数据赋值给变量,如果输入的字符数目小于预定长度,按下回车也结束读取。例如,read -n 3 var
-r	取消特殊字符的转义功能,不把反斜杠字符解释为转义字符,将转义字符作为普通字符原样读取
-s	在输入字符时不在屏幕上显示,例如,登录时输入密码不回显密码:read -s password
-t	后面跟秒数,定义输入字符的等待时间,若在指定时间内无输入或输入不全,则自动终止输入。没完成的输入将被丢弃,变量将赋值为空(如果在执行 read 前,变量已被赋值,则此变量在 read 超时后将被覆盖为空)。例如,read -t 20 var

10.3.4 变量值输出

1. echo

echo 命令发送数据到标准输出设备。echo 有三个重要的选项:选项-e 启动转义;选项-E 禁止转义,默认不转义;选项-n 忽略结尾的换行,echo 命令默认换行。示例如下:

```
$ echo "hello\tworld"
```

```
hello\tworld
$ echo -e "hello\tworld"
hello   world
$ echo -e -n "hello\tworld"
hello   world $ month=8
$ echo "Today is 2022-${month}-16"
Today is 2022-8-16
```

2. printf

printf 命令格式化输出变量,默认输出不换行,换行需要加“\n”。示例如下:

```
$ age=20
$ printf "Age:%d,Address:%s\n" $age ShanXi
Age:20,Address:ShanXi
$ printf "hello\tworld"
hello        world $ printf "hello\tworld\n"
hello        world
```

10.3.5 数组

数组是一种具有相同数据类型元素的集合,bash Shell 只支持一维数组。

1. 数组的定义

Shell 中定义数组不用指明数组大小,数组元素下标从 0 开始,用“数组名[下标]”获取数组元素,下标可以是整数或算术表达式。数组元素之间用空格分隔。语法格式为(“=”两边不能有空格):数组名=(值 1 值 2…值 n),如 array_name=(A B C)。

也可以使用“数组名[下标]”来单独定义数组中的各元素,例如:

```
array_name[0]=A
array_name[1]=B
array_name[2]=C
```

2. 数组的访问

(1)获取数组单个元素值:${数组名[下标]}。

(2)获取数组中所有元素:${数组名[@]}或者${数组名[*]}。

(3)获取数组长度:${#数组名[@]}或者${#数组名[*]}。

(4)获取数组单个元素的长度:${#数组名[n]}。

以下实例通过下标法访问数组元素,例如 Shell 脚本文件 ch10_3.sh,文件存放在/home/linux 目录中,文件内容如下:

```
#! /bin/bash
my_array=(A  B  C  D)
echo "第一个元素为: ${my_array[0]}"
echo "第二个元素为: ${my_array[1]}"
echo "第三个元素为: ${my_array[2]}"
echo "第四个元素为: ${my_array[3]}"
```

输入如下命令执行脚本：

```
$ chmod +x ch10_3.sh
$ bash ch10_3.sh
```

输出结果如下所示：

```
第一个元素为：A
第二个元素为：B
第三个元素为：C
第四个元素为：D
```

10.4 Shell 运算符与表达式

10.4.1 运算符的使用

Shell 支持的运算符主要有算术运算符、关系运算符、逻辑运算符、字符串检测运算符以及文件测试运算符。在 Shell 编程中，赋值符号两侧不能有空格，其余运算符和操作数之间必须有空格。

1. 算术运算符

算术运算符用于数值计算，主要的算术运算符如表 10－3 所示，假定变量 a 为数字 10，变量 b 为数字 20。

表 10－3 算术运算符

运算符	说明	举例
+	加法	`expr $a + $b` 结果为 30
-	减法	`expr $a - $b` 结果为-10
*	乘法	`expr $a \* $b` 结果为 200（注意乘号转义）
/	除法	`expr $b / $a` 结果为 2
%	取余	`expr $b % $a` 结果为 0
=	赋值	a=$b 将把变量 b 的值赋给 a

2. 关系运算符

关系运算符只支持数字，不支持字符串，除非字符串的值是数字。表 10－4 列出了常用的关系运算符，假定变量 a 为数字 10，变量 b 为数字 20。

表 10－4 关系运算符

运算符	说明	举例
-eq 或 ==	两个数是否相等，若相等返回 true	[$a -eq $b] 返回 false [$a == $b] 返回 false
-ne 或 !=	两个数是否不相等，若不相等返回 true	[$a -ne $b] 返回 true [$a != $b] 返回 true
-gt	左边的数是否大于右边，如果是，则返回 true	[$a -gt $b] 返回 false

（续）

运算符	说明	举例
-lt	左边的数是否小于右边，如果是，则返回 true	[$a -lt $b]返回 true
-ge	左边的数是否大于等于右边，如果是，则返回 true	[$a -ge $b]返回 false
-le	左边的数是否小于等于右边，如果是，则返回 true	[$a -le $b]返回 true

3. 逻辑运算符

逻辑运算符用于对一个或多个逻辑表达式进行逻辑运算，结果为 true 或者 false，如表 10-5 所示，假定变量 a 为数字 10，变量 b 为数字 20。

表 10-5 逻辑运算符

运算符	说明	举例
!	非运算，若表达式为 true 返回 false，否则返回 true	[! false]返回 true
-o	或运算，若有一个表达式为 true，则返回 true	[$a -lt 20 -o $b -gt 100]返回 true
-a	与运算，两个表达式都为 true 才返回 true	[$a -lt 20 -a $b -gt 100]返回 false

4. 字符串检测运算符

字符串检测运算符用于检测字符串，常用的字符串检测运算符如表 10-6 所示，假定变量 a 的值为字符串"abc"，变量 b 的值为字符串"efg"。

表 10-6 字符串检测运算符

运算符	说明	举例
=	检测两个字符串是否相等，若相等返回 true	[$a = $b]返回 false
!=	检测两个字符串是否不相等，若不相等返回 true	[$a != $b]返回 true
-z	检测字符串长度是否为 0，若为 0 返回 true	[-z $a]返回 false
-n	检测字符串长度是否不为 0，若不为 0 返回 true	[-n "$a"]返回 true
$	检测字符串是否不为空，若不为空返回 true	[$a]返回 true

5. 文件测试运算符

文件测试运算符用于检测 Linux 文件的各种属性，常用的文件测试运算符如表 10-7 所示。

表 10-7 文件测试运算符

运算符	说明	举例
-b file	检测文件是不是块设备文件，如果是，则返回 true	[-b $file]返回 false
-c file	检测文件是不是字符设备文件，如果是，则返回 true	[-c $file]返回 false
-d file	检测文件是不是目录，如果是，则返回 true	[-d $file]返回 false
-f file	检测文件是不是普通文件，如果是，则返回 true	[-f $file]返回 true
-g file	检测文件是否设置了 SGID 位，如果是，则返回 true	[-g $file]返回 false
-k file	检测文件是否设置了 Sticky 位，如果是，则返回 true	[-k $file]返回 false

（续）

运算符	说明	举例
-p file	检测文件是不是有名管道，如果是，则返回 true	[-p $file]返回 false
-u file	检测文件是否设置了 SUID 位，如果是，则返回 true	[-u $file]返回 false
-r file	检测文件是否可读，如果是，则返回 true	[-r $file]返回 true
-w file	检测文件是否可写，如果是，则返回 true	[-w $file]返回 true
-x file	检测文件是否可执行，如果是，则返回 true	[-x $file]返回 true
-s file	检测文件是否不为空（文件大小是否大于 0），不为空则返回 true	[-s $file]返回 true
-e file	检测文件（包括目录）是否存在，如果是，则返回 true	[-e $file]返回 true

10.4.2 表达式的使用

Shell 脚本中的表达式主要包括算术表达式和逻辑表达式，下面说明它们的使用方法。

1. 算术表达式

bash 本身并不支持数学运算，可以通过以下 3 种方法实现算术表达式的求值操作。

（1）通过 awk、expr 等命令来实现算术表达式的求值操作。使用 expr 命令时需要注意，操作数（用于计算的数）和运算符之间一定要有空格，表达式给变量赋值时，要将表达式用反引号括起来，实现命令替换，示例如下：

```
$ a=1
$ b=2
$ val1=`expr $a + $b`
$ echo $val1
3
$ val2=`expr 100/2`
$ echo $val2
100/2
$ val2=`expr 100 / 2`
$ echo $val2
50
```

（2）使用 $[ ]表达式进行数学运算，此时不要求运算符与操作数之间有空格，此处空格可有可无。示例如下：

```
$ echo $[100/2]
50
$ echo $[100 / 2]
50
```

（3）使用 let 命令来计算整数表达式的值，此时运算符与操作数之间不可以有空格，示例如下：

```
$ a=1
$ b=1
```

```
$ let val=$a+$b
$ echo $val
2
```

2. 逻辑表达式

逻辑表达式用于条件判断,值为 true(或 0)表示结果为真,值为 false(或 1)表示结果为假。通常使用 test 命令或者中括号“[ ]”来检查逻辑表达式是否成立。常和 if、while、until 语句结合使用,用于条件判断,以便于更好地进行流程控制。test 命令和“[ ]”命令的语法格式分别为:

test 逻辑表达式

[逻辑表达式]

示例如下:

```
$ test 2 = 2
$ echo $?
0
$ test 2 = 6
$ echo $?
1
$ [ 2 = 2 ]
$ echo $?
0
$ [ 2 = 6 ]
$ echo $?
1
```

注意:若 echo $? 的输出结果为 0 表示真,若输出结果为 1 表示假。运算符和操作数之间必须有空格,且使用方括号时,逻辑表达式两边必须有空格。

10.5 Shell 中的流程控制语句

通常情况下 Shell 按顺序执行每一条语句,直到脚本文件结束。但有时需要进行程序的跳转,这就需要流程控制语句。Shell 提供了选择结构和循环结构。

10.5.1 选择结构

条件语句实现程序的分支结构,根据指定的条件来选择执行程序。Shell 提供 if 语句和 case 语句来实现选择结构。

1. if 语句

使用 test 命令对条件进行测试,比如可以比较字符串、判断文件是否存在,也可以用方括号来代替 test 命令。通过判断条件表达式做出选择,例如,if test $a -lt $b 和 if [$a -lt $b]等价。注意:表达式和方括号“[”之间必须有空格,否则会出现语法错误。

if 语句可分为单分支 if 条件语句、双分支 if 条件语句以及多分支 if 条件语句,具体如下：

（1）单分支 if 条件语句，语法格式如下：

```
if [ 条件表达式 ]
then
  语句序列
fi
```

若条件表达式结果为 true，那么执行 then 后边的语句序列，否则不会执行任何语句。最后必须以 fi 语句结尾来闭合 if 语句。例如，Shell 脚本文件 ch10_4. sh，文件内容如下：

```
#!/bin/bash
x=3
y=1
if [ $x -gt $y ]
then
  echo " x大于y "
fi
```

（2）双分支 if 条件语句，语法格式如下：

```
if [ 条件表达式 ]
then
  语句序列 1
else
  语句序列 2
fi
```

若表达式结果为 true，那么执行 then 后边的语句序列，否则执行 else 后面的语句序列。例如，Shell 脚本文件 ch10_5. sh，文件内容如下：

```
#!/bin/bash
x=1
y=2
if [ $x == $y ]
then
echo " x等于y "
else
echo " x不等于y "
fi
```

（3）多分支 if 条件语句，可以有任意数量的分支，语法格式如下（elif 是 else if 的缩写）：

```
if [ 条件表达式 1 ]
then
  语句序列 1
elif [ 条件表达式 2 ]
```

```
then
  语句序列 2
elif [ 条件表达式 3 ]
then
  语句序列 3
…
else
  语句序列 n
fi
```

若某个条件表达式的值为 true,则执行相应的语句序列。若所有的条件表达式都为 false,则执行 else 后面的语句序列。例如,Shell 脚本文件 ch10_6. sh,文件内容如下:

```
#!/bin/bash
x=1
y=2
if [ $x == $y ]
then
  echo " x 等于 y "
elif [ $x -gt $y ]
then
  echo " x 大于 y "
elif [ $x -lt $y ]
then
  echo " x 小于 y "
else
  echo "所有条件都不满足"
fi
```

2. case 语句

case 语句是一种多分支语句,和 if 多分支条件语句不同的是,case 语句只能判断一种条件关系,而 if 语句可以判断多种条件关系。case 语句匹配一个值或一个模式,如果匹配成功,执行匹配模式后的语句。case 语句的语法格式如下:

```
case 值 in
 模式 1)
   语句序列 1
   ;;
 模式 2)
   语句序列 2
   ;;
 …
 模式 n)
   语句序列 n
```

```
  ;;
 *)
 其他语句序列
esac
```

其中,值可以是变量、数字、字符串或者命令的执行结果。模式可以是数字、字符串或者正则表达式,也可以包含多个值,使用“|”将各个值分开,例如“6|8”表示匹配6或8。case后的值依次同各个模式进行比较,若case后的值和某个模式中的值匹配成功,则会执行相应模式后面的语句序列,直至遇到两个分号“;;”为止。“;;”与其他语言中的break功能类似,用于终止一个case结构,跳到esac后面继续执行。若省略“;;”,将继续执行下一个模式之后的语句序列,不再继续进行模式匹配。

“*)”是一个正则表达式,“*”表示任意字符串。如果任何模式都没有匹配成功,则执行“*)”后面的语句序列,直到遇到“;;”或者esac才结束。“*)”部分可以省略,如果任何模式都没有匹配成功,则不执行任何操作。

例如,Shell脚本文件ch10_7.sh,提示用户输入一个字符,判断该字符是字母、数字或者其他字符。文件内容如下:

```
#!/bin/bash
read -p "请输入一个按键,按 Enter 键确认: " KEY
case $KEY in
[a-z] | [A-Z])
   echo "您输入的是一个字母!"
   ;;
[0-9])
   echo "您输入的是一个数字!"
   ;;
*)
   echo "您输入的是空格,功能键或其他控制字符!"
   ;;
esac
```

10.5.2 循环结构

循环结构是指在程序中需要反复执行一段代码,Shell提供了3种循环结构语句,分别是for语句、while语句和until语句。

1. for 语句

Shell for循环提供了2种语法格式,分别是带取值列表的for循环语句和类C语言风格的for循环语句。

(1)带取值列表的for循环语句的语法格式如下:

```
for 变量 [in 变量取值列表]
do
  语句序列
```

```
done
```

其中,变量的取值可以是一组由数字或字符串组成的序列,每个值通过空格分隔。每循环一次,将变量取值列表中的一个元素赋值给变量,并执行一次语句序列。“in 变量取值列表”部分是可选的,如果不用它,for 循环语句会自动读取当前脚本的位置参数。例如,Shell 脚本文件 ch10_8. sh,使用 for 循环输出 3、2、1 三个数,文件内容如下:

```
#!/bin/bash
for i in 3 2 1
do
  echo " $i"
done
```

(2)类 C 语言风格的 for 循环语句的语法格式如下:

```
for((exp1;exp2;exp3))
do
   语句序列
done
```

其中,exp1、exp2、exp3 是三个表达式,exp2 用于条件判断,for 循环根据 exp2 的结果来决定是否继续下一次循环。

2. while 语句

while 循环先进行条件测试,若结果为真,则执行 do 和 done 之间的命令,命令执行完毕,控制返回循环顶部,然后再做条件测试,直到测试条件为假,终止 while 语句。while 语句的语法格式如下:

```
while 条件
do
   语句序列
done
```

例如,Shell 脚本文件 ch10_9. sh,用 while 循环求 1 到 100 的整数和,文件内容如下:

```
#!/bin/bash
i=100
sum=0
while [ $i -ge 1 ]
do
  ((sum=sum+i))
  ((i=i-1))
done
echo "1 到 100 的整数和为: $sum"
```

3. until 语句

until 循环先进行条件测试,如果返回值为假,则继续执行循环体内的语句,否则跳出循环。它与 while 循环在处理方式上相反。until 语句的语法格式:

until 条件
do
　语句序列
done

例如，Shell 脚本文件 ch10_10. sh，使用 until 循环求 1 到 100 的整数和，文件内容如下：

```
#!/bin/bash
i=100
sum=0
until [ $i -lt 1 ]
do
  ((sum=sum+i))
  ((i=i-1))
done
echo "1 到 100 的整数和为: $ sum"
```

4. 循环控制

如果需要控制循环的走向，比如提前结束循环、跳出当前循环等，可以使用 break 和 continue 语句。具体含义如表 10－8 所示。

表 10－8　循环控制

关键词	说明
break n	n 表示跳出循环的层数，如果省略 n 表示跳出一层循环
continue n	n 表示退到第 n 层继续循环，如果省略 n 表示跳过本次循环，忽略本次循环剩下的代码，进入下一次循环

为了更好地说明二者之间的区别，在/home/linux 下创建两个文件 ch10_11. sh 和 ch10_12. sh，源代码如下所示。ch10_11. sh 的输出结果为“0 1 2 4”，ch10_12. sh 的输出结果为“0 1 2”。可以看出 continue 是跳出本次循环，继续下一轮循环；break 是结束整个循环，执行后面的代码。

ch10_11. sh 源代码：

```
#!/bin/bash
for ((i=0;i<5;i++))
do
   if [ $i -eq 3 ]
   then
        continue
   fi
   echo $i
done
```

ch10_12. sh 源代码：

```
#!/bin/bash
```

```
for ((i=0;i<5;i++))
do
    if [ $i -eq 3 ]
    then
        break
    fi
    echo $i
done
```

10.6 Shell 中函数的定义与使用

一个大的程序可以分割成若干个模块,每一个模块实现一个特定的功能。函数是实现某一功能代码的集合,同一个函数可以被其他函数多次调用。在程序设计中,可以将一些常用的功能模块编写成函数,提高代码的重用性。

10.6.1 函数的定义

Shell 中的函数必须先定义后使用。函数定义的语法格式如下:

```
[ function ] 函数名()
{
    语句序列
    [return 返回值]
}
```

其中,关键字 function 可以省略,如果写了 function,则可以省略函数名后面的小括号。return 返回值可以省略,如果省略,最后一条命令的运行结果将会作为返回值。

10.6.2 函数参数传递

调用函数只需给出函数名,不需要加括号。定义 Shell 函数时不能指明参数,但是在调用时可以决定是否需要传递参数。根据函数调用时是否需要传递参数,将函数调用分为如下两类:

(1)无参函数。调用时直接给出函数名即可,调用方式如下:

函数名

(2)有参函数。调用时函数名后接参数列表,参数之间用空格分隔。调用方式如下:

函数名 参数 1 参数 2…参数 n

Shell 函数参数是位置参数的一种,在函数体内部,通过 $n 的形式来获取参数的值, $1 表示第一个参数, $2 表示第二个参数,以此类推。通过 $#获取所传递参数的个数,通过 $@ 或 $* 一次性获取所有的参数。

例如,Shell 脚本文件 ch10_13.sh,定义一个名为 hello 的函数,在调用函数时传递参数,使用 $n 接收参数,文件在/home/linux 目录中,文件内容如下:

```
#!/bin/bash
#函数定义
function hello(){
    echo "第一个参数: $1"
    echo "第二个参数: $2"
}
#函数调用
hello China World
```

执行脚本,输出结果如下所示:

```
$ ./bash ch10_13.sh
第一个参数:China
第二个参数:World
```

10.6.3 函数的返回值

Shell 函数的 return 语句的返回值只能是整数,表示函数执行是否成功,0 表示成功,其他值表示失败。当用 return 返回其他数据时,会给出错误提示:“numeric argument required”。如果想让 Shell 函数返回任意值,可以采用以下 3 种方法:

(1)在函数内部用 echo 命令输出数据。

(2)使用全局变量。Shell 函数中定义的变量默认是全局变量,若需定义局部变量,可使用 local 关键字。函数与其所在脚本共享全局变量。在函数中将计算结果赋给全局变量,然后脚本中的其他代码访问该全局变量,就可以获得相应的计算结果。

(3)使用内部变量。通过“$?”获取上一个命令执行后的返回结果。在函数体中用 return 语句返回值,进行函数调用后,可以用“$?”来接收 return 返回的结果。

下面示例为接收函数返回值 num 的三种方法,文件命名为 ch10_14.sh,文件位置在/home/linux 目录中,文件内容如下:

```
#!/bin/bash
demo(){
      local local_var=1   #局部变量
      global_var=1   #全局变量
    for n in $@
    do
        local_var=`expr $local_var \* $n`
    done
    global_var=$local_var
    return $global_var
}
#函数调用
echo -n "直接利用 return 返回结果,失败"
echo $(demo 1 2 3)
echo -n "通过特殊变量 $? 获取结果,成功"
demo 1 2 3
```

```
echo $?
echo -n "通过全局变量获取结果,成功"
demo 1 2 3
echo $global_var
echo -n "通过局部变量获取结果,失败"
demo 1 2 3
echo $local_var
```

执行脚本,输出的结果如下所示:

```
$ ./bash ch10_14.sh
直接利用 return 返回结果,失败
通过特殊变量 $? 获取结果,成功 6
通过全局变量获取结果,成功 6
通过局部变量获取结果,失败
```

知识窗

本章小结

本章主要介绍了 Shell 脚本所涉及的变量、运算符、表达式、条件语句、循环语句和函数等基本构成要素,为 Shell 编程提供了语法基础,在实践应用中将提升 Linux 管理效率。

课后习题

1. Shell 中的变量类型有哪几种?
2. Shell 脚本的运行方式有哪几种?
3. Shell 中的选择结构有几种实现方式?分别是什么?
4. Shell 中循环结构的实现方式有哪些?
5. 简述 Shell 的位置参数。
6. 编写 Shell 脚本实现输出当前登录的用户名、当前工作目录、系统时间等信息。
7. 编写 Shell 脚本实现求 1~100 所有整数的和。
8. 编写 Shell 脚本实现输出所有的水仙花数。

第 11 章 大数据环境搭建

本章主要介绍在 Ubuntu 系统中进行大数据编程环境搭建的方法。内容包括基础环境准备,Hadoop、HBase 及 Spark 的安装与配置。

11.1 基础环境准备

在大数据环境搭建前,需要进行一些必要的大数据基础环境准备工作。本节详细介绍大数据基础环境安装和配置的相关知识,主要内容包括四个部分,分别是 JDK 安装、Java 环境变量配置、SSH 的安装和使用、SSH 本地免密登录配置。

11.1.1 OpenJDK 安装

作为大数据技术基石的 Hadoop 平台主要使用 Java 语言编写,并且通常使用 Java 语言进行大数据应用程序的开发,因此,Hadoop 的运行以及开发都需要 Java 语言的支持,因此在安装 Hadoop 前,必须先安装 JDK。

OpenJDK 是 JDK 的开源版本,同 JDK 相比,OpenJDK 安装更方便,所以选择安装 OpenJDK。对于后文中安装的 Hadoop 3.3.6 版本而言,要求使用 JDK 1.8、OpenJDK 1.8 或更高版本。JDK 1.8 对应的 OpenJDK 软件包是 openjdk-8-jdk。通过以下两个步骤来完成 OpenJDK 1.8 的安装。

1. 安装 OpenJDK 软件包

在命令行中依次执行下面两条命令:

```
$ sudo apt update
$ sudo apt install openjdk-8-jdk
```

上述两条命令是使用 APT 高级软件包管理工具来安装软件,需要保证系统有网才能正确执行。

2. 检查 OpenJDK 版本

软件包安装完成后,输入如下命令检查 OpenJDK 版本是否正确:

```
$ java -version
openjdk version "1.8.0_362"
OpenJDK Runtime Environment(build 1.8.0_362-8u372-ga~us1-0ubuntu1~22.04-b09)
OpenJDK 64-Bit Server VM(build 25.362-b09,mixed mode)
```

如果命令能够正常执行,并且输出的结果显示所安装的是 OpenJDK 1.8 版本,则表示正确安装了 OpenJDK。

11.1.2 Java 环境变量配置

由于用户可能把 OpenJDK 安装到任何位置。为了其他软件能方便地访问到 OpenJDK，通常要进行 Java 环境变量的设置，Java 环境变量的设置步骤如下：

1. 确定 OpenJDK 的安装路径

11.1.1 小节所讲述的 openjdk-8-jdk 软件包的详细安装路径，可以通过 dpkg 命令的-L 选项来获得。通常，从安装路径中找到带有/bin 的目录，其上一级目录即软件的安装目录。此时可以使用 grep 命令筛选出以/bin 结尾的行，具体命令如下：

```
$ dpkg -L openjdk-8-jdk | grep /bin
/usr/lib/jvm/java-8-openjdk-amd64/bin
```

上述命令执行后，输出了一个包含/bin 字段的绝对路径。除去输出路径末尾的/bin，剩下的/usr/lib/jvm/java-8-openjdk-amd64 就是 OpenJDK 安装路径。该安装路径信息将用于配置环境变量 JAVA_HOME。

2. 配置 JAVA_HOME 环境变量

环境变量的配置通常是通过修改系统启动或用户登录执行的脚本完成的。Ubuntu 系统启动时会执行/etc/profile 脚本，当有用户登录时，会运行用户家目录下名为 .bashrc 的脚本。环境变量的配置分为面向全体用户和当前登录用户。如果是面向全体用户，应该在/etc/profile 文件中设置，如果只针对当前登录用户，需要在文件~/.bashrc 中设置。本章所有环境变量的设置都面向全体用户，即修改/etc/profile 文件。

添加一个环境变量就是在/etc/profile 脚本文件的末尾追加一行，该行的内容是一条 export 语句。可以使用 vim 或 gedit 等文本编辑工具打开/etc/profile 文件，然后在末尾使用 export 语句添加环境变量，最后保存退出。也可以使用 echo 命令将一行 export 语句追加到/etc/profile 文件末尾。

```
$ echo export JAVA_HOME=/usr/lib/jvm/java-8-openjdk-amd64 >> /etc/profile
```

在/etc/profile 中修改环境变量后，为让环境变量立即生效，执行如下命令：

```
$ source /etc/profile
```

3. 验证 JAVA_HOME 环境变量

为了验证 JAVA_HOME 环境变量是否配置正确，依次执行下面两条命令，并比较其输出结果。

```
$ java -version
openjdk version "1.8.0_362"
OpenJDK Runtime Environment(build 1.8.0_362-8u372-ga~us1-0ubuntu1~22.04-b09)
OpenJDK 64-Bit Server VM(build 25.362-b09,mixed mode)
$ ${JAVA_HOME}/bin/java -version
openjdk version "1.8.0_362"
OpenJDK Runtime Environment(build 1.8.0_362-8u372-ga~us1-0ubuntu1~22.04-b09)
OpenJDK 64-Bit Server VM(build 25.362-b09,mixed mode)
```

如果第二条命令能正确输出 OpenJDK 版本信息,且两条命令的输出结果完全一样,则确定 JAVA_HOME 环境变量配置正确。

11.1.3 SSH 的安装和使用

SSH 是 Secure Shell 的缩写,是一种安全连接到服务器的方法,其中的所有数据,包括用户名和密码都加密。SSH 由客户端和服务端的软件组成,服务端是一个守护进程,它在后台运行并响应来自客户端的连接请求;客户端包含 ssh、scp(远程复制)和 slogin(远程登录)等程序。SSH 服务器端启动了 ssh 服务,SSH 客户端就可以远程登录。

Hadoop 名称节点(NameNode)需要远程启动集群中所有主机的 Hadoop 守护进程。因此,无论是单节点上的伪分布式模式配置,还是集群上的完全分布式模式配置,都需要使用 SSH 远程连接工具来进行登录。本小节将详细介绍 SSH 的安装和使用,分 SSH 的安装、SSH 登录和退出、SSH 登录本机三部分进行详细说明。

1. SSH 的安装

Ubuntu 默认安装了 SSH 客户端,没有安装 SSH 服务器端。要实现伪分布式模式,必须确保在本地安装 SSH 服务器端。在终端依次执行如下两条命令来安装 SSH 服务器端:

```
$ sudo apt update
$ sudo apt install openssh-server
```

2. SSH 登录和退出

ssh 命令的用法如下:

```
ssh [user@]host
```

user 表示登录用户名,可以缺省,默认 user 的值为当前登录用户的用户名。使用 ssh 远程登录需要提供登录用户的密码。host 表示主机名,也可以是主机的 IP 地址。

远程登录后,如果要退出登录,可以使用如下的命令完成:

```
$ exit
注销
Connection to localhost closed.
```

如果执行结果跟上述 exit 命令执行的结果相同表示正常退出。如果没有输出就直接退出终端,表明之前没有使用 ssh 登录。

3. SSH 登录本机

由于本章内容只考虑在单台机器上进行大数据环境配置,因此 SSH 只需要登录到本机,可以使用 localhost 作为本地主机名。另外,该参数也可设为本地回环地址 127.0.0.1。首次登录时,命令执行过程中会暂停运行,会向用户确认是否继续连接。

```
$ ssh localhost
The authenticity of host 'localhost(127.0.0.1)' can't be established.
ED25519 key fingerprint is SHA256:vw58FSIFQycqgj7NyTr2vNDr804zQbzT5fuwvLylroQ.
This key is not known by any other names
Are you sure you want to continue connecting(yes/no/[fingerprint])?
```

此时,输入 yes,并按【Enter】键。随后,根据提示信息输入密码,则使用了 SSH 工具登录到本机。

```
linux@ localhost ' s password:
Welcome to Ubuntu 22. 04 LTS( GNU/Linux 5. 19. 0-43-generic x86_64)
 * Documentation:   https://help. ubuntu. com
 * Management:      https://landscape. canonical. com
 * Support:         https://ubuntu. com/advantage
0 更新可以立即应用。
The programs included with the Ubuntu system are free software;
the exact distribution terms for each program are described in the
individual files in /usr/share/doc/ * /copyright.
Ubuntu comes with ABSOLUTELY NO WARRANTY,to the extent permitted by
applicable law.
```

由执行结果输出的"Welcome to Ubuntu 22. 04 LTS"内容可知,已经登录成功。

11. 1. 4 SSH 本地免密登录配置

虽然已经实现 SSH 登录到本机,但是,每次登录都需要用户手动输入密码。Hadoop 并没有提供 SSH 输入密码登录的形式,因此为了能够顺利地登录集群中的机器,还需要将全部机器配置成为"名称节点可以免密码登录"。

配置本机免密码登录可以通过以下五个步骤来实现,且每个步骤对应一条命令:

第 1 步:将工作目录切换到 . ssh。

```
$ cd  ~/. ssh/
```

第 2 步:生成一对密钥。

```
$ ssh-keygen  -t  rsa
```

第 3 步:将公钥加入授权。

```
$ cat  ~/. ssh/id_rsa. pub  >>  ~/. ssh/authorized_keys
```

第 4 步:SSH 登录本机。

```
$ ssh  localhost
```

第 5 步:退出登录。

```
$ exit
```

11. 2 Hadoop 的安装与配置

11. 2. 1 Hadoop 安装

本小节主要介绍 Hadoop 的安装。默认情况下,安装的 Hadoop 以非分布式模式运行,即单机模式。Hadoop 单机模式的安装可分为如下六个步骤:

1. 下载 Hadoop 软件包

Hadoop作为开源软件，提供源码包和预构建包。为了更简单、快速地安装Hadoop，选择预构建的Hadoop软件包，而不选源码包。类似地，本章后续安装的HBase和Spark都选择预构建软件包。Hadoop版本选择当前最新的Hadoop 3.3.6。从中国科学技术大学开源软件镜像站下载该软件。执行如下命令，将hadoop-3.3.6软件包下载到当前工作目录。

```
$ wget http://mirrors.ustc.edu.cn/apache/hadoop/core/hadoop-3.3.6/hadoop-3.3.6.tar.gz
```

2. 将软件包解压缩到安装位置

用户软件通常安装到/usr/local/或/opt/目录中。将Hadoop安装位置设置为/usr/local/，后续HBase和Hive也都安装在这个目录下。设置安装位置可以使用tar命令的-C选项。由于需要在安装位置/usr/local/进行写文件操作，因此需要root权限，具体执行的命令如下：

```
$ sudo tar -C /usr/local -xf  hadoop-3.3.6.tar.gz
```

3. 确认解压成功

解压完成后，会在安装位置生成一个目录，该目录名通常与压缩文件同名。可以通过列出安装路径/usr/local/目录下所有文件，以确认解压结果。

```
$ ls /usr/local/
bin   games          hbase-2.5.5   lib   sbin   spark-3.4.1-bin-hadoop3-scala2.13
etc   hadoop-3.3.6   include       man   share  src
```

4. 设置环境变量PATH和HADOOP_HOME

在文件/etc/profile末尾添加环境变量HADOOP_HOME和修改环境变量PATH。依次执行如下两条命令完成环境变量的设置：

```
$ echo export   HADOOP_HOME=/usr/local/hadoop-3.3.6 >> /etc/profile
$ echo 'export   PATH=${PATH}:$HADOOP_HOME/bin:$HADOOP_HOME/sbin'>>/etc/profile
```

5. 使环境变量生效

为了让上一步配置的环境变量立即生效，执行如下命令：

```
$ source /etc/profile
```

6. 查看Hadoop版本信息

通过如下命令查看Hadoop版本信息，以确认Hadoop是否安装成功。

```
$ hadoop version
Hadoop 3.3.6
Source code repository https://github.com/apache/hadoop.git -r 1be78238728da9266a4f88195058f08fd012bf9c
Compiled by ubuntu on 2023-06-18T08:22Z
Compiled on platform linux-x86_64
Compiled with protoc 3.7.1
From source with checksum 5652179ad55f76cb287d9c633bb53bbd
```

```
This command was run using /usr/local/hadoop-3.3.6/share/hadoop/common/hadoop-common-3.3.6.jar
```

如果上述命令能正确执行,并显示 Hadoop 的版本为 3. 3. 6,则表示安装成功。

11. 2. 2 单机模式使用实例

本小节将在单机模式下运行一个 MapReduce 作业的实例,让用户快速掌握 Hadoop 的使用方法。

下面的实例将 Hadoop 安装目录下/etc/hadoop/中的所有“. xml”文件作为输入,然后查找给定正则表达式的每个匹配项并将匹配项输出到 output 目录,最后进行结果显示。实例的具体内容和对应操作如下:

(1)切换到用户主目录,作为本次项目运行的工作目录。

```
$ cd  ~
```

(2)在当前工作目录下创建 input 目录,存放输入数据。

```
$ mkdir  input
```

(3)将一些后缀为“. xml”的文本文件拷贝到 input 目录。

```
$ cp  ${HADOOP_HOME}/etc/hadoop/*.xml  input
```

(4)利用项目自带的一个 Mapreduce 程序实例,处理 input 目录当中的所有文件,并将结果输出到 output 目录。

```
$ hadoop jar  ${HADOOP_HOME}/share/hadoop/mapreduce/hadoop-mapreduce-examples-3.3.6.jar grep input output 'dfs[a-z.]+'
```

(5)输出 output 目录中所有文件的内容。

```
$ cat output/*
1Dfsadmin
```

若最后一条命令成功输出上面一行内容,则表示执行成功。

11. 2. 3 伪分布式模式配置

Hadoop 可以在单节点上以伪分布式模式运行。进行伪分布式环境配置,需要修改两个文件,分别是 core-site. xml 和 hdfs-site. xml。这两个文件都在 Hadoop 安装目录中,所以两个文件的绝对路径为/usr/local/hadoop-3. 3. 6/etc/hadoop/core-site. xml 和/usr/local/hadoop-3. 3. 6/etc/hadoop/hdfs-site. xml。

1. 修改 core-site. xml 文件

使用 gedit 或 vim 文本编辑器打开文件 core-site. xml,对应命令如下:

```
$ gedit  ${HADOOP_HOME}/etc/hadoop/core-site.xml
```

core-site. xml 文件末尾默认有一对标记,如下所示:

```
<configuration>
</configuration>
```

在其中添加如下内容，然后保存退出。fs. defaultFS 这个参数用于指定 HDFS 的访问地址，9000 是服务的端口号。

```
<property>
    <name>fs. defaultFS</name>
    <value>hdfs://localhost:9000</value>
</property>
```

2. 修改 hdfs-site. xml 文件

使用 gedit 打开 hdfs-site. xml 文件，对应命令如下：

```
$ gedit    ${HADOOP_HOME}/etc/hadoop/hdfs-site. xml
```

文件末尾默认有一对标记，如下所示：

```
<configuration>
</configuration>
```

在其中添加如下内容，然后保存退出。添加的 dfs. replication 这个参数用于指定副本的数量，在 HDFS 中，数据会被冗余地存储多份，可以保证可用性和可靠性。由于当前是在配置伪分布式模式，只有一个节点，所以将 dfs. replication 的值设为 1。

```
<property>
    <name>dfs. replication</name>
    <value>1</value>
</property>
```

11. 2. 4　伪分布式模式使用实例

本小节将在伪分布式模式下，通过运行一个 MapReduce 作业的实例，方便用户快速掌握伪分布式模式下 Hadoop 的使用方法。该实例基于 HDFS 文件系统，复制未打包的 conf 目录中的所有文件作为输入，然后查找并显示给定正则表达式的每个匹配项。输出被写入给定的输出目录。实例的操作一共有八步，具体内容和其对应的命令如下：

1. 格式化 HDFS 伪分布式文件系统

命令如下：

```
$ hdfs namenode -format
```

2. 启动 NameNode 和 DataNode 守护进程

命令如下：

```
$ start-dfs. sh
Starting namenodes on [localhost]
Starting datanodes
Starting secondary namenodes [xue-Desktop]
```

3. 浏览 NameNode 的 Web 界面

打开浏览器，在地址栏键入地址 http://localhost:9870/，然后按回车访问该位置，就能看到如图 11 - 1 所示的 NameNode 信息页面。

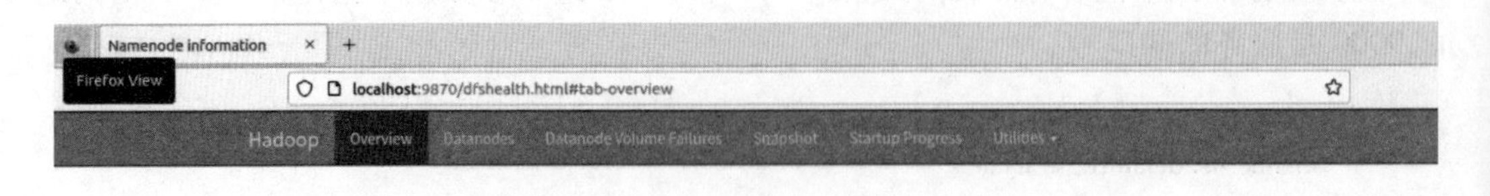

图 11－1　NameNode 信息页面

4. 创建执行 MapReduce 作业所需的 HDFS 目录

hdfs 的命令语法格式为：

```
hdfs dfs -mkdir -p /user/<username>
```

这里要注意“<>”里面的内容为当前登录的用户名，如果用户名为 linux，则此处对应实际需要执行的命令是：

```
$ hdfs dfs -mkdir -p /user/linux
```

或者用一个更加通用的命令，来规避不同用户所需执行命令的差异：

```
$ hdfs dfs -mkdir -p /user/`whoami`
```

5. 将输入文件复制到分布式文件系统中

命令如下：

```
$ hdfs dfs -mkdir input
$ hdfs dfs -put ${HADOOP_HOME}/etc/hadoop/*.xml input
```

6. 运行

命令如下：

```
$ hadoop jar ${HADOOP_HOME}/share/hadoop/mapreduce/hadoop-mapreduce-examples-3.3.6.jar grep input output 'dfs[a-z.]+'
```

7. 检查输出文件

查看分布式文件系统输出文件,命令如下:

```
$ hdfs dfs -cat output/*
1       dfsadmin
1       dfs.replication
```

8. 关闭HDFS文件系统

命令如下:

```
$ stop-dfs.sh
Stopping namenodes on [localhost]
Stopping datanodes
Stopping secondary namenodes [xue-Desktop]
```

11.3 HBase的安装与配置

11.3.1 HBase安装

本小节主要介绍HBase的安装过程,整个安装过程可以分为六个步骤:

1. 下载HBase软件包

HBase作为开源软件,提供源代码包和预构建包。为了更简单、快速地安装HBase,选择预构建的HBase软件包。由于11.2节Hadoop安装版本选择的是当前最新的Hadoop 3.3.6,因此选择HBase的版本时需要考虑两个软件版本之间的兼容性,参考官方文档给的兼容性说明,选择较新的HBase 2.5.5版。执行如下命令,从中国科学技术大学开源软件镜像站下载软件,将hbase-2.5.5预构建软件包下载到当前工作目录。

```
$ wget http://mirrors.ustc.edu.cn/apache/hbase/2.5.5/hbase-2.5.5-bin.tar.gz
```

2. 解压缩软件包到指定位置

命令如下:

```
$ sudo tar -C /usr/local -xf hbase-2.5.5-bin.tar.gz
```

3. 更改文件所有者和所属组

解压完成后文件默认的所有者和所属组都为root,将其所有者和所属组更改成当前登录用户,命令如下:

```
$ chown -R `whoami`:`whoami` /usr/local/hbase-2.5.5/
```

4. 设置环境变量PATH和HBASE_HOME

命令如下:

```
$ echo export HBASE_HOME=/usr/local/hbase-2.5.5 >> /etc/profile
$ echo 'export PATH=${PATH}:$HBASE_HOME/bin:$HBASE_HOME/sbin'>>
/etc/profile
```

5. 使环境变量生效

为了让上一步配置的环境变量立即生效,执行如下命令:

```
$ source /etc/profile
```

6. 查看 HBase 版本信息

可以通过如下命令查看 HBase 版本信息,以确认 HBase 是否安装成功。

```
$ hbase version
HBase 2.5.5
```

上述命令正确执行并显示 HBase 的版本为 2.5.5,则表示安装成功。

11.3.2 单机模式配置和使用

1. HBase 单机模式配置

HBase 单机模式配置,需要修改文件 conf/hbase-env.sh,该文件在 HBase 安装目录中。由于前面为安装路径配置了 HBASE_HOME 环境变量,所以该文件的实际路径为 ${HBASE_HOME}/conf/hbase-env.sh。

使用 gedit 打开文件 ${HBASE_HOME}/conf/hbase-env.sh,并在文件末尾添加如下所示的一行内容。修改完成后,保存文件并退出。

```
export JAVA_HOME=/usr/lib/jvm/java-8-openjdk-amd64
```

2. HBase 的简单使用

(1)连接到 HBase。

```
$ hbase shell
hbase(main):001:0>
```

出现上述 hbase 的命令提示符表示连接到 HBase。

(2)显示 HBase Shell 帮助文档。

```
hbase:001:0>help
```

在 hbase 的命令提示符后输入 help 并按【Enter】键,将显示 HBase Shell 的一些基本使用信息,以及一些示例命令。

(3)创建一个表。

```
hbase:002:0>create 'test','cf'
Took 1.4813 seconds
=> Hbase::Table - test
```

(4)列出关于表的信息。列出关于表的信息,常用 list 和 describe 两个命令,一般使用 list 命令确认表是否存在。

```
hbase:003:0>list 'test'
TABLE
test
1 row(s)
Took 0.0310 seconds
=> ["test"]
```

使用 describe 命令查看表的详细信息,包括默认配置值。

```
hbase:004:0>describe 'test'
Table test is ENABLED
test,{TABLE_ATTRIBUTES => {METADATA => {'hbase.store.file-tracker.impl'=>'DEFAULT'}}}
COLUMN FAMILIES DESCRIPTION
{NAME => 'cf',INDEX_BLOCK_ENCODING => 'NONE',VERSIONS => '1',KEEP_DELETED_CELLS => 'FALSE',DATA_BLOCK_ENCODING => 'NONE',TTL => 'FOREVER',MIN_VERSIONS => '0',REPLICATION_SCOPE => '0',BLOOMFILTER => 'ROW',IN_MEMORY => 'false',COMPRESSION => 'NONE',BLOCKCACHE => 'true',BLOCKSIZE => '65536 B(64KB)'}
1 row(s)
Quota is disabled
Took 0.1145 seconds
```

(5)将数据放入表中。使用 put 命令将数据放入表中。

```
hbase:005:0> put 'test','row1','cf:a','value1'
Took 0.0728 seconds
hbase:006:0>put 'test','row2','cf:b','value2'
Took 0.0032 seconds
hbase:007:0>put 'test','row3','cf:c','value3'
Took 0.0138 seconds
```

(6)一次扫描表中的所有数据。使用 scan 命令扫描表中所有数据。

```
hbase:009:0> scan 'test'
ROW                    COLUMN+CELL
row1          column=cf:a,timestamp=2023-08-01T13:04:47.904,value=value1
row2          column=cf:b,timestamp=2023-08-01T13:05:02.847,value=value2
row3          column=cf:c,timestamp=2023-08-01T13:05:15.205,value=value3
3 row(s)
Took 0.0066 seconds
```

(7)获取一行数据。

```
hbase:010:0>get 'test','row1'
COLUMN                         CELL
cf:a                    timestamp=2023-08-01T13:04:47.904,value=value1
1 row(s)
Took 0.0107 seconds
```

(8)禁用和重新启用表。如果要删除表或更改其设置,首先需要使用 disable 命令禁用表,然后使用 enable 命令重新启用表。

```
hbase:011:0>disable 'test'
Took 0.3700 seconds
hbase:012:0>enable 'test'
Took 0.6598 seconds
```

(9)删除表。使用 drop 命令删除一个表。

```
hbase:014:0> drop 'test'
Took 0.3481 seconds
```

(10)退出 HBase Shell。使用 quit 命令退出 HBase Shell。

```
hbase:015:0> quit
```

11.3.3 伪分布式模式配置和使用

HBase 安装完后默认是单机模式。在单机模式下,所有守护进程运行在一个进程中。用户可以将 HBase 配置为伪分布式模式。伪分布式模式是指 HBase 仍然运行在单个主机上,但是每个 HBase 守护进程(HMaster、HRegionServer 和 ZooKeeper)作为一个单独的进程运行,默认情况下,数据存储在/tmp/中。数据也可以被配置存储在安装好的 HDFS 文件系统中。以下是 HBase 伪分布式配置和使用的详细步骤。

1. 停止 HBase

配置伪分布式模式的过程将创建一个全新的目录。如果有 HBase 正在运行,HBase 将在全新的目录中存储其数据,因此之前创建的数据库将丢失。如果有 HBase 正在运行,需将其停止,命令如下:

```
$ stop-hbase.sh
stopping hbase...
```

2. 配置 HBase

编辑配置文件 hbase-site.xml。将 hbase.cluster.distributed 的属性值由 false 修改为 true,该属性决定 HBase 以分布式模式运行时是否每个守护进程使用一个 JVM 实例,配置如下:

```
<property>
  <name>hbase.cluster.distributed</name>
  <value>true</value>
</property>
```

为 hbase.rootdir 添加一个配置,让其指向 HDFS 实例的地址。在本例中,HDFS 运行在本地主机上,端口为 9000。

```
<property>
  <name>hbase.rootdir</name>
  <value>hdfs://localhost:9000/hbase</value>
</property>
```

删除 hbase.tmp.dir 和 hbase.unsafe.stream.capability.enforce 的现有配置。

3. 格式化和启动 HDFS

(1)格式化。

```
$ hdfs namenode -format
```

(2)启动。

```
$ start-dfs. sh
Starting namenodes on [localhost]
Starting datanodes
Starting secondary namenodes [xue-Desktop]
```

如果启动成功,jps 命令应该显示 NameNode、SecondaryNameNode 和 DataNode 进程正在运行。

```
$ jps
74052 Jps
72404 SecondaryNameNode
72040 NameNode
72205 DataNode
```

4. 启动 HBase

使用 start-hbase. sh 命令启动 HBase。

```
$ start-hbase. sh
```

如果配置正确,jps 命令应该显示 HMaster 和 HRegionServer 进程正在运行。

```
$ jps
75171 Jps
74467 HQuorumPeer
74770 HRegionServer
72404 SecondaryNameNode
72040 NameNode
72205 DataNode
74589 HMaster
```

jps 命令的执行结果显示 HMaster 和 HRegionServer 进程正在运行,说明 HBase 配置正确。

5. 浏览 HBase 的 Web 界面

打开浏览器,在地址栏输入 http://localhost:16010,然后按回车,能看到如图 11－2 所示的 HBase 网页界面。

6. 启动 HBase 检查 HDFS 中的 HBase 目录

如果一切正常,HBase 在 HDFS 中创建目录。在上面的配置中,它存储在 HDFS 的/hbase/目录下。可以使用 hadoop fs 命令列出该目录。

```
$ hadoop fs -ls /hbase
Found 12 items
drwxr-xr-x   - xue supergroup          0 2023-08-01 20:56 /hbase/. hbck
drwxr-xr-x   - xue supergroup          0 2023-08-01 20:56 /hbase/. tmp
drwxr-xr-x   - xue supergroup          0 2023-08-01 20:56 /hbase/MasterData
drwxr-xr-x   - xue supergroup          0 2023-08-01 20:56 /hbase/WALs
drwxr-xr-x   - xue supergroup          0 2023-08-01 20:56 /hbase/archive
drwxr-xr-x   - xue supergroup          0 2023-08-01 20:56 /hbase/corrupt
```

```
drwxr-xr-x   - xue supergroup          0 2023-08-01 20:56 /hbase/data
-rw-r--r--   1 xue supergroup         42 2023-08-01 20:56 /hbase/hbase.id
-rw-r--r--   1 xue supergroup          7 2023-08-01 20:56 /hbase/hbase.version
drwxr-xr-x   - xue supergroup          0 2023-08-01 20:56 /hbase/mobdir
drwxr-xr-x   - xue supergroup          0 2023-08-01 20:56 /hbase/oldWALs
drwx--x--x   - xue supergroup          0 2023-08-01 20:56 /hbase/staging
```

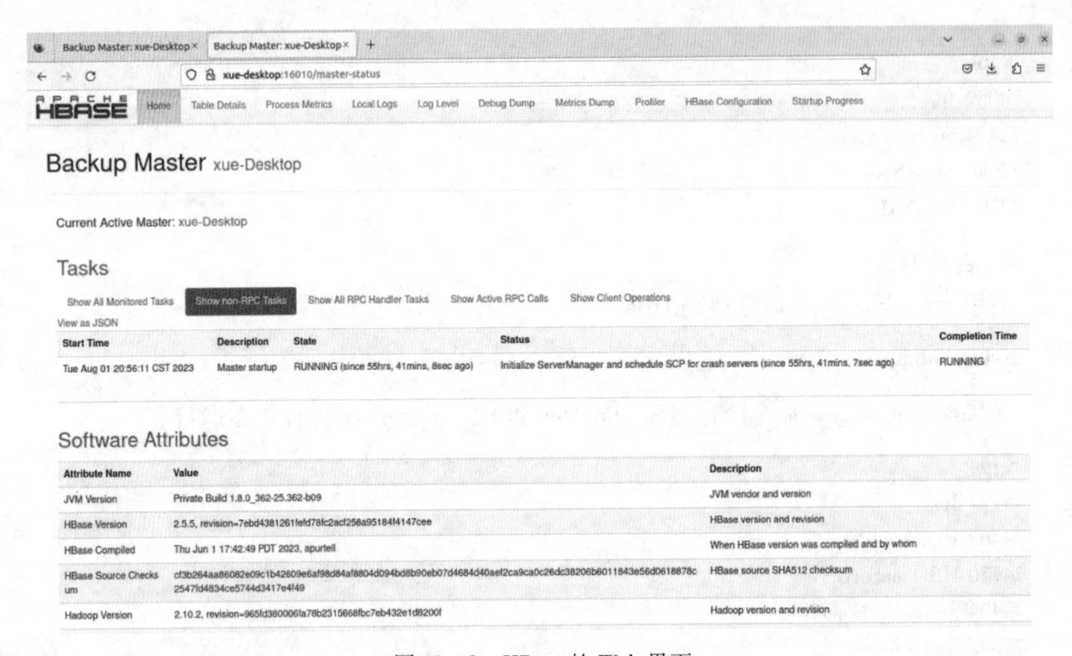

图 11-2 HBase 的 Web 界面

7. 关闭 HBase

使用 stop-hbase. sh 命令关闭 HBase。stop-hbase. sh 脚本停止所有 HBase 守护进程。

$ stop-hbase. sh

8. 关闭 HDFS

使用 stop-dfs. sh 命令关闭 HDFS 文件系统。stop-dfs. sh 脚本停止所有 HDFS 守护进程。

$ stop-dfs. sh

11.4 Spark 安装与配置

本节介绍 Local 模式(单机模式)的 Spark 安装,分为如下六个步骤:

1. 下载 Spark 软件包

Spark 的版本选择最新的 Spark 3.4.1。从中国科学技术大学开源软件镜像站下载预构建的 spark-3.4.1 软件包。执行如下命令将该软件包下载到当前工作目录:

$ wget http://mirrors.ustc.edu.cn/apache/spark/spark-3.4.1/spark-3.4.1-bin-hadoop3-scala2.13.tgz

2. 解压软件包到安装位置

```
$ sudo tar -C /usr/local -xf spark-3.4.1-bin-hadoop3-scala2.13.tgz
```

3. 修改和添加环境变量 PATH 与 SPARK_HOME

```
$ echo export SPARK_HOME=/usr/local/spark-3.4.1-bin-hadoop3-scala2.13  >> /etc/profile
$ echo 'export  PATH=${PATH}:${SPARK_HOME}/bin:${SPARK_HOME}/sbin' >>/etc/profile
```

4. 使环境变量立即生效

为让上一步对两个环境变量的修改立即生效，执行如下命令：

```
$ source /etc/profile
```

5. 测试环境变量

执行如下命令查看 Spark 的版本：

```
$ spark-shell --version
23/07/27 16:00:04 WARN Utils: Your hostname, xue-Desktop resolves to a loopback address: 127.0.1.1; using 10.64.18.141 instead (on interface enp2s0)
23/07/27 16:00:04 WARN Utils: Set SPARK_LOCAL_IP if you need to bind to another address
Welcome to
```

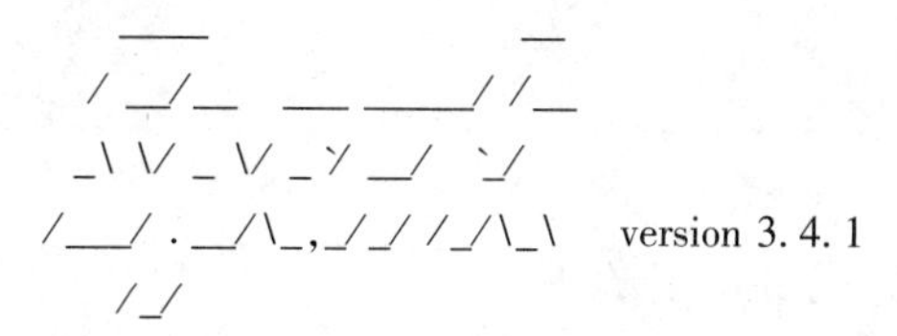

```
Using Scala version 2.13.8, OpenJDK 64-Bit Server VM, 1.8.0_362
Branch HEAD
Compiled by user centos on 2023-06-19T22:21:01Z
Revision 6b1ff22dde1ead51cbf370be6e48a802daae58b6
Url https://github.com/apache/spark
Type --help for more information.
```

如果能正确执行，并像上述命令运行后输出结果一样，显示 Spark 的版本为 3.4.1，Scala 的版本是 2.13.8，OpenJDK 的版本是 1.8，则表示 Spark 环境变量配置成功。

6. spark-shell 使用

在 Linux 终端运行 spark-shell 命令，就可以启动进入 spark-shell 交互式执行环境。启动后会有 spark-shell 的命令提示符"scala>"。

```
$ spark-shell
scala>
```

在命令提示符后可以输入 scala 代码进行调试。比如，下面在 scala 命令提示符"scala>"后面输入表达式"6 * 2 - 5"，然后按【Enter】键，就会立即得到结果为 7。

```
scala>6 * 2 - 5
val res0: Int = 7
```

最后使用如下的“:quit”命令退出 spark-shell:

```
scala>:quit
```

7. 通过 spark-submit 运行 SparkPi 实例

可以通过 spark-submit 命令提交应用程序。spark-examples_2.13-3.4.1.jar 是 Spark 提供的测试用例包,SparkPi 用于计算 Pi 值,提交命令如下。

```
$ spark-submit --class org.apache.spark.examples.SparkPi $\
{SPARK_HOME}/examples/jars/spark-examples_2.13-3.4.1.jar
```

注意:上面两行内容是一条命令,由于命令太长分两行书写。命令执行后会有较多的输出内容,最重要的是如下所示的 Pi 的计算结果。

知识窗

```
Pi is roughly 3.143515717578588
```

输出结果表明 SparkPi 实例运行成功。

本章小结

本章主要介绍了在 Ubuntu 操作系统中如何进行 Hadoop、HBase、Spark 等大数据基础软件的安装,并对安装过程中用到的一些重要命令进行了深入细致的解释和说明。

课后习题

1. 单个节点上的 Hadoop 有几种安装方式?分别是什么?
2. 使用源码包安装 Hadoop。
3. 设置 JAVA_HOME 这类环境变量有什么好处?
4. 参考 Hive 官方文档,安装 Hive。

第 12 章　人工智能环境搭建

本章主要讲解在 Ubuntu 系统中进行人工智能编程环境的搭建，内容主要包括人工智能基础环境、机器学习、自然语言处理、计算机视觉、深度学习相关软件的安装与使用。

12.1　基础环境搭建

12.1.1　概述

Python 语言具有语法简单、易于使用和维护、可移植、可扩展、具有丰富而强大的第三方库等特点，这些特点使其成为了人工智能领域的首选编程语言。随着 Python 版本的不断更新及新功能的增加，该语言越来越多地被用于开发独立的大型项目。

Ubuntu 22.04 桌面版预装有 Python 3.9，使用如下命令行可查看默认安装的版本：

```
$ python
python 3.9.12(main,Apr  5 2022,06:56:58)
[GCC 7.5.0] :: Anaconda,Inc. on linux
Type "help","copyright","credits" or "license" for more information.
>>>
```

结果显示预装的 Python 版本号为 3.9.12，此时进入 Python 交互模式，命令提示符由"$"变为">>>"，在">>>"后可以直接输入 Python 指令，也可以输入 exit() 退出 Python 环境，如下所示：

```
>>>print("hello world!")
hello world!
>>>exit()
```

12.1.2　PyCharm 的安装

PyCharm 是由 JetBrains 公司打造的 Python 集成开发环境，带有一整套帮助用户在使用 Python 语言时提高其效率的工具，如调试、语法高亮、项目管理、代码跳转、智能提示、自动完成、单元测试、版本控制等。下面介绍 PyCharm 的安装与使用。

1. 下载 PyCharm 二进制包

打开系统自带的火狐浏览器，下载 PyCharm Community Edition 2023.1.1 - Linux (tar.gz)，如图 12 - 1 所示，下载完成后，文件默认存放于用户主目录的下载目录中。

2. 解压二进制包

切换到下载目录，解压二进制包到/opt 目录。执行命令如下：

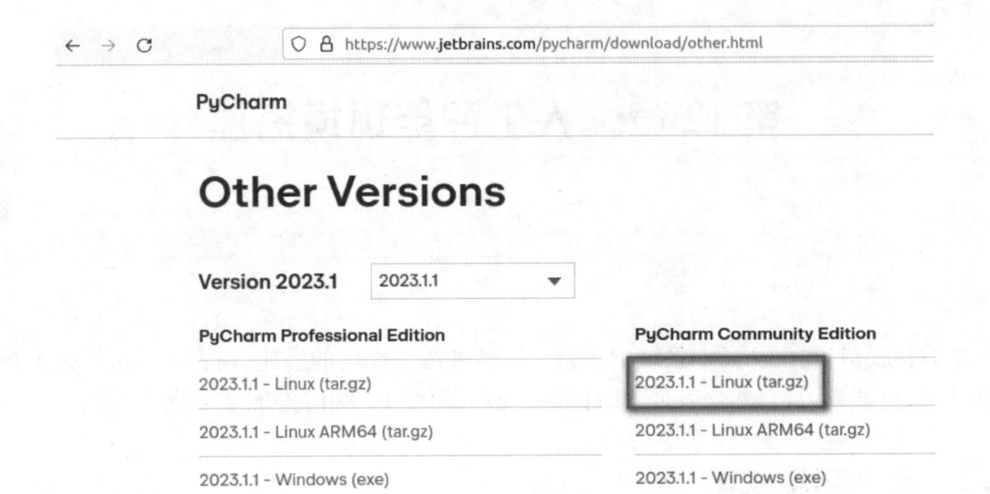

图 12－1　PyCharm 二进制包下载

```
$ cd ./下载
$ sudo tar -zxvf pycharm-community-2023.1.1.tar.gz -C /opt
```

解压结束后，/opt 目录下会出现一个“pycharm-community-2023.1.1”的文件夹。

3. 启动 PyCharm

切换到 PyCharm 解压目录的 bin，并运行脚本文件 pycharm.sh，以启动 PyCharm。执行命令如下：

```
$ cd /opt/pycharm-community-2023.1.1/bin
$ sh pycharm.sh
```

启动后，欢迎界面如图 12－2 所示。

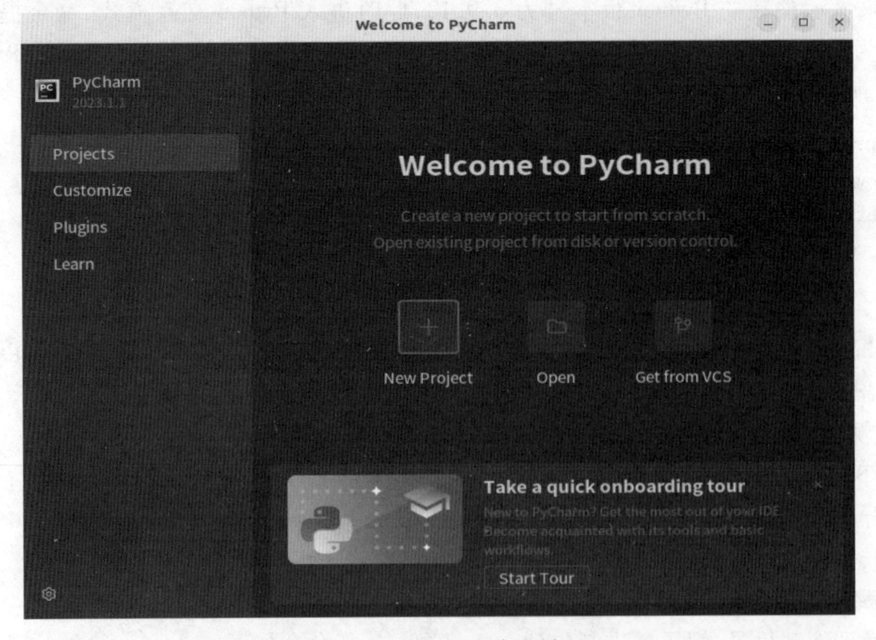

图 12－2　PyCharm 欢迎界面

4. 新建项目

单击“Projects”→“New Project”新建项目，填写工程相关信息，如图 12－3 所示。

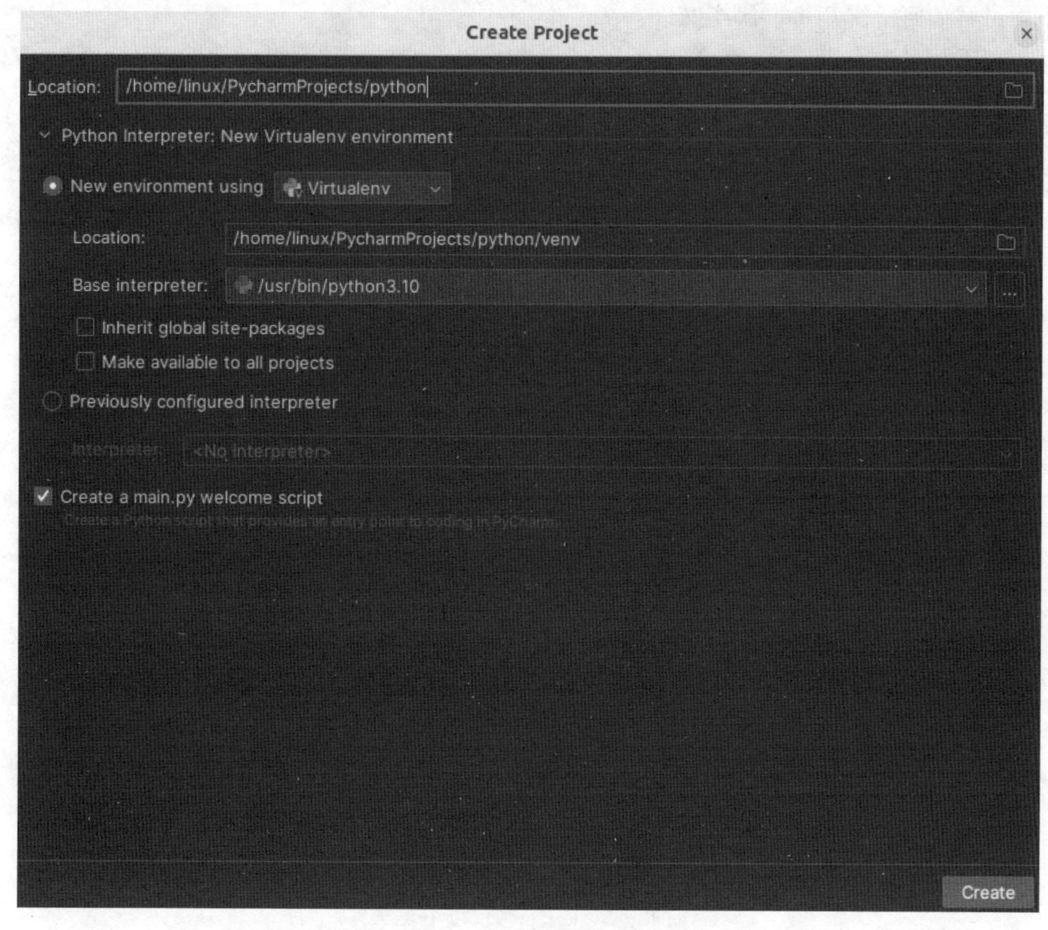

图 12－3 新建项目界面

单击“Create”按钮，出现如图 12－4 所示界面，新建项目完成。

图 12－4 PyCharm 项目窗口

5. 编写并运行 Python 脚本

可以在新建项目时自动生成的 main. py 文件中编写脚本,也可以新建 Python 脚本文件。下面讲解如何新建 Python 脚本文件。

在工程名上右击鼠标,选择“New”→“Python file”即可新建 Python 脚本文件。输入文件名,这里命名为 test,并按回车键,就创建了名为 test. py 的脚本文件。

在 test. py 文件中输入代码如 print(" hello world!"),然后通过组合键【Ctrl+S】保存该文件。

在 test. py 文件编辑区右击鼠标,选择 Run ' test '运行脚本,在底部控制台界面就会显示 test. py 脚本的运行结果,如图 12-5 所示。

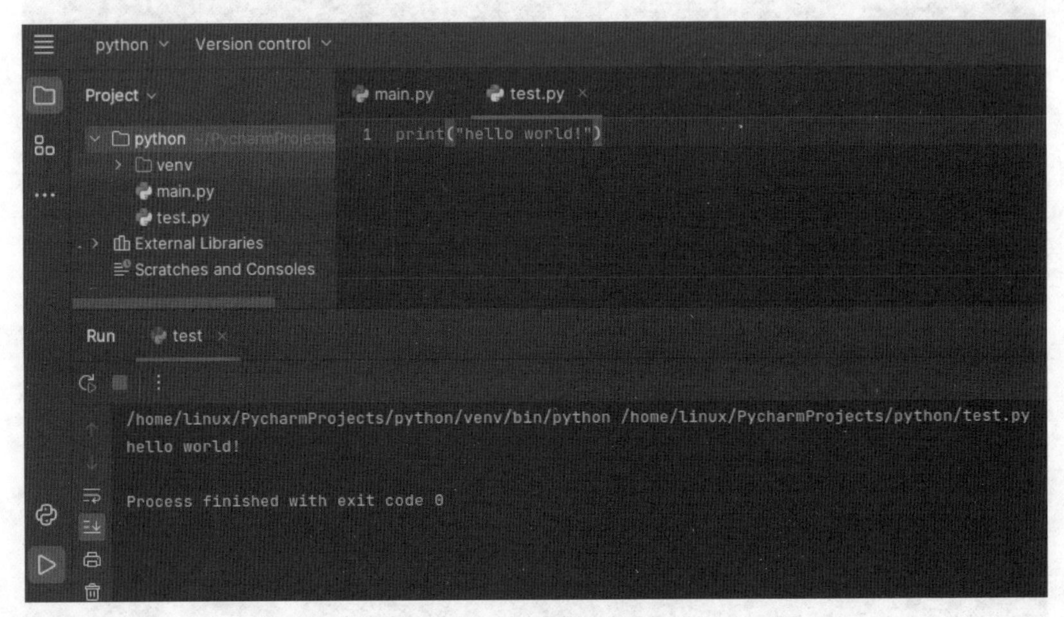

图 12-5 test. py 脚本运行结果

12. 1. 3 Anaconda 的安装

Anaconda 是一个 Python 的集成管理工具,是科学计算领域非常流行的 Python 包及集成环境管理的应用。它将 Python 中进行数据分析与计算所需要的包集成在一起,其中包含 Conda、Python、NumPy、Sklearn、Matplotlib 等 180 多个科学包及其依赖项。它不仅可以做数据分析、数据可视化,甚至可以应用在大数据和人工智能的其他领域。

Anaconda 支持 Windows、Mac OS 和 Linux 等多种操作系统,且实现了对 Python 2 和 Python 3 的全面支持。使用 Anaconda 可节省用户下载模块包的时间,使软件包的下载和管理更加方便。下面介绍 Anaconda 的安装方法。

(1)更新系统软件元信息。

```
$ sudo apt update
```

(2)安装 curl 包。

```
$ sudo apt install curl -y
```

(3)使用 crul 下载 Anaconda 安装程序脚本。

```
$ curl --output anaconda.sh https://repo.anaconda.com/archive/Anaconda3-2022.05-Linux-x86_64.sh
```

(4)运行 anaconda. sh 脚本,安装 Anaconda。

```
$ bash anaconda.sh
```

(5)同意 Anaconda 条款。

```
Do you accept the license terms? [yes|no]
[no] >>> yes
```

(6)设置安全路径。

```
Anaconda3 will now be installed into this location:
/home/linux/anaconda3
  - Press ENTER to confirm the location
  - Press CTRL-C to abort the installation
  - Or specify a different location below
```

安装成功后命令行输出如下信息:

```
==> For changes to take effect, close and re-open your current shell. <==
If you'd prefer that conda's base environment not be activated on startup,
    set the auto_activate_base parameter to false:
conda config --set auto_activate_base false
Thank you for installing Anaconda3!
```

关闭当前仿真终端窗口并重新打开,可以看到仿真终端窗口命令提示符前多了“(base)”,表明 Anaconda 安装成功,并默认激活 Conda。若不希望 Conda 的基础环境默认激活,可以将 auto_activate_base 参数设置为 false,设置命令如下:

```
$ conda config --set auto_activate_base false
```

以上命令执行完毕后,需要重启仿真终端窗口才能生效。若要再次进入 Conda 的 base 基础环境,只需在仿真终端窗口输入如下命令即可:

```
$ conda activate base
```

12.2 机器学习

12.2.1 机器学习概述

机器学习(Machine Learning,ML)是研究怎样使用计算机模拟或实现人类的学习行为,以获取新知识或技能,重新组织已有的知识结构使之不断改善自身性能的科学。机器学习的理论和方法已被广泛应用于解决工程应用和科学领域的复杂问题。

机器学习根据学习过程有无监督,可以分为无监督学习和有监督学习。无监督学习是指在输入数据没有标签的情况下,让机器通过学习发现数据间的内在规律。监督学习是指通过让机器学习大量带有标签的样本数据,训练出一个模型,并使该模型可以根据输入得到相应输出的过程。

12.2.2 机器学习软件安装

典型的机器学习软件有 Sklearn、NumPy 和 Matplotlib。下面分别进行介绍:

1. Sklearn

Sklearn 是基于 Python 语言的机器学习工具,包含众多顶级机器学习算法,主要分为六大类,分别是分类、回归、聚类、数据降维、模型选择和数据预处理。下面介绍 Sklearn 的安装和测试。

(1)安装。使用 conda 安装指定版本的 Sklearn,输入如下命令即可在线安装 Sklearn:

```
$ conda install scikit-learn=1.0.2
```

(2)测试。进入 Python 交互模式,输入如下命令可查看 Sklearn 的版本信息:

```
>>> import sklearn
>>>sklearn.__version__
'1.0.2'
```

2. NumPy

NumPy(Numerical Python)是 Python 语言的一个扩展程序库,支持大量的维度数组与矩阵运算,此外还提供了大量的数学函数库来处理数据运算。机器学习中经常使用 NumPy 进行数据的运算。下面介绍 NumPy 的安装和测试方法。

(1)安装。使用 conda 安装指定版本的 NumPy,输入如下命令即可在线安装 NumPy:

```
$ conda install numpy=1.20
```

(2)测试。在 Python 交互模式下,输入如下命令可查看 NumPy 的版本信息:

```
>>>import numpy
>>> numpy.__version__
'1.20.0'
```

3. Matplotlib

Matplotlib 是一个 Python 的 2D 绘图库,可以生成直方图、功率谱、条形图、散点图等,可以使用 Matplotlib 进行机器学习结果的绘制。下面介绍 Matplotlib 的安装和测试方法。

(1)安装。使用 conda 安装指定版本的 Matplotlib,输入如下命令即可在线安装 Matplotlib:

```
$ conda install matplotlib=3.5.1
```

(2)测试。在 Python 交互模式下,输入如下命令可查看 Matplotlib 的版本信息:

```
>>>import matplotlib
>>>matplotlib.__version__
'3.5.1'
```

12.2.3 机器学习实例

通过一个简单的线性回归实例来介绍如何使用Sklearn进行机器学习程序的设计。线性回归是机器学习中典型的问题，在本实例中，采用随机生成的数据作为输入数据，然后用生成的数据对模型进行训练，最后用Matplotlib可视化结果，程序源代码和绘制结果如下所示：

1. 实例代码

```
import numpy as np
import matplotlib.pyplot as plt
import sklearn.linear_model
x = np.linspace(3,6,40)
y = 3 * x + 22
#给数据加噪声
y += np.random.rand(40)
#fit 函数需要 x 和 y 为矩阵,对 x 和 y 提升维度
x,y = x[:,None],y[:,None]
model = linear_model.LinearRegression()
model.fit(x,y)
w,b = model.coef_,model.intercept_
#拟合的函数
y_ = w * x + b
#数据集绘制,散点图
plt.scatter(x,y)
plt.plot(x,y_,color="red",linewidth=3.0,linestyle="-")
plt.legend(["Data","func"],loc=0)
plt.show()
```

2. 运行结果

根据图12－6所示的运行结果可以看出，运用Sklearn中的模型对随机生成的40个点进行线性回归，最终得到的结果能够使点较为均匀地分布在直线两侧。

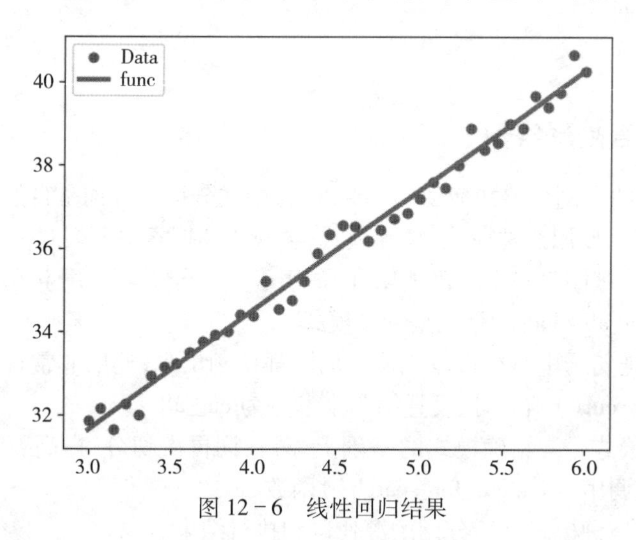

图12－6　线性回归结果

12.3 自然语言处理

12.3.1 自然语言处理概述

自然语言处理(Natural Language Processing,NLP)是计算机科学领域与人工智能领域中一个重要的方向和组成部分。它主要研究如何实现人与计算机之间用自然语言进行有效通信的各种理论和方法。通过对自然语言的处理,使得计算机能够可读并理解自然语言。虽然自然语言处理涉及语音、语法、语义、语用等多维度的操作,但自然语言处理的基本任务主要是基于词典、词频统计、上下文语义分析等方式对待处理的语料进行分词,形成以最小词性为单位且富含语义的词项单元。

目前,自然语言处理主要应用于机器翻译、舆情监测、自动摘要、观点提取、文本分类、问题回答、文本语义对比、语音识别等方面。

12.3.2 自然语言处理软件安装

自然语言处理往往需要进行文本的分割,尤其是对中文的自然语言处理文本的分割,需要先将句子切分为词语,这个过程称之为分词,分词属于词法分析的部分,是进行自然语言处理最基础的一步操作。常见的分词工具有:美国斯坦福大学的 Stanford NLP、我国中科院计算机所的 ICTCLAS、GitHub 开源项目 HanLP 以及基于 Python 语言的中文分词组件 jieba。下面介绍 jieba 的安装及测试方法。

1. 安装

可以使用 conda 安装 jieba,输入如下命令即可在线安装 jieba:

```
$ conda install -c conda-forge jieba
```

2. 测试

在 Python 交互模式下,输入如下命令可查看 jieba 的版本信息:

```
>>> import jieba
>>>jieba.__version__
'0.42.1'
```

12.3.3 自然语言处理实例

通过一个简单的实例介绍如何使用 jieba 进行中文分词。分词是自然语言处理的基础,jieba 中文分词时可以使用三种模式:精确模式、全模式和搜索引擎模式。

(1)精确模式。试图将句子精确地切开,适用于文本分析。调用 jieba.cut()函数时,设置第二个参数为 cut_all=False,默认是精确模式。

(2)全模式。把句子中所有可以成词的词语都切割出来,速度非常快,但是不能解决歧义问题。调用 jieba.cut()函数时,设置第二个参数为 cut_all=True。

(3)搜索引擎模式。在精确模式的基础上,对长词再次切分,提高召回率,适用于搜索引擎分词。分词时调用 jieba.cut_for_search()函数。

下面给出使用三种模式进行分词的源代码和执行结果。

```
$ python
>>>import jieba
>>>sentence="你需要羽毛球拍吗?"
>>>seg_list = jieba.cut(sentence,cut_all=True)
>>>print("全模式:","/".join(seg_list))
全模式:你/需要/羽毛/羽毛球/羽毛球拍/球拍/吗/?
>>>seg_list = jieba.cut(sentence,cut_all=False)
>>>print("精确模式:","/".join(seg_list))
精确模式:你/需要/羽毛球拍/吗/?
>>>seg_list = jieba.cut_for_search(sentence)
>>>print("搜索引擎模式:","/".join(seg_list))
搜索引擎模式:你/需要/羽毛/球拍/羽毛球/羽毛球拍/吗/?
>>>seg_list = jieba.cut(sentence)
>>>print("默认模式:","/".join(seg_list))
默认模式:你/需要/羽毛球拍/吗/?
```

12.4 计算机视觉

12.4.1 计算机视觉概述

计算机视觉是一门研究如何使机器“看”的科学,是利用计算机实现人眼对目标进行识别、跟踪和测量等功能的科学。计算机视觉研究相关的理论和技术,试图建立能够从图像或者多维数据中获取信息的人工智能系统。

计算机视觉处理的对象主要是图像,它致力于使计算机处理之后的图像成为更适合仪器检测或人眼观察的图像。

12.4.2 计算机视觉软件安装

OpenCV(Open Source Computer Vision Library)是C++语言编写的开放源代码的计算机视觉库,它实现了图像处理和计算机视觉方面许多通用的算法。

OpenCV具有C++、Python、Java和Matlab接口,可以运行在Linux、Windows、Android和Mac OS等操作系统上。下面介绍OpenCV的安装和测试方法。

1. 安装

使用pip命令安装OpenCV,输入如下命令即可在线安装指定版本的OpenCV:

```
$ pip install opencv-python==4.7.0.68
```

2. 测试

在Python交互模式下,输入如下命令可查看OpenCV的版本信息:

```
>>>import cv2
>>>cv2.__version__
'4.7.0'
```

12.4.3 计算机视觉实例

通过图像的边缘检测实例介绍 OpenCV 在计算机视觉中的应用。边缘检测属于图像处理和计算机视觉中的基本问题,是所有基于边界的图像分割算法的第一步,边缘检测的目的是标识数字图像中亮度变化明显的点。通过边缘检测可以剔除图像中不相关的信息,保留图像重要的结构属性,为图像的进一步处理奠定基础。下面是使用 OpenCV 对图像进行边缘检测的源代码和运行结果。

1. 实例代码

```
import cv2 as cv
import numpy as np
import matplotlib.pyplot as plt
img = cv.imread('1.png',cv.COLOR_BGR2GRAY)
rgb_img = cv.cvtColor(img,cv.COLOR_BGR2RGB)
# 灰度化处理图像
grayImage = cv.cvtColor(img,cv.COLOR_BGR2GRAY)
# Roberts 算子
kernelx = np.array([[-1,0],[0,1]],dtype=int)
kernely = np.array([[0,-1],[1,0]],dtype=int)
x = cv.filter2D(grayImage,cv.CV_16S,kernelx)
y = cv.filter2D(grayImage,cv.CV_16S,kernely)
# 转 uint8,图像融合
absX = cv.convertScaleAbs(x)
absY = cv.convertScaleAbs(y)
Roberts = cv.addWeighted(absX,0.5,absY,0.5,0)
# 用来正常显示中文标签
plt.rcParams['font.sans-serif'] = ['SimHei']
# 显示图形
titles = ['原始图像','Roberts 算子']
images = [rgb_img,Roberts]
for i in range(2):
    plt.subplot(1,2,i + 1),plt.imshow(images[i],'gray')
    plt.title(titles[i])
    plt.xticks([]),plt.yticks([])
plt.show()
```

2. 运行结果

该实例在读入图像后进行灰度处理,然后通过 Roberts 一阶微分算子对图像进行边缘检测,最后使用 Matplotlib 画出原灰度图和边缘检测后的图像。根据图 12-7 所示的运行结果可以看出,图像的边缘被成功地检测出了。

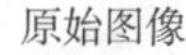

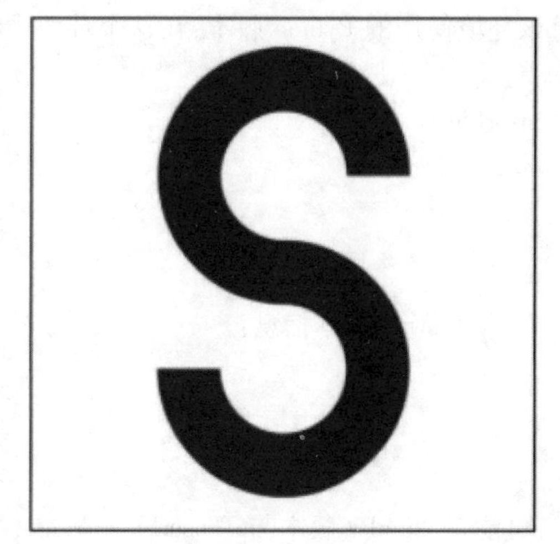

Roberts算子

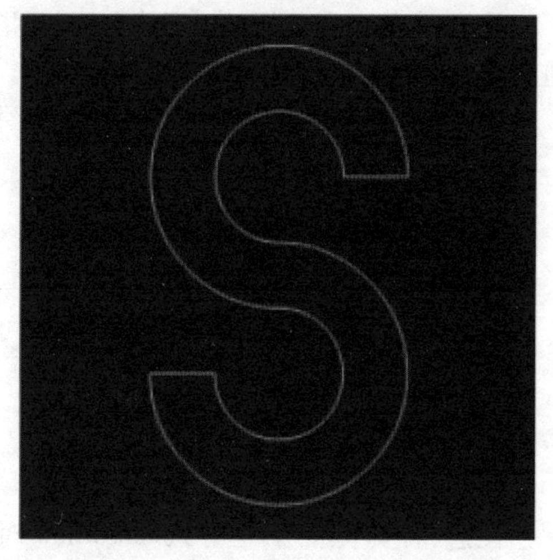

图 12-7 边缘检测结果

12.5 深度学习

12.5.1 深度学习概述

深度学习(Deep Learning,DL)是一种基于神经网络的机器学习。深度学习的概念源于对人工神经网络的研究,是对传统神经网络的升级。深度学习的基本思想是通过构建多层网络,对目标进行多层表示,以期通过多层的高层次特征来表示数据的抽象语义信息,获得更好的鲁棒性。

目前,深度学习已被广泛应用于无人驾驶、机器翻译、目标识别、情感识别、图片识别及分类等各个领域。深度学习常见的算法有:卷积神经网络、循环神经网络、生成对抗网络。

卷积神经网络(Convolutional Neural Networks,CNN)是一类包含卷积计算且具有深度结构的前馈神经网络(Feedforward Neural Networks),是深度学习的代表算法之一。

循环神经网络(Recurrent Neural Network,RNN)是一类以序列数据为输入,在序列的演进方向上进行递归且所有节点(循环单元)按链式连接的递归神经网络。

生成对抗网络(Generative Adversarial Networks,GAN)是通过其中的生成模型(Generative Model)和判别模型(Discriminative Model)互相博弈学习进而产生理想的输出结果。

12.5.2 深度学习软件安装

TensorFlow 是由 Google 团队开发的基于 Python 语言的深度学习框架。TensorFlow 可以训练和运行深度神经网络。

目前,TensorFlow 已经被应用于图像识别、手写数字分类、递归神经网络、单词嵌入、自然语言处理、视频检测等领域。下面介绍 TensorFlow 的安装和测试方法。

1. 安装

第一步,创建虚拟环境。

```
$ conda create -n tf python=3.9.12
```

注意:tf 是自定义的虚拟环境名称,并指定了该环境使用的 Python 版本,在这个环境中进行 TensorFlow 的安装。

第二步,进入 tf 虚拟环境,安装指定版本的 TensorFlow。

```
$ conda activate tf
$ conda install tensorflow=2.6.0
```

2. 测试

在 Python 交互模式下,输入如下命令可查看 TensorFlow 的版本信息:

```
>>>import tensorflow
>>>tensorflow.__version__
'2.6.0'
```

注意:若安装成功,但导入 tensorflow 时报错,可能是 NumPy 版本与 TensorFlow 版本不匹配,需卸载 NumPy 并重新安装匹配的版本,与 TensorFlow 2.6 匹配的 NumPy 版本为 1.20。

12.5.3 深度学习实例

通过利用三维数据拟合平面的例子介绍 TensorFlow 在深度学习中的应用。下面是源代码和运行结果。

1. 实例代码

```
import tensorflow as tf
import numpy as np
# 使用 NumPy 生成随机数据,共 100 个点
x_data = np.float32(np.random.rand(2,100))
y_data = np.dot([0.100,0.200],x_data) + 0.300
# 初始化参数,构造线性模型
b = tf.Variable(tf.zeros([1]))
W = tf.Variable(tf.random_uniform([1,2],-1.0,1.0))
y = tf.matmul(W,x_data) + b
# 使用最小化方差进行梯度下降,以不断更新参数,学习率设置为 0.5
loss = tf.reduce_mean(tf.square(y - y_data))
optimizer = tf.train.GradientDescentOptimizer(0.5)
train = optimizer.minimize(loss)
# 初始化变量
init = tf.initialize_all_variables()
# 启动图(graph)
sess = tf.Session()
sess.run(init)
# 拟合平面
for step in range(0,201):
    sess.run(train)
    if step % 20 == 0:
        print(step,sess.run(W),sess.run(b))
```

2. 运行结果

0 [[-0.57835287 1.0776782]] [0.29727384]
20 [[-0.01189106 0.3393486]] [0.27803317]
40 [[0.08393689 0.22450605]] [0.2943901]
60 [[0.09814122 0.20463732]] [0.2983677]
80 [[0.09996391 0.20098458]] [0.29948014]
100 [[0.10008819 0.20024155]] [0.29982558]

知识窗

120 [[0.10004757 0.20006804]] [0.29993987]
140 [[0.10001946 0.20002119]] [0.29997903]
160 [[0.10000731 0.20000704]] [0.29999262]
180 [[0.10000265 0.20000243]] [0.2999974]
200 [[0.10000094 0.20000084]] [0.2999991]

上述例子首先使用NumPy随机生成100个数据点,然后使用最小化方差进行梯度下降以不断更新参数,经过200次迭代后,获得的拟合平面参数为w:[0.1 0.2] b:[0.3]。

本章小结

本章主要介绍了在Ubuntu系统中安装PyCharm、Anaconda、Sklearn、NumPy、Matplotlib、jieba、OpenCV和TensorFlow等软件并进行测试的方法,这些软件是进行人工智能开发的基础,请熟练掌握。

课后习题

1. 以源代码的方式在Ubuntu系统中安装Python。
2. 在Ubuntu系统中安装PyCharm专业版。
3. 使用scikit-learn实现一个分类的例子。
4. 使用jieba进行语句分割。
5. 使用OpenCV实现给定图片中目标的分割。
6. 使用TensorFlow拟合三维平面。

参 考 文 献

崔继,等,2020. Ubuntu 操作系统原理实践教程[M]. 北京:清华大学出版社.

崔升广,等,2022. Ubuntu Linux 操作系统项目教程(微课版)[M]. 北京:人民邮电出版社.

达内教育集团,2020. Linux 系统入门与实战(Ubuntu 版)[M]. 北京:清华大学出版社.

邓淼磊,马宏琳,2021. Ubuntu Linux 基础教程(微课版)[M]. 2 版. 北京:清华大学出版社.

杜焱,廉哲,李耸,等,2017. Ubuntu Linux 操作系统实用教程[M]. 北京:人民邮电出版社.

方元,2019. Linux 操作系统基础[M]. 北京:人民邮电出版社.

高志君,2023. Linux 系统管理与服务器配置(基于 CentOS7)[M]. 北京:电子工业出版社.

何明,2018. Linux 从入门到精通(微课视频版)[M]. 北京:中国水利水电出版社.

梁如军,王宇昕,车业军,等,2020. Linux 基础及应用教程(基于 CentOS7)[M]. 2 版. 北京:机械工业出版社.

凌菁,毕国锋,2020. Linux 操作系统实用教程[M]. 北京:电子工业出版社.

刘忆智,等,2022. Linux 从入门到精通[M]. 2 版. 北京:清华大学出版社.

鸟哥,2018. 鸟哥的 Linux 私房菜:基础学习篇[M]. 3 版. 北京:人民邮电出版社.

宁方明,等,2022. Linux 系统管理[M]. 3 版. 北京:人民邮电出版社.

彭英慧,2022. Linux 操作系统案例教程[M]. 北京:机械工业出版社.

宋国柱,2010. Linux 操作基础及应用[M]. 北京:中国水利水电出版社.

王宏勇,马宏琳,阎磊,等,2020. Ubuntu Linux 基础教程[M]. 北京:清华大学出版社.

王良明,2020. Linux 操作系统基础教程[M]. 3 版. 北京:清华大学出版社.

杨云,2021. Linux 操作系统(微课版)[M]. 北京:清华大学出版社.

於岳,2017. Ubuntu 实用教程[M]. 北京:人民邮电出版社.

余健,2022. Ubuntu Linux 操作系统实战教程(微课视频版)[M]. 北京:清华大学出版社.

余健,2023. Ubuntu Linux 操作系统实战教程[M]. 北京:清华大学出版社.

张金石,等,2020. Ubuntu Linux 操作系统[M]. 2 版. 北京:人民邮电出版社.

张平,2021. Ubuntu Linux 操作系统案例教程[M]. 北京:人民邮电出版社.

张同光,洪双喜,田乔梅,等,2023. Ubuntu Linux 操作系统(微课视频版)[M]. 北京:清华大学出版社.

图书在版编目(CIP)数据

Linux 操作系统/宋国柱主编．—北京：中国农业出版社，2023.12

普通高等教育农业农村部“十四五”规划教材

ISBN 978-7-109-31541-9

Ⅰ．①L… Ⅱ．①宋… Ⅲ．①Linux 操作系统-高等学校-教材 Ⅳ．①TP316.89

中国国家版本馆 CIP 数据核字(2023)第 239242 号

Linux 操作系统

Linux CAOZUO XITONG

中国农业出版社出版

地址：北京市朝阳区麦子店街 18 号楼

邮编：100125

责任编辑：李 晓

版式设计：杨 婧 责任校对：吴丽婷

印刷：北京印刷一厂

版次：2023 年 12 月第 1 版

印次：2023 年 12 月北京第 1 次印刷

发行：新华书店北京发行所

开本：787mm×1092mm 1/16

印张：14.25

字数：346 千字

定价：35.00 元
